环境保护与生态工程概论

尹　健　宋颖帕　卞加前　主编

吉林科学技术出版社

图书在版编目（CIP）数据

环境保护与生态工程概论 / 尹健，宋颖帕，卞加前主编．-- 长春 : 吉林科学技术出版社，2019.10

ISBN 978-7-5578-6129-2

Ⅰ．①环… Ⅱ．①尹… ②宋… ③卞… Ⅲ．①环境保护－概论②生态工程－概论 Ⅳ．①X ②X171.4

中国版本图书馆 CIP 数据核字（2019）第 232674 号

环境保护与生态工程概论

主　　编　尹　健　宋颖帕　卞加前
出 版 人　李　梁
责任编辑　汪雪君
封面设计　刘　华
制　　版　王　朋
开　　本　185mm×260mm
字　　数　330 千字
印　　张　14.75
版　　次　2019 年 10 月第 1 版
印　　次　2019 年 10 月第 1 次印刷

出　　版　吉林科学技术出版社
发　　行　吉林科学技术出版社
地　　址　长春市福祉大路 5788 号出版集团 A 座
邮　　编　130118
发行部电话 / 传真　0431—81629529　81629530　81629531
81629532　81629533　81629534
储运部电话　0431—86059116
编辑部电话　0431—81629517
网　　址　www.jlstp.net
印　　刷　北京宝莲鸿图科技有限公司

书　　号　ISBN 978-7-5578-6129-2
定　　价　60.00 元

前言

环境是人类生存和活动的场所，也是向人类提供生产和消费所需要自然资源的供应基地。但是现在的环境问题越来越严重，一类是自然因素的破坏和污染等原因所引起的。如：火山活动，地震、风暴、海啸等产生的自然灾害，因环境中元素自然分布不均引起的地方病，以及自然界中放射物质产生的放射病等；另一类是人为因素造成的环境污染和自然资源与生态环境的破坏。

因此，本文从环境保护工程和林业生态工程入手，对我国环境问题现状进行剖析，随后提出相应的治疗方案，希望能够对我国环境保护相关工作人员的工作提供一些帮助。

目　录

上篇　环境保护工程

上篇 环境保护工程

第一章 绪 论

第一节 环 境

人类生存的空间及其可以直接或间接影响人类生活和发展的各种自然因素称为环境。对人的心理发生实际影响的整个生活环境也称为环境，更多称为心理环境。

一、环境内涵

人们的生活环境包括自然环境和社会环境，它囊括了对人发生影响的一切过去、如今和将来的人、事、物等全部社会存在，其中历史传统、文化习俗、社会关系等社会现实，则是更为重要的心理环境。人不能反映生活环境中的全部事物，实际上对人心理发生影响作用的心理环境只是人整个生活环境的一部分。在同样的客观环境中，每个人所受到的影响也并非一致。

现实环境在多大程度上能成为人的心理环境，取决于现实因素本身作用于人的强烈程度与人的主观心理因素，即受人的个性倾向（如注意、兴趣、需要、价值观等）和认知结构两个方面的影响。只有客观环境因素对人的心理发生影响时，这些环境因素才对人的活动有作用。它才是具有主观意义的因素，才是人的心理环境。故人的心理环境比起人的周围客观现实来要小得多。因此，生活在同一环境中的人，头脑中的环境印象可能截然不同。而正是这种心理中的环境反映，调节着每个人的需要、动机和目标，引导和制约着一个人对周围的人和事采取什么样的行动。

二、环境分类

通常按环境的属性，将环境分为自然环境和人文环境。

1. 自然环境

自然环境，通俗地说，是指未经过人的加工改造而天然存在的环境，是客观存在的各种自然因素的总和。

人类生活的自然环境，按环境要素又可分为大气环境、水环境、土壤环境、地质环境和生物环境等，主要就是指地球的五大圈——大气圈、水圈、土圈、岩石圈和生物圈。

2. 人文环境

人文环境是人类创造的物质的、非物质的成果的总和。物质的成果指文物古迹、绿地园林、建筑部落、器具设施等；非物质的成果指社会风俗、语言文字、文化艺术、教育法律以及各种制度等。这些成果都是人类的创造，具有文化烙印，渗透人文精神。人文环境反映了一个民族的历史积淀，也反映了社会的历史与文化，对人的素质提高起着培育熏陶的作用。

自然环境和人文环境是人类生存、繁衍和发展的摇篮。根据科学发展的要求，保护和改善环境，建设环境友好型社会，是人类维护自身生存与发展的需要。

3. 心理环境

对人的心理发挥实际影响的生活环境，是一切外部条件的总和。心理环境有内外之分。以学校教育活动为主体，心理内部环境主要指学校内部客观存在的一切条件之和，如校风、同学关系、师生关系、教育设施、师资水平等；心理外部环境是学校以外的社会环境和家庭环境。心理内部环境对学生十分重要，其中校风是稳定的因素，是一个学校的整体心理气氛和规范，是舆论的总和表现。校风需要靠全体教职员工以身作则，言传身教，互相传递、感染，达到认同，以少数带动大多数而逐渐形成。内外心理环境相互影响、相互作用，影响学生的心理不断变化、发展。

4. 环境与心理

人生活在一定的环境中，人类是环境的产物，又是环境的创造者与改造者，人与环境的关系是相辅相成的。一个人从小到大，其周围的客观环境都会发生许多变化，一方面，人们必须通过学习，努力使自己的思想、行为适应周围的环境，以求达到与环境的协调一致；另一方面，人们又通过主观努力，去改造旧环境，创造一个与人们当代生活相适应的新环境。其最终目标都是要达到人与环境之间的一种相互适应和平衡。

一般而言，环境大致包括社会环境、自然环境和家庭环境、工作环境等，它们分别从不同角度、不同领域和范围，对人的心理发生影响，左右着人们的思想，情感和行为。其中既有正性作用，又有负性作用。人们应发挥主观能动性，充分利用环境中有利的向上的因素，去除环境中消极的落后的因素，来达到人与环境的结合，使人的心理在这种结合中得到健全发展，才智得到充分发挥。

三、环境包含资源

地球环境需要人类珍惜的资源主要有以下四类：

①三大生命要素：空气、水和土壤；

②六种自然资源：矿产、森林、淡水、土地、生物物种、化石燃料（石油、煤炭和天然气）；

③两类生态系统：陆地生态系统（如森林、草原、荒野、灌丛等）与水生生态系统（如湿地、湖泊、河流、海洋等）；

④多样景观资源：如山势、水流、本土动植物种类、自然与文化历史遗迹等。

第二节　环境问题

环境问题一般指由于自然界或人类活动作用于人们周围的环境引起环境质量下降或生态失调，以及这种变化反过来对人类的生产和生活产生不利影响的现象。人类在改造自然环境和创建社会环境的过程中，自然环境仍以其固有的自然规律变化着。社会环境一方面受自然环境的制约，也以其固有的规律运动着。人类与环境不断地相互影响和作用，产生环境问题。

环境是人类生存和活动的场所，也是向人类提供生产和消费所需要自然资源的供应基地。在《中华人民共和国环境保护法》中，明确指出："本法所称环境，是指影响人类生存和发展的各种天然和经过人工改造的自然因素的总体，包括大气、水、海洋、土地、矿藏、森林、草原、野生动物、自然遗迹、人文遗迹、自然保护区、风景名胜区、城市和乡村等。"其中，"影响人类生存和发展的各种天然和经过人工改造的因素的总体"，就是环境的科学而又概括的定义。它有两层含义：第一，环境法所说的环境，是指以人为中心的人类生存环境，关系到人类的毁灭与生存。同时，环境又不是泛指人类周围的一切自然的和社会的客观事物整体。比如，银河系，我们并不把它包括在环境这个概念中。所以，环境保护所指的环境，是人类赖以生存的环境，是作用于人类并影响人类未来生存和发展的外界的一个施势体。第二，随着人类社会的发展，环境概念也在发展。如现阶段没有把月球视为人类的生存环境，但是随着宇宙航行和空间科学的发展，月球将有可能会成为人类生存环境的组成部分。

一、分 类

环境问题可分为两大类：一类是自然因素的破坏和污染等原因所引起的。如：火山活动，地震、风暴、海啸等产生的自然灾害，因环境中元素自然分布不均引起的地方病，以及自然界中放射物质产生的放射病等。另一类是人为因素造成的环境污染和自然资源与生态环境的破坏。在人类生产、生活活动中产生的各种污染物（或污染因素）进入环境，超过了环境容量的容许极限，使环境受到污染和破坏；人类在开发利用自然资源时，超越了环境自身的承载能力，使生态环境质量恶化，有时候会出现自然资源枯竭的现象，这些都可以归结为人为造成的环境问题。

通常所说的环境问题，多指人为因素所作用的结果。当前人类面临着日益严重的环境问题，这里，“虽然没有枪炮，没有硝烟，却在残杀着生灵”，但没有哪一个国家和地区能够逃避不断发生的环境污染和自然资源的破坏，它直接威胁着生态环境，威胁着人类的健康和子孙后代的生存。于是人们呼吁“只有一个地球”“文明人一旦毁坏了他们的生存环境，他们将被迫迁移或衰亡”，强烈要求保护人类生存的环境。环境问题的产生，从根本上讲是经济、社会发展的伴生产物。具体说可概括为以下几个方面：

（1）由于人口增加对环境造成的巨大压力；

（2）伴随人类的生产、生活活动产生的环境污染；

（3）人类在开发建设活动中造成的生态破坏的不良变化；

（4）由于人类的社会活动，如军事活动、旅游活动等，造成的人文遗迹，风景名胜区、自然保护区的破坏，珍稀物种的灭绝以及海洋等自然和社会环境的破坏与污染。

二、产生发展

1. 人类社会早期的环境问题

因乱采、乱捕破坏人类聚居的局部地区的生物资源而引起生活资料缺乏甚至饥荒，或者因为用火不慎而烧毁大片森林和草地，迫使人们迁移以谋生存。

2. 以农业为主的奴隶社会和封建社会的环境问题

是在人口集中的城市，各种手工业作坊和居民抛弃生活垃圾，曾出现环境污染。

3. 产业革命以后到 20 世纪 50 年代的环境问题

（1）出现了大规模环境污染，局部地区的严重环境污染导致“公害”病和重大公害事件的出现。

（2）自然环境的破坏，造成资源稀缺甚至枯竭，开始出现区域性生态平衡失调现象。

4. 当前世界的环境问题

环境污染出现了范围扩大、难以防范、危害严重的特点，自然环境和自然资源难以承受高速工业化、人口剧增和城市化的巨大压力，世界自然灾害显著增加。

目前环境问题的产生有以下几点：

①各类生活污水、工业农业废水导致的水体污染；

②工业烟尘废气、交通工具产生的尾气导致的大气污染；

③各类噪声污染；

④各类残渣、重金属以及废弃物产生的污染；

⑤过度放牧以及滥砍滥伐导致的水土流失、生态环境恶化；

⑥过度开采各类地下资源导致的地层塌陷与土壤结构破坏；

⑦大量使用不可再生能源导致的能源资源枯竭。

环境问题多种多样，归纳起来有两大类：一类是自然演变和自然灾害引起的原生环境问题，也叫第一环境问题。如地震、洪涝、干旱、台风、崩塌、滑坡、泥石流等。一类是人类活动引起的次生环境问题，也叫第二环境问题。次生环境问题一般又分为环境污染和生态破坏两大类。如乱砍滥伐引起的森林植被的破坏、过度放牧引起的草原退化、大面积开垦草原引起的沙漠化和土地沙化、工业生产造成大气、水环境恶化等。

到目前为止已经威胁人类生存并已被人类认识到的环境问题主要有：全球变暖、臭氧层破坏、酸雨、淡水资源危机、能源短缺、森林资源锐减、土地荒漠化、物种加速灭绝、垃圾成灾、有毒化学品污染等众多方面。

（1）全球变暖：全球变暖是指全球气温升高。近 100 多年来，全球平均气温经历了冷—暖—冷—暖两次波动，总得看为上升趋势。进入 80 年代后，全球气温明显上升。1981 ~ 1990 年全球平均气温比 100 年前上升了 0.48℃。导致全球变暖的主要原因是人类在近一个世纪以来大量使用矿物燃料（如煤、石油等），排放出大量的 CO_2 等多种温室气体。由于这些温室气体对来自太阳辐射的短波具有高度的透过性，而对地球反射出来的长波辐射具有高度的吸收性，也就是常说的“温室效应”，导致全球气候变暖。全球变暖的后果，会使全球降水量重新分配，冰川和冻土消融，海平面上升等，既危害自然生态系统的平衡，更威胁人类的食物供应和居住环境。

（2）臭氧层破坏：在地球大气层近地面约 20 ~ 30 公里的平流层里存在着一个臭氧层，其中臭氧含量占这一高度气体总量的十万分之一。臭氧含量虽然极微，却具有强烈的吸收紫外线的功能，因此，它能挡住太阳紫外辐射对地球生物的伤害，保护地球上的一切生命。然而人类生产和生活所排放出的一些污染物，如冰箱空调等设备制冷剂的氟氯烃类化合物以及其他用途的氟溴烃类等化合物，它们受到紫外线的照射后可被激化，形成活性很强的原子与臭氧层的臭氧（O_3）作用，使其变成氧分子（O_2），这种作用连锁般地发生，臭氧迅速耗减，使臭氧层遭到破坏。南极的臭氧层空洞，就是臭氧层破坏的一个最显著的标志。到 1994 年，南极上空的臭氧层破坏面积已达 2400 万平方公里。南极上空的臭氧层是在 20 亿年里形成的，可是在一个世纪里就被破坏了 60%。北半球上空的臭氧层也比以往任何时候都薄，欧洲和北美上空的臭氧层平均减少了 10 ~ 15%，西伯利亚上空甚至减少了 35%。因此科学家警告说，地球上空臭氧层破坏的程度远比一般人想象的要严重得多。

（3）酸雨：酸雨是由于空气中二氧化硫（SO_2）和氮氧化物（NOx）等酸性污染物引起的 pH 值小于 5.6 的酸性降水。受酸雨危害的地区，出现了土壤和湖泊酸化，植被和生态系统遭受破坏，建筑材料、金属结构和文物被腐蚀等等一系列严重的环境问题。酸雨在五 60 年代最早出现于北欧及中欧，当时北欧的酸雨是欧洲中部工业酸性废气迁移所至，七十年代以来，许多工业化国家采取各种措施防治城市和工业的大气污染，其中一个重要的措施是增加烟囱的高度，这一措施虽然有效地改变了排放地区的大气环境质量，但大气污染物远距离迁移的问题却更加严重，污染物越过国界进入邻国，甚至飘浮很远的距离，形成了更广泛的跨国酸雨。此外，全世界使用矿物燃料的量有增无减，也使得受酸雨危害的地区进一步扩大。全球受酸雨危害严重的有欧洲、北美及东亚地区。我国在 80 年代，酸雨主要发生在西南地区，到九十年代中期，已发展到长江以南、青藏高原以东及四川盆地的广大地区。

（4）淡水资源危机：地球表面虽然 2/3 被水覆盖，但是 97% 为无法饮用的海水，只有不到 3% 是淡水，其中又有 2% 封存于极地冰川之中。在仅有的 1% 淡水中，25% 为工业用水，70% 为农业用水，只有很少的一部分可供饮用和其他生活用途。然而，在这样一个缺水的世界里，水却被大量滥用、浪费和污染。加之，区域分布不均匀，致使世界上缺水现象十分普遍，全球淡水危机日趋严重。世界上 100 多个国家和地区缺水，其中 28 个国家被列为严重缺水的国家和地区。预测再过 20 ~ 30 年，严重缺水的国家和地区将达 46 ~ 52 个，缺水人口将达 28 ~ 33 亿人。我国广大的北方和沿海地区水资源严重不足，据统计我国北方缺水区总面积达 58 万平方公里。全国 500 多座城市中，有 300 多座城市缺水，每年缺水量达 58 亿立方米，这些缺水城市主要集中在华北、沿海和省会城市、工业型城市。世界上任何一种生物都离不开水，人们贴切地把水比喻为“生命的源泉”。然而，随着地球上人口的激增，生产迅速发展，水已经变得比以往任何时候都要珍贵。一些河流和湖泊的枯竭，地下水的耗尽和湿地的消失，不仅给人类生存带来严重威胁，而且许多生物也正随着人类生产和生活造成的河流改道、湿地干化和生态环境恶化而灭绝。不少大河如美国的科罗拉多河、中国的黄河都已雄风不再，昔日“奔流到海不复回”的壮丽景象已成为历史的记忆了。

（5）资源、能源短缺：当前，世界上资源和能源短缺问题已经在大多数国家甚至全球范围内出现。这种现象的出现，主要是人类无计划、不合理地大规模开采所至。21 世纪 90 年代初全世界消耗能源总数约 100 亿吨标准煤，预测到 2000 年能源消耗量将翻一番。从石油、煤、水利和核能发展的情况来看，要满足这种需求量是十分困难的。因此，在新能源（如太阳能、快中子反应堆电站、核聚变电站等）开发利用尚未取得较大突破之前，世界能源供应将日趋紧张。此外，其他不可再生性矿产资源的储量也在日益减少，这些资源终究会被消耗殆尽。

（6）森林锐减：森林是人类赖以生存的生态系统中的一个重要的组成部分。地球上曾经有 76 亿公顷的森林，到 21 世纪时下降为 55 亿公顷，到 1976 年已经减少到 28 亿公顷。由于世界人口的增长，对耕地、牧场、木材的需求量日益增加，导致对森林的过度采伐和开垦，使森林受到前所未有的破坏。据统计，全世界每年约有 1200 万公顷的森林消失，其中占绝大多数是对全球生态平衡至关重要的热带雨林。对热带雨林的破坏主要发生在热带地区的发展中国家，尤以巴西的亚马逊情况最为严重。亚马逊森林居世界热带雨林之首，但是，到九十年代初期这一地区的森林覆盖率比原来减少了 11%，相当于 70 万平方公里，平均每 5 秒钟就有差不多有一个足球场大小的森林消失。此外，在亚太地区、非洲的热带雨林也在遭到破坏。

（7）土地荒漠化：简单地说土地荒漠化就是指土地退化。1992 年联合国环境与发展大会对荒漠化的概念做了这样的定义：荒漠化是由于气候变化和人类不合理的经济活动等因素，使干旱、半干旱和具有干旱灾害的半湿润地区的土地发生了退化。1996 年 6 月 17 日第二个世界防治荒漠化和干旱日，联合国防治荒漠化公约秘书处发表公报指出：当前世界荒漠化现象仍在加剧。全球现有 12 亿多人受到荒漠化的直接威胁，其中有 1.35 亿人在短期内有失去土地的危险。荒漠化已经不再是一个单纯的生态环境问题，而且演变为经济问题和社会问题，它给人类带来贫困和社会不稳定。到 1996 年为止，全球荒漠化的土地已达到 3600 万平方公里，占到整个地球陆地面积的 1/4，相当于俄罗斯、加拿大、中国和美国国土面积的总和。全世界受荒漠化影响的国家有 100 多个，尽管各国人民都在进行着同荒漠化的抗争，但荒漠化却以每年 5 万 ~ 7 万平方公里的速度扩大，相当于爱尔兰的面积。到 20 世纪末，全球将损失约 1/3 的耕地。在人类当今诸多的环境问题中，荒漠化是最为严重的灾难之一。对于受荒漠化威胁的人们来说，荒漠化意味着他们将失去最基本的生存基础——有生产能力的土地的消失。

（8）物种加速灭绝：物种就是指生物种类。现今地球上生存着 500 ~ 1000 万种生物。一般来说物种灭绝速度与物种生成的速度应是平衡的。但是，由于人类活动破坏了这种平衡，使物种灭绝速度加快，据《世界自然资源保护大纲》估计，每年有数千种动植物灭绝，到 2000 年地球上 10% ~ 20% 的动植物即 50 万 ~ 100 万种动植物将消失。而且，灭绝速度越来越快。世界野生生物基金会发出警告：21 世纪鸟类每年灭绝一种，在热带雨林，每天至少灭绝一个物种。物种灭绝将对整个地球的食物供给带来威胁，对人类社会发展带来的损失和影响是难以预料和挽回的。

（9）垃圾成灾：全球每年产生垃圾近 100 亿吨，而且处理垃圾的能力远远赶不上垃圾增加的速度。我国的垃圾排放量已相当可观，在许多城市周围，排满了一座座垃圾山，除了占用大量土地外，还污染环境。危险垃圾，特别是有毒、有害垃圾的处理问题（包括运送、存放），因其造成的危害更为严重、产生的危害更为深远，而成了当今世界各国面临的一个十分棘手的环境问题。

（10）有毒化学品污染：市场上约有 7 ~ 8 万种化学品。对人体健康和生态环境有危害的约有 3.5 万种。其中有致癌、致畸、致突变作用的约 500 余种。随着工农业生产的发展，如今每年又有 1000 ~ 2000 种新的化学品投入市场。由于化学品的广泛使用，全球的大气、水体、土壤乃至生物都受到了不同程度的污染、毒害，连南极的企鹅也未能幸免。自五十年代以来，涉及有毒有害化学品的污染事件日益增多，如果不采取有效防治措施，将对人类和动植物造成严重的危害。

三、产生原因

陆地污染：垃圾的清理成了各大城市的重要问题，每天千万吨的垃圾中，好多是不能焚化或腐化的，如塑料、橡胶、玻璃等人类的第一号敌人。

海洋污染：主要是从油船与油井漏出来的原油，农田用的杀虫剂和化肥，工厂排出的污水，矿场流出的酸性溶液；它们使得大部分的海洋湖泊都受到污染，结果不但海洋生物受害，就是鸟类和人类也可能因吃了这些生物而中毒，并进入生物链。

空气污染：这是最为直接与严重的，主要来自工厂、汽车、发电厂等等放出的一氧化碳和硫化氢等，每天都有人因接触了这些污浊空气而染上呼吸器官或视觉器官的疾病。我们若仍然漠视专家的警告，将来一定会落到无半寸净土可住的地步。

水污染：是指水体因某种物质的介入，而导致其化学、物理、生物或者放射性污染等方面特性的改变，从而影响水的有效利用，危害人体健康或者破坏生态环境，造成水质恶化的现象。

大气污染：是指空气中污染物的浓度达到或超过了有害程度，导致破坏生态系统和人类的正常生存和发展，对人和生物造成危害。

噪声污染：是指所产生的环境噪声超过国家规定的环境噪声排放标准，并干扰他人正常工作、学习、生活的现象。

放射性污染：是指由于人类活动造成物料、人体、场所、环境介质表面或者内部出现超过国家标准的放射性物质或者射线。

四、治理原则

环境问题，需要加大宣传，同时民间环保组织展开的一些推广活动，比如吕不韦、王维、荀子等环保穿越事件，以环保行为艺术的方式给人们留下深刻印象。不仅如此，要想有效处理环境问题，还需遵循以下原则：

（1）正确处理环境保护与发展的关系，环境保护和经济发展是一个有机联系的整体。既不能离开发展，片面地强调保护和改善环境，也不能不顾生态环境的能力而盲目地追求发展。尤其对广大发展中国家来讲，只能在适度经济增长的前提下，寻求适合本国国情的解决环境问题的途径和方法。

（2）明确国际环境问题主要责任。存在的全球性环境问题，主要是发达国家在过去一两个世纪中追求工业化造成的后果。他们对全球环境问题负有不容失掉的主要责任，也理应承担更多的义务。

（3）维护各国资源主权，应遵循不干涉他国内政的原则。1972 年第一次环境做大会通过的《斯德哥尔摩宣言》第 21 条也明确规定，各国对其自然资源的保护、开发、利用是各国的内部事务。

（4）发展中国家的广泛参与是非常必要的。在国际环境事务中，存在着忽视发展中国家具体困难的倾向，他们的呼声得不到充分反映，因此，有必要采取措施，确保发展中国家能够充分参与国际环境领域中的活动与合作。

（5）应充分考虑发展中国家的特殊情况和需要。发展中国家还面临一些更为迫切的局部环境问题，既有因资金短缺、技术落后和人口增长所造成的诸如土地退化、沙漠化、森林锐减、水土流失等自然生态恶化问题，也有因工业发展引起的环境污染、酸沉降、水资源短缺等问题。

第二章　水环境污染及防治

第一节　概　述

水和空气一样，是人类赖以生存的必要因素。水在人类生活和生产中的作用是不言而喻的。有人把水称作“工业的血液、生命的乳浆”。没有足够的水，工农业生产无法进行；没有足够的清洁的淡水，人类社会将无法生存下去。水又是构成生物体的一个最基本的要素，是生命发生、发育和繁衍的源泉。随着现代科学技术的发展，人类不断向太空发射宇宙探测器，其主要目的是揭开外星人是否存在之谜。宇宙探测器的首要任务是确定其他星球上是否存在水，这也从侧面说明，没有水的星球，不可能存在生物。

一、中国水资源现状

中国是一个干旱缺水严重的国家。淡水资源总量为 28 000 亿立方米，占全球水资源的 6%，仅次于巴西、俄罗斯和加拿大，居世界第四位，但人均只有 2200 立方米，仅为世界平均水平的 1 / 4、美国的 1 / 5，在世界上名列 121 位，是全球 13 个人均水资源最贫乏的国家之一。

中国的水贫穷到什么地步呢？联合国一项研究报告指出：全球现有 12 亿人面临中度到高度缺水的压力，80 个国家水源不足，20 亿人的饮水得不到保证。预计到 2025 年，形势将会进一步恶化，缺水人口将达到 28 ~ 33 亿。世界银行的官员预测，在未来的 5 年内“水将像石油一样在全世界运转”。

我国属于缺水国之列，人均淡水资源仅为世界人均量的 1 / 4，居世界第 109 位。中国已被列入全世界人均水资源 13 个贫水国家之一。而且分布不均，大量淡水资源集中在南方，北方淡水资源只有南方水资源的 1 / 4。据统计，全国 600 多个城市中有一半以上城市不同程度缺水，沿海城市也不例外，甚至更为严重。目前我国城市供水以地表水或地下水为主，或者两种水源混合使用，有些城市因地下水过度开采，造成地下水位下降，有的城市形成了几百平方公里的大漏斗，使海水倒灌数十公里。由于工业废水的肆意排放，导致 80% 以上的地表水、地下水被污染。

二、水体污染的构成

水污染主要是由人类活动产生的污染物造成，它包括工业污染源，农业污染源和生活污染源三大部分。

工业废水是水域的重要污染源，具有量大、面积广、成分复杂、毒性大、不易净化、难处理等特点。据 1998 年中国水资源公报资料显示：这一年，全国废水排放总量共 539 亿吨（不包括火直电流冷却水），其中，工业废水排放量 409 亿吨，占 69%。实际上，排污水量远远超过这个数，因为许多乡镇企业工业污水排放量难以统计。

农业污染源包括牲畜粪便、农药、化肥等。农药污水中，一是有机质、植物营养物及病原微生物含量高，二是农药、化肥含量高。中国目前没开展农业方面的监测，据有关资料显示，在 1 亿公顷耕地和 220 万公顷草原上，每年使用农药 110.49 万吨。中国是世界上水土流失最严重的国家之一，每年表土流失量约 50 亿吨，致使大量农药、化肥随表土流入江、河、湖、库，随之流失的氮、磷、钾营养元素，使 2/3 的湖泊受到不同程度富营养化污染的危害，造成藻类以及其他生物异常繁殖，引起水体透明度和溶解氧的变化，从而致使水质恶化。

生活污染源主要是城市生活中使用的各种洗涤剂和污水、垃圾、粪便等，多为无毒的无机盐类，生活污水中含氮、磷、硫多，致病细菌多。据调查，1998 年中国生活污水排放量 184 亿吨。

中国每年约有 1/3 的工业废水和 90% 以上的生活污水未经处理就排入水域，全国有监测的 1200 多条河流中，目前 850 多条受到污染，90% 以上的城市水域也遭到污染，致使许多河段鱼虾绝迹，符合国家一级和二级水质标准的河流仅占 32.2%。污染正由浅层向深层发展，地下水和近海域海水也正在受到污染，我们能够饮用和使用的水正在不知不觉地减少。

三、水体污染的危害

随着工业化、城市化的迅速发展，工业废水和城市生活污水的排放量也相应地增加，废水的性质及组成成分也越来越复杂，废水不经任何处理直接排入天然水体，势必引起水体的严重污染。水体被污染后，有时可以直接察觉到，例如，像水的颜色的改变、混浊、散发着难闻的气体，某些生物种群的减少或死亡，另一生物种群的出现和剧增等现象，但有的水体污染是无法直接观察觉不出来的，必须滚过某些指标及污染物的直接监测、分析，而获得水质污染程度的判定。水体污染的危害主要表现在以下几方面。

（一）含色、臭、味的废水

色度高的废水，除影响水体外观外。还会影响色泽，影响产品质量，在工业产品中会使印染、造纸产品的质量明显下降。有色废水中主要含有各种无机和有机等溶解性着色物，如铬酸盐（呈黄色）、铬盐（变绿色）、铜盐（变青色）、镍盐（变黄色）、亚铁盐（变褐色）等。有些废水排出时无色，但进入水体后与其他溶解物进行反应可生成颜色，如含有铁离子的废水，遇含丹宁废水时。即可出现黑色等等。水体中含有硫化氢和酚类化合物时会使水质发臭，水生生物受这种有臭味废水的影响，也带有臭味，这不仅使鱼贝类的质量下降，甚至使之无法食用。

（二）有机物污染

城市生活废水及食品工业、造纸废水等，含有大量有机物质，排入水体后，即成为微生物的营养源，使有机物分解而被消化。分解过程中消耗水中大量的溶解氧，一旦水体中氧气补给不足；则将使氧化作用停止。引起有机物的嫌气发酵，分解出甲烷、氢、硫化氢、硫醇及氨等腐臭气体，散发出恶臭，污染环境，毒害水生生物。由于气体上浮，有机质堆积物也被带到水面，不仅使水的表面恶化，而且阻碍空气进入水体，这些含有多种成分的有机物废水，是极复杂的混合污染物，它是水体污染最主要的方面。

（三）无机物污染

酸、碱和无机盐类，对水体的污染，首先使水体pH值发生变化，破坏其自然缓冲作用、消灭或抑制细菌及微生物的生长，阻碍水体自净作用；同时，会大大增加水中无机盐类和水的硬度，给工业和生活用水带来不利因素；再者用含盐量过高的水灌溉农田时，会引起土壤盐渍化。

（四）有毒物质的污染

有毒物质成分复杂，当废水中含有多量的有毒物质如酚类、氰化物及汞、镉、铅、砷等金属元素、有机农药、杀虫剂等，排入天然水体后，在高浓度时，就会出现毒害生物的作用，将水体中生物杀死；在低浓度时，可在生物体中富集，通过食物链的作用，逐级浓缩，以致最后影响人体健康。日本的公害病——水俣病；就是因工厂将含汞废水排入海湾，经生物甲基化作用，再通过食物链多次富集后，人们长期食用含高浓度有机汞的水产品所致；骨痛病也是因为长期饮用含镉的水和食用含镉的粮食后，镉在人体内大量累积的结果。

（五）富营养化污染

含植物营养物质的废水进入天然水体，造成水体富营养化，藻类大量繁殖，耗去水中溶解氧，造成水中鱼类窒息而无法生存、水产资源遭到破坏。水中氮化合物的增加，对人畜健康带来很大危害，亚硝酸根与人体内血红蛋白反应，生成高铁血红蛋白，使血红蛋白丧失输氧能力，使人中毒。硝酸盐和亚硝酸盐等是形成亚硝胺的物质，而亚硝胺是致癌物质，在人体消化系统中可诱发食道癌、胃癌等。

（六）油的污染

沿海及河口石油的开发、油轮运输、炼油工业废水的排放等，会使水受到油的污染，特别在河口和近海水域，近年来这种污染十分突出。

油的污染不仅有害于水的利用，而且油在水面形成油膜后，影响氧气的进入，对生物造成危害，漂浮在水面上的油膜还容易填塞鱼的鳃部，使鱼窒息；漂浮在水面上的油层，还可随水流和风的影响，可以扩散很远，致使海滩变坏、休养地、风景区被破坏，鸟类生活也遭到危害。

（七）热污染

热电厂等的冷却水是热污染的主要来源，直接排入天然水体，可引起水温上升。水温的上升，会造成水中溶解氧的减少，甚至使溶解氧降至零，还会使水体中某些毒物的毒性升高。水温的升高对鱼类的影响最大，甚至引起鱼的死亡或水生物种群的改变。

（八）病原微生物污水

生活污水、医院污水、屠宰肉类食品加工等污水，含有各种病菌、病毒、寄生虫等病原微生物，流入天然水体会传播各种疾病，用水灌溉农田时，使受污染地区导致疾病流行。

总之，随着经济不断地发展，环境污染问题也必须予以充分重视。从水质状况看，我国由于受到大量工业废水、生活污水及其他含毒废弃物的污染，主要江、河、湖泊、水库等的水质出现了不同程度的下降。据近年来对我国地表水污染所做的调查看，污染正在发展，对人们的使用、渔业、灌溉都造成了很大危害，在调查的53 000千米的河段中，鱼虾绝迹，成为“死水”的河段有2400千米，水质污染不能用于灌溉的约占23.3%，水质符合饮用水、渔业用水水质标准的只占14%。水质污染进一步缩小了可用水资源，从而加剧了我国水资源不足，造成了巨大的经济损失。因此，控制水体污染，保护水资源，是环境保护工作的重要任务。

四、水环境污染防治的意义

我国政府历来重视环保治理工作，老一辈无产阶级革命家周恩来曾提出“全面规划，合理布局，综合利用，化害为利，依靠群众，大家动手，保护环境，造福人民”的32字方针。新一代政府更是注重环境保护和生态建设，并将环境保护作为我国的一项基本国策，制定了一系列保护环境的法律、法规和措施，特别是朱镕基总理今年6月5日在世界环境日发表了“坚持统筹规划，依靠科技进步，加大资金投入，加强污染治理，大力植树种草，搞好水土保持，改善生态环境”的电视讲话，反映了当代政府环保治理的信心和决心。

随着2000年底国务院“一控双达标”工作的完成，城市污水的集中处理将成为水污染治理的首要任务。

建立城市污水处理体系对改善城市水环境，保障城市社会经济发展起着举足轻重的作用。在欧美、日本等发达国家，已经普遍施行城市污水的集中处理、二级强化处理，以及一定程度的三级处理。近年来，我国政府及有关部门对城市污水治理工作十分重视，将其作为当前和今后一段时期基本建设保护领域中重点支持的产业之一，城市污水处理领域将出现前所未有的发展速度。

然而，截止到1998年底，尽管我国已经建成城市污水厂187座，但二级处理能力仅为822万m^3/d，按此计算的城市污水，二级处理率仅14.1%。目前，我国城市平均每100

万人有 1 座污水处理厂，与美国等发达国家每 0.5 ~ 1 万人有 1 座污水处理厂相比，相距很大。

根据国家有关规划，到 2010 年全国设市城市和建制镇的污水平均处理率不低于 50%，设市城市的污水处理率不低于 60%，重点城市的污水处理率不低于 70%。近年来，国务院相继制定了淮河、辽河、海河、太湖、滇池、巢湖等流域的水污染控制总体规划，各省市也制订了相应的水污染控制总体规划，其中城市污水处理厂的建设与运行是重要的组成部分。根据目前的规划，我国用于城市污水处理产业的投资需求在 1800 亿元以上，建成后每年的运行费用在 70 亿元以上。按照国家环保局颁发的《污水综合排放标准》（GB8978-1996），为了满足出水排放标准，绝大多数城镇污水处理厂都必须采用二级生化处理工艺技术。

毫无疑问，我国的城市污水处理行业具有很大的市场需求与产业发展前景，但同时存在严峻的资金短缺和技术设备国产化开发问题。由于城市污水处理厂建设和运行资金短缺，致使一大批规划中的城市污水处理厂迟迟不能上马，已经建设的城市污水处理厂也不能正常运行，预期的水环境目标无法实现。对大部分地区而言，当前首要解决的不仅仅是治理深度的问题，而是治理与否的问题。近年来，我国城市污水处理厂建设主要通过利用外资，引进国外技术设备，导致工程投资大、债务负担重，并抑制了国内污水处理技术设备制造产业的发展。

由此可见，为了尽快提高我国的城市污水处理率，除了必须继续开发适应我国国情、切实可行、高效低耗的城市污水处理技术、工艺与设备外，还必须健全和完善城市污水处理综合性技术支持与服务体系，制定合理可行的产业技术经济政策，尽快解决城市污水处理收费及价格问题，加大建设城市污水处理厂的投资力度。

我国目前有各种规模和性质的小城镇近 48 000 多个，其中建制镇 19 200 多个，吸纳 2 亿多居民，随着乡镇企业的迅速发展和村镇人口的不断集中，小城镇的污水排放量不断增加，但绝大多数没有有效的污水处理设施。由于缺乏必要的污水收集和处理设施，不仅造成小城镇本身的环境污染日益严重，而且成为区域性水环境的重要污染源。如太湖流域有各种规模的城市 7 座，而小型城镇高达 978 个，小城镇的污水治理成为太湖水污染防治的关键。

对于我国大量的小城镇产生的污水量一般小于 2 万 m^3/d，通常在 2000 ~ 5000 m^3/d 之间，属于小型污水处理厂范围。由于受经济发展水平偏低、处理要求偏高、可供选择的经济适用技术很小和运营管理经验严重缺乏等方面的问题，与大中型城市污水治理厂相比，小城镇小型污水处理厂的设计、建设和运营更加困难，小城镇污水治理将成为今后我国水污染控制的重点和难点之一，与此相对应，小城镇小型污水治理技术与设备的研究开发也是当前需要加速解决的问题。

五、水污染防治

人类对环境的保护归根结底是基于保护地球上日益枯竭的资源，保护人类生存发展的最起码条件——保护水资源首当其冲。下面笔者就现代生产和生活中如何保护水资源谈一些粗浅的认识。

（一）要树立惜水意识，开展水资源警示教育

长期以来，大多数人们普遍认为水是取之不尽，用之不竭的“聚宝盆”，使用中挥霍浪费，不知道自觉珍惜。其实，地球上水资源并不是用之不尽的，尤其是我国的人均水资源量并不丰富，地区分布也不均匀，而且年内变化莫测，年际差别很大，再加上污染严重，造成水资源更加紧缺的状况，黄河水多处多次断流就是生动体现。国家启动“引黄工程”“南水北调”等水资源利用课题，目的是解决部分地区水资源短缺问题，但更应引起我们深思：黄河水枯竭时到哪里“引黄”？南方水污染了如何“北调”？所以说，人们一定要建立起水资源危机意识，把节约水资源作为我们自觉的行为准则，采取多种形式进行水资源警示教育。

（二）必须合理开发水资源，避免水资源破坏

水资源的开发包括地表水资源开发和地下水资源开发。水资源属于国家所用，因此，生产和生活用水的开发必须遵守《中华人民共和国水法》的有关规定，做到全面规划，统筹兼顾。在开采地下水的时候，由于各含水层的水质差异较大，应当分层开采；对已受污染的潜水和承压水不得混合开采；对揭露和穿透水层的勘探工程，必须按照有关规定严格做好分层止水和封孔工作，有效防止水资源污染，保证水体自身持续发展。

（三）减少耗水量

当前我国的水资源的利用，一方面感到水资源紧张，另一方面浪费又很严重。同工业发达国家相比，我国许多单位产品耗水量要高得多。耗水量大，不仅造成了水资源的浪费，而且是造成水环境污染的重要原因。通过企业的技术改造，推行清洁生产，降低单位产品用水量，一水多用，提高水的重复利用率等，都是在实践中被证明了是行之有效的。

（四）建立城市污水处理系统

为了控制水污染的发展，工业企业还必须积极治理水污染，尤其是有毒污染物的排放必须单独处理或预处理。随着工业布局、城市布局的调整和城市下水道管网的建设与完善，可逐步实现城市污水的集中处理，使城市污水处理与工业废水治理结合起来。

（五）产业结构调整

水体的自然净化能力是有限的，合理的工业布局可以充分利用自然环境的自然能力，变恶性循环为良性循环，起到发展经济，控制污染的作用。关、停、并、转那些耗水量大、污染重、治污代价高的企业。也要对耗水大的农业结构进行调整，特别是干旱、半干旱地

区要减少水稻种植面积，走节水农业与可持续发展之路。

（六）控制农业面源污染

农业面源污染包括农村生活源、农业面源、畜禽养殖业、水产养殖的污染。要解决水源污染比工业污染和大中城市生活污水难度更大，需要通过综合防治和开展生态农业示范工程等措施进行控制。

（七）开发新水源

我国的工农业和生活用水的节约潜力不小，需要抓好节水工作，减少浪费，达到降低单位国民生产总值的用水量。南水北调工程的实施，对于缓解山东华北地区严重缺水有重要作用。修建水库、开采地下水、净化海水等可缓解日益紧张的用水压力，但修建水库、开采地下水时要充分考虑对生态环境和社会环境的影响。

（八）加强水资源的规划管理

水资源规划是区域规划、城市规划、工农业发展规划的主要组成部分，应与其他规划同时进行。合理开发还必须根据水的供需状况，实行定额用水，并将地表水、地下水和污水资源统一开发利用，防止地表水源枯竭、地下水位下降，切实做到合理开发、综合利用、积极保护、科学管理。

第二节　水体污染与自净

一、水体污染与生态系统

向水体排放污染物质，在没有超过一定限度的情况下，存在着一种正常的生物循环。在此循环中，细菌的作用很重要，因为细菌能将有机物转化成无机物和细菌的细胞。

无机物又被藻类转化为藻类的细胞。这些藻类和细菌又成为浮游动物的食物，而浮游动物又成为虾类、鱼类的食物。这些水生动物又成为鸟类、兽类以及人类的食物。当人类将其废物排入水体和鸟兽排泄物流入水体后，水中的细菌又将有机物同化为细菌细胞，然后再继续循规蹈矩环下去。构成索链状系列，转为食物链。

从生态学的角度看，当生物循环恢复到原来的正常状态，就保持了生态平衡。生态原是研究生物的形态、生活特性以及各种生物之间，生物与环境因素之间相互关系的科学。这种生物和非生物之间的相互关系，即所谓的生态系统。

食物链有一个突出特征即集作用，某些重金属元素代其他有害有毒物质，在水中的浓度虽然不变，但一些微生物及藻类可能对它的有选择性地浓缩蓄积作用，通过食物链一级一级地蓄集起来，成为一些动物或人类的食物时，可能达到很高的浓度，产生有差于机的作用。

多年来，人类就利用水体处理生活用水和工业废水。

在水体正常生物循环中能够同化有机废物的最大数量，款为“自净容量”或“同化容量”。

一旦排入河流的废水超过河流的“自净容量”时，正常生物循环或生态平衡将被破坏，河流即被污染。在一般情况下，纵林河川正常的生态平衡的关键是水中的溶解氧。当水中有机物浓度逐渐增加时，细菌就大量繁殖而消耗水中的溶解氧。当溶解氧继续降低即 3 ~ 4 mg/t 以下时，鱼类就不能生存；当溶解氧继续降低，甲壳类动物、轮虫和原生动物等也将陆续死亡，最后只剩下细菌。由于缺氧，厌氧菌大量繁殖，因而使水变黑并发出恶臭，污染环境，有害于人体。

影响水中氧平衡的主要因素有三：

①耗氧物质的排入：包括可生物氧化的有机物和无机还原性物质。

②抑制大气复氧物质的排入：

油脂、去污剂等能在水面上形成薄膜而影响氧气进入水体。实验表明：当油膜厚度大于 10 ~ 4 cm 时，就能对河水中氧的进入产生影响。油类物质还能填塞鱼的鳃部，使鱼呼吸困难，甚至引起鱼的窒息。

③热污染：

A. 火电厂、核电站、钢铁厂等企业的冷却水，可引起水温上升，氧在水中的溶解氧降低。

B. 水温升高某些毒物的毒性升高，如水温升高 10℃时，氰化钾对鱼产生双倍的毒性。

C. 水温升高，细菌繁殖加快，助长水草生长，影响河水的流动等。

关于水体的污染，防有机污染，毒物污染和热污染外，还有一种营养污染又称富营养化。城市生活污水和生产污水中常含有大量的生物营养元素，这些元素包括：氮、磷、硅、钾、维生素、级量。

金属元素和其他有机化合物，对湖泊和水库影响最大的主要是磷和氮。

河流含生物营养元素较多时，一般影响不大，但在缓温流动的湖泊、水库、内海等水域，由于生物营养元素的增加，促进了藻类浮游生物的繁殖。大量繁殖的藻类会在水面形成密集的“水花”或“红潮”。藻类死亡和腐化又会引起水中氧的大量减少，使水化恶化。（一般讲，处于富营养化状态），水体富营养化后，要使它恢复，需要相当长时间。

废水排入水体会造成严重的危害，但从另一方面看，水体也有一定的自身净化废水中污染物的能力。

二、水体自净

水体受到废水污染后，逐渐以不结变清的过程特为水体自净。由于废水一般排入地面水体，故本书讨论地面水体，并且着重讨论河流的自净问题。水体自净过程十分复杂，受很多影响因素：其中：

①稀释是一个较为重要的因素。

②水体中悬物的沉淀，也降低了水体中杂质的浓度。

③在微生物的作用下，有机物逐渐分解氧化，使水中有机物含量逐渐降低（溶解氧从大气中和水生植物食作用中得到补充）。

④由于环境的变化，使粪便等污水中带来的人体寄生细菌（包括病原菌）逐渐死亡，这样，水体逐渐恢复到原来的清洁程度。从控制水体污染的角度看：水体对废水的稀释、水体中溶解氧的变化规律和细菌的死亡规律是水体自净的主要问题。溶解氧含量对水中生物的生长繁殖有重要影响。细菌的食量对水体的卫生品质影响较大。

（一）废水在水体中的稀释

稀释：实际上仅仅是将废水中的污染物扩散到水体中，从而降低了这些物质的相对浓度。单纯的稀释过程并不能除去污染的物质。

水体也有去除某些污染物质的能力。如某些有机物在水体中通过生物化学作用而降解，这种去除污染物质才是水体真正的自净过程。

目前，对工业废水中的某些特殊的污染物质，包括有毒物质的自净过程。尚未深入地研究，一般只考虑单纯的稀释过程。

1. 稀释的机理

河流之所以具有稀释能力，是因为污染物质进入河流后，产生了两种运动形式：一是污染物质由于河流流速的推动沿着水流流动的方向运动。这一水流输送污染物质的形式，可称为推流或平流。

以分式表示为

$$Q_1 = \upsilon C \qquad (2\text{-}1)$$

式中：　Q_1——污染物质的推流量（mg/m²·S）

υ——河流的流速（m/s）

C——污染物的浓度（mg/m³）

由上式知 υ 个，单位时间单位面积输送的污染物质的数量越高。

二是由于污染物质的进入，使水流产生了浓度的差异。

污染物质由高浓度向低浓度处迁移，这一污染物质的运动形式将为扩散。浓度差越大，单位时间内通过单位面积扩散的物质量也越多。可用下式表示：

$$Q_1 = -K\frac{dc}{dx} \qquad (2\text{-}2)$$

式中：　Q_1——污染物质的扩散量（mg/m²·S）

$\frac{dc}{dx}$——单位路程长度上的浓度变化值（mg/m⁴）

c——物质浓度，x 为路程，由于 x 值增大时 c 减少，故浓度稀度本身为负值。

K——扩散系数（m^2/s）

推流与扩散是一种同时存在又互相影响的运动形式，从而使污染物从排出口到下游逐渐下降这一稀释现象。

河流稀释能力取决于平流和扩散的能力。而扩散能力主要取决于扩散倍数。由于引起和影响扩散因素不同，常分为分子扩散系数、对流扩散系数和系统扩散系数三种。以系统扩散系数影响最大。

紊流扩散系数：主要与河流形状（如弯曲程度），河底底部的粗糙程度，河流的流速和水深等因素有关。

如：υ 越大（即 ke ↑），H 越深，岸边流速与中心流速差异越大，则河水越易紊动，水层间的动量交换越激烈，此时河水的紊动扩散系数越大。

2. 水体混合稀释规律

废水排入河流后，并不能马上与全部河水混合，而是逐渐达到完全混合的，影响混合因素主要有：

①河水流量与废水流量的比值：

此值大时，Q 也大，υ 也大，污染物的推流与扩散速度快。还因两者比值大，参加到初始稀释中去的那部分河流流量相对于整个河流流量的比例就小，这时废水在与河水不断混合交换过程中，将通过较长的距离，才能在整个河流断面上，达到完全均匀混合。

②废水排放口形式：

如废水在岸边集中一点排入河道，则达到完全混合所需时间较长；如废水是分散地排放于河道中，则达到完全混合的需时间较短。

③河流水文条件：

如河道的深度，河床的弯曲状况，水流速度以及是否有急流等因素。

显然，在没有达到完全混合的河道断面上，只有一部分河水参与了对废水的稀释。参与混合的河水流量与河水总流量之比，特为混合系数：

$$a=\frac{Q_1}{Q}\left(Q_1\leqslant Q\right) \qquad (2\text{–}3)$$

式中　a——混合系数

Q_1——参与混合的河水流量

Q——河水总流量

在完全混合的河道断面上及其下游，a=1，在排放口到完全混合面的一段距离内，a<1。

混合系数也可近似地用下式表示：

$$a = \frac{L_1}{L}(L_1 \leqslant L) \quad (2\text{–}4)$$

式中：　L_1——排放口至计算断面的距离

L——排放口至完全混合面的距离

废水与河水稀释的程度，用稀释比（n）表示，它是参与混合的河水流量与废水流量的比值。

$$n = \frac{Q_1}{q} = \frac{aQ}{q} \quad (2\text{–}5)$$

q——废水流量

在实际工作中，一般考虑部分流量计算（a<1），如：根据经验，对于流速表 0.2 ~ 0.3 m/s 的河流，a = 0.7 ~ 0.8；河流流速较高时，a = 0.9 左右；河水流速较低时，a = 0.3 ~ 0.6 左右。

近年来，国外还提出了一些计算混合系数的数学模式，但都是粗略观测结果得来的，废水在水体中混合时间是一个尚使继续研究的问题。国外资料只可供参考。

计算断石上废水中污染物在水中的浓度可按下工：

$$C_2 = \frac{Cq + C_1 aQ}{aQ + q} \quad (2\text{–}6)$$

式中　Q——河水流量

q——废水流量

C——废水中污染物浓度

C_1——河水中污染物的浓度

a——混合系数

当污水中原无此污染物时，而且河水流为 Q>>q

$$C_2 = \frac{Cq}{aQ} = \frac{c}{n} \quad (2\text{–}7)$$

在采用稀释法处理泼水时，除须考虑废水与河水的混合程度外，还应注意：

①河水本身已经受到污染程度以及重复污染的问题

②对于剧毒物质不宜采用稀释来达到卫生标准

③当表靠岸边排水时，刚在排放口下游附近，往往含有一部分河水所食污染物较少，鱼类有可能暂时避入此区内，但最后如污染物较多时，则都往上游跑了。

（二）水体的生化自净

废水进入河流后，除得到稀释外，其中的有机污染物还能在废生物的作用下进行氧化分解，逐渐变成无机物质，这一过数称为水体的生化自净。

目前对以生活污水为主的城市污水生化自净已有较多的研究，并有了一定的认识。这些认识基本上也适用于一般的有机生产污水。

有机污染物可以通过生化自净而消除或减少，而大多数无机污染物只能通过稀释而降低其浓度，实际上并未减少其总量。

为了保证生化自净，污水中必须含有足够的溶解氧。

1. 耗氧与复氧

受污染前，河水中的注解氧一般亏氧很少，有时甚至是饱和的。在受到有机污染后，开始时，河水中有机物大量增加，好氧分解剧烈，吸收大量的溶解氧（耗氧或消氧），同时河流又从水面上获得氧气（复氧）。不守，这时，耗氧速度大于复氧速度，河水中的溶解氧迅速下降。随着有机物因被分解而减少，耗氧速度减慢，在最缺氧点，耗氧速度等于复氧速度。接着耗氧速度小于复氧速度，河水中的溶解氧逐渐回升。最后，河水溶解氧恢复或接近饱和状态，这条曲线被称为氧垂曲线。

当有机物污染程度超过河流的自净能力时。河流将出现无氧河段。这时开始厌氧分解，河水出现黑色、产生臭气，河流的氧垂曲线发生中速的现象。

氧垂曲线反映了：

（1）废水排入河流后溶解氧的变化情况，表示河流的自净过度。

（2）最缺氧点的位置及其溶解氧含量。

2. 氧的消耗

（1）有机物的生物

生物氧化所消耗氧量的数学关系按下式表示

$$L=La10^{-k1t}$$

（2）硝化作用

水中如有氨等未氧化的氮存在时，会产生硝化作用而消耗溶解氧。硝化细菌对 pH 甚为敏感，其生长最佳 pH7.5 ～ 8.0 或更高些。但溶解氧少于 2 ～ 2.5mg/l 时，硝化作用将大大降低，故在低溶解氧的水中，不易产生硝化作用；反之，溶解氧接近于零或为零时，反硝化作用开始进行。

（4）水底沉泥的分解

水底沉泥内有机物的分解过度主要是厌氧性的，而在沉泥与流水的接触面则进行好氧分解。

（5）水生植物的呼吸作用

植物在白天由于光合作用而放出氧气而使水中溶解氧增加，晚间光合作用停止，植物由于呼吸作用而消耗氧气，水中溶解氧因而减少。

（6）无机还原性物质的影响

生产污水如含有亚硝酸盐等物质，则排入河川后，可立即消耗溶解氧。

在河流污染控制中，一般仅考虑溶解性有机污染物质的作用。

（三）氧的来源

1. 水体和废水中原有的氧

2. 空气中的氧溶入水中，即一般所称的大气复氧

复氧曲线：∵复氧速度比亏氧量

$$\therefore \frac{d\left(Da-D\right)}{dt}=K_2^1D \tag{2-8}$$

这里 Da–D=（氧饱和溶解度 –a 点实际氧浓度）–（氧饱和溶解度 –t 时的实际氧浓度）=t 时的实际氧浓度 –a 点实际氧浓度 = 复氧量

将上式积分得：

$$\ln\frac{D}{Da}=-k_2^1 \tag{2-9}$$

$$\mathrm{tg}\frac{D}{Da}=-k_2t \tag{2-10}$$

$$\therefore \frac{D}{Da}=e^{-k_2^1t}=10^{-k_2t} \tag{2-11}$$

式中　Da——起点或受污点亏氧量（mg/l）

D——下溺任何时 t 日的亏氧量（mg/l）

k_2——复氧常数（日 $^{-1}$）或（Cl^{-1}）

水的搅动和与空气接触面的大小等因素对氧的溶解速度影响甚大，必须对水法进行实测。通常上述因素都反映在 k_2 值内。

k_2 值可利用下式求得：

$$k_2=\frac{128\left(D_LU\right)^{1/2}}{H^{3/2}} \tag{2-12}$$

式中：　D_L——氧的分子扩散系数（m/s）

U——平均流速（m/s）

H——平均水流（m）

氧分子扩散系数与温度关系为：

$$D_LT=1.760\times10^{-4}\times1.037^{T-20} \tag{2-13}$$

式中　D_LT——温度 T℃时氧分子扩散系数（m^2/d）

1.760×10^{-4}——温度 20℃时氧分子扩散系数（m^2/d）

k_2 值也随水温而变化，其关系如下：

$$k_2(T)=k_2(20)[1.047]^{T-20} \quad (2\text{–}14)$$

一般，在水温 20℃，水速 U<0.5m/s 时，可取 k_2=0.2d^{-1}；如果急流，k_2 可取 0.5d^{-1}，有时甚至高达 10d^{-1}，对于池塘，k_2 值可低至 0.05d^{-1}。

3. 光合作用

光合作用放出的氧气，在河流污染拉制底数中一般不予考虑。

（四）氧垂曲线模式

废水排入水体后，耗氧与复氧是同时进行的。含耗氧与复氧两曲线，即重氧垂曲线。

使河流经过七日后，消耗的氧量为 x_1，溶入的氧量为 x_2，水中实际的溶解氧量为 x，则 $x=x_2-x_1$，于是，在此时间内，水中溶解氧量的实际增加速度为：

$$\frac{dx}{dt}=\frac{dx_2}{dt}-\frac{dx_1}{dt} \quad (2\text{–}15)$$

式中 $\frac{dx_2}{dt}$ 即复氧速度，$\frac{dx_1}{dt}$ 即耗氧速度。

∴ $$\frac{dx_1}{dt}=k_1^1L \quad (2\text{–}16)$$

$$\frac{dx_2}{dt}=k_2^1D \quad (2\text{–}17)$$

如 S 为氧的饱和溶解度，则亏氧量变化速度为：

$$\frac{dD}{dt}=\frac{d(s-x)}{dt}=-\frac{dx}{dt} \quad (2\text{–}18)$$

∴ $$\frac{dD}{dt}=k_1^1L-k_2^1D \quad (2\text{–}19)$$

解此系数，即得氧垂曲线模式（即 streefer–pHds 系数）如下：

$$D_t=\frac{K_1La}{k_2-k_1}(10^{-k_1t}-10^{-k_2t})+Da\times10^{-k_2t} \quad (2\text{–}20)$$

式中　D_t——t 日后，河水与废水混合水中的亏氧量，mg/l

Da——废水排放点（受污点），河水与废水混合水中的亏氧量，mg/l

La——废水排放量（受污点），河水与废水混合水的第一阶段 BoD（mg/l）

利用这一系数，即可求出氧垂曲线上任何一点的亏氧量。

在上式中，令，即得从受污点至氧垂曲线最缺氧点（临界点）所需时间为：

$$t_c=\frac{\lg\{\frac{k_2}{k_1}[1-\frac{Da(k_2-k_1)}{k_1La}]\}}{k_2-k_1} \quad (2\text{–}21)$$

如令 $\frac{k_2}{k_1}=f$，f称为水体的自净比氧或系数，则得

$$D_t=\frac{La}{f-1}10^{-k_1t}\{1-10^{-(f-1)k_1t}[1-(f-1)\frac{Da}{La}]\} \qquad (2\text{–}22)$$

$$t_c=\frac{1}{k_1(f-1)}\lg\{f[1-(f-1)\frac{Da}{La}]\} \qquad (2\text{–}23)$$

表 2–2–1 列出了一般水体的 f 值，供参考

表 2–2–1　水体自净系数

接受水体种类	20℃时的 f 值
小水塘或死水塘	0.5 ～ 1.0
缓流的河流，湖泊水库	1.0 ～ 1.5
低流速的江河	1.5 ～ 2.0
中等流速的江河	2.0 ～ 3.0
大流速的江河	3.0 ～ 5.0
急流与瀑布	>5.0

表 2–2–2　f与水湿的关系

温度℃	5	10	15	20	25	30
f的相对值	1.58	1.35	1.16	1.00	0.859	0.737

式（2–20）或（2–22）是河川污染分相中最常用的计算公式，但使用时，应注意以下各点：

①仅适用于可生物降解的溶解性污染物的计算。所用 k_2、k_1 或f各值与水湿对应。

②仅适用于河流断面变化不大，藻类等水生植物、沉淀和硝化作用等影响可以忽略的河段（此两式仅考虑了有机物生物氧化和大气复氯两因素）。如果河流受到严重污染氨氮含量较高，大大超过了维持异养菌群增殖的需要量。如我国某些污染严重的河流氨氮含量会高达 5 ～ 10mg/l（一般较清洁的河流氨氮量约在 1mg/l 以下）。这时就应考虑氨氮的硝化耗氯问题。此外，如果有机沉泥所分布的河段较长，则沉泥的影响也应加以适当考虑。关于硝化和沉泥耗氯的计算方法可多阅有关书刊。

③仅适用于废水与河水在受污点已完全混含的场合。为此往往需放置分散式排放口或采取其他适当措施，否则须考虑废水与河水的混合系数。

④如若河有几个排放口，则可根据情况合并成一个排放口或逐段计算。

⑤如水温、排放点的溶解氯和生化而氯量以及 k_1、k_2 和f值均已确定，就可利用这些公式计算排放点下游各点的溶解氯含量。应保证最缺氧点有一定的溶解氧，否则应对废水做适当的处理。

⑥对于湖泊、海洋或港湾等，不能采用此公式。

最后应当指出：由于排放口和河流的水文、气候条件都是变化的，所以河流的氧垂曲线是不稳定的，最缺氧点的位置也是变化的。

从实践中知道，河流的复氧是缓慢的。一般河流系列废水污染以后，在溶解氧再次饱和后，常常又受到下游工业区或城镇的污染，所以，在人烟稠密或工业地区，河流中的溶解氯很少是饱和的。

三、水法中细菌的死亡

在研究水体污染和自净现象时，除稀释和溶解氧变化的规律外，细菌残废的规律也是很重要的。含有一般有机物的废水排入法后，水法中的细菌开始大量增加，以后就逐渐减少。促使细菌在水法中死亡的原因，主要有下列几个方面：

（1）由于水法中有机物的无机化、有机物逐渐减少。这对于依靠有机物生存的细菌是极不利的。

（2）某些物理因素如水湿，日光等对细菌生活的影响很大，如水湿不适于细菌生活，它们便逐渐死亡，日光具有杀菌能力。

（3）水的某些化学性质对细菌生存也有影响，如 pH 值和生活污水中的毒质都会影响细菌的生活。

（4）生物的影响，水中有些生物能吞食细菌，因而使水中细菌数目逐渐减少。

在一般情况下：生活污水或性质与生活污水相近的生活污水排入河流后，在 12 ~ 24 小时内流过的距离是最大的细菌污染地带，以后细菌数目便逐渐减少。如果没有新的污染，三、四天后细菌数目不超过最大量 10%。但应注意，细菌数目减少得快，并不说明有机物或其他有害物质的含量已经大大降低。

第三节　农村水环境污染与防治

近年来随着社会经济的不断发展，人们的环保意识明显增强，人们对环境质量也提出了更高的要求，环保产业备受关注和重视。然而当前主要重视的是城市环境污染以及治理，并没有重视农村生存环境，导致农村环境污染越来越严重。我国很多农村水资源并未经过处理，而且排水设施不完善，没有净化处理生活废水，就直接将污水排放出去，或者直接让生活废水顺着地势流淌。一直以来，因为废水排放量大大增加，已经严重影响到农村水资源，而且对农民生活生产用水造成了严重威胁，甚至可能会严重影响农民的身体健康安全，因此非常有必要加强农村水污染防治工作。

一、污染的主要原因

1. 集约化养殖场以及乡镇企业布局不合理，污染治理力度不足

乡镇企业废水 COD 等主要污染物排放量已经超过工业污染物排放总量的一半，布局不合理的话，也会大大降低污染物处理率，甚至会比工业污染物平均处理率还低。导致这种情况的主要原因是因为作坊式生产企业的整体布局规划不合理，也没有采取有效的行政管理措施。中型、大型污染企业污染发生转移，而治污费用也被转嫁。地方政府对于经济发展比较重视，并没有注重环境治理工作。

2. 过度使用现代农业生产手段

根据相关数据统计表明，我国化肥年应用量在 4800 万吨以上，基本上已经达到了 40 t/km^2，比发达国家为了避免化肥对水体、土壤造成危害而导致的安全上限值都还要高。农药的年使用量大概为 150 万 t 左右。化肥施肥结构存在诸多不合理之处，而且利用率相对比较低，极易流失，这样极易导致土壤污染，使水体有机污染以及富营养化污染进一步加重。一般被作物吸收的农药只达到 1/3 左右，剩下的 2/3 农药都会进入到农产品、土壤、水体中，这样会对人体的身体健康安全造成直接的威胁。

3. 村镇等农村聚居点由于没有合理规划，环境管理相对滞后

目前很多地方政府建设过程中，只关注城镇总体建设规划，并没有注重和环境产业发展以及土地等规划的联系。同时，农村聚居点由于没有合理规范导致城镇和沿公路带状发展、农村聚居点、工业区混杂。现阶段，我国环境管理体系主要是在防治城市和重要点源污染方面，目前还没有建立完善、健全的农村污染治理体系。

4. 人们的环境保护意识相对薄弱

目前，很多农村人口并没有全面认识环境危害的源头以及危害程度，通常比较注重有形经济利益，通常会直接忽视潜在环境危害，导致环境保护意识以及环境危机意识较为淡薄，甚至很多农民都没有环境保护意识。同时，有的私营企业为了一味地追求自身的经济利益，根本都没有考虑环境保护。其次，很多地方政府都将经济发展作为最主要的发展目标，认为最大的功绩就是带动区域经济发展，使广大农民群众脱贫致富。

二、防治农村水污染的对策

1. 进一步完善农村环境治理方面的法律法规体系以及环境知识宣传制度

当前，我国在农村环境方面的相关法律法规政策基本上是空白，但是当前国外一些发达国家已经制定了相对完善的农村污水处理法律法规。为此，我国应该学习、借鉴国外的一些成功经验制定符合我国农村水污染实际情况的法律法规政策以及制度，努力做好农村水污染防治方面的立法工作，而且严格根据相关的法律法规来执行。同时，当前农民的学

历文化水平以及自身素质相对低下，并没有明确、清楚的认识环境危害源头及其危害程度，往往重视有形的经济利益，并没有注重潜在环境危害。为此，一定要加大环境保护方面的教育以及宣传力度，增强地方政府、乡镇企业以及农民的环境保护意识，提高自身水污染防治责任感，而且有必要制定一套科学、合理的奖惩机制，将环保工作也纳入领导干部政绩考核以及政府工作评价的一项重要内容。

2. 合理规划企业布局

随着乡镇企业的快速发展，政府以及相关部门一定要统一进行规划，合理布局，采用综合治理措施。而且应该严格根据“因地制宜”的原则建设污水处理厂以及乡镇污水处理设施，当然政府部门应该将自身的引导作用以及监督作用充分发挥出来。其次，政府应该合理进行乡镇建设规划，制定一系列有助于环境污染防治的经济技术政策，大力鼓励对于环境污染较少甚至没有污染的行业或产品发展，主张能够循环利用资源，积极推进工业清洁生产。

3. 促进生态农业的发展

大量应用农药以及化肥是导致农村水环境污染的一个重要因素，因此非常有必要发展生态农业，不断研发一些具有较高抵抗力、高产量的作物，广泛推广残留量少、毒性低、高效的化学农药，尽可能减少使用农药以及化肥，通过秸秆还田技术或者天然肥料等方式尽可能减少化肥、农药对土壤的污染。经过国内外经验总结表明，采用科学、合理的农业运作方式可将农田径流带走的 N、P 量减少 60% 多。为此，政府部门应该增加对于生态工程研究方面的投资力度，从根本上杜绝农业污染，最大限度地提高农业生产的经济效益以及环境效益。

4. 不断提高农村污染治理能力，制定新的污染控制模式

我国很多农村地区因为缺乏完善的基础设施，经济条件较差，也欠缺充足的专业管理人员以及维护人员。因此很难直接套用城市污水处理体系，为此一定要结合农村地区环境条件以及资源状况大力开发、推广一些成本较低、可行性高的污水处理技术。通过国内外学者长时间的研究以及实践，总结出农村污水治理的对策可以采用就地回用处理模式以及分散处理模式。污水生态处理系统因为没有消耗动力，因此运行以及维护工作相对比较简单，这已经发展成一种新型处理技术，这种处理技术具有优良的再生水质，对于生态环境影响较小，适应范围比较广，而且建设以及运行费用较低。尤其我国广大农村地区，就比较适合采用氧化塘技术或者人工湿地配合沼气池的模式。采用沼气池不仅可以将大部分环境污染物去除，而且也有利于产生沼气，创造更高的经济价值。沼气池后面的氧化塘系统或者人工湿地经过光合作用，可以利用湿地植物的根系将污水中的 N、P 等污染物吸附降解，从而进一步使污水得到净化。

5. 合理控制养殖业的发展规模，大力推广能源生态经济模式

想要有效解决养殖业污染方面的问题，最主要的是应该科学、合理地进行养殖业规模规划，而且应该建立一个生态型养殖场，促进农业的可持续发展。而且应该严格根据国家环境保护局颁发的相关标准实施监督。其次，规模化养殖场的畜禽粪尿可以采用堆肥处理、沼气发酵处理以及饲料加工。如果养殖场规模比较小，可以采用堆肥处理畜禽粪尿，而且应该就地施用。

第四节　我国湖泊生态环境保护

一、概 念

1. 生态系统健康

生态系统具有稳定性和可持续性，在时间上具有维持其组织结构、自我调节和对胁迫的恢复能力。通过活力、组织结构和恢复力等 3 个特征进行评价。

2. 湖泊生态安全

在人类活动影响下维持湖泊生态系统的完整性和生态健康，为人类稳定提供生态服务功能和免于生态灾变的持续状态。

3. 水资源承载力

在一定的社会经济和技术条件下，在水资源可持续利用前提下，某一区域（流域）水资源能够维系和支撑的最大人口数量和经济规模（或总量）。

4. 土地资源承载力

在一定时期、一定空间区域和一定的经济、社会、资源、环境等条件下，土地资源所能承载的人类各种活动的规模和强度的限度。

5. 生态风险

具有不确定性的事件（如环境污染）或灾害对生态系统及其组分产生的不利作用。

二、湖泊及流域概况

根据湖泊生态安全调查的结果，进一步分析湖泊生态环境现状，识别湖泊生态环境当前存在的主要环境问题。

1. 自然环境概况

包括湖泊及其流域的地理位置，湖泊面积和水量，流域面积及涉及行政区划，流域气候、植被覆盖、地形地貌等自然属性状况，湖泊流域水系分布及水文水动力特点，湖泊的

主要服务功能（如饮用水水源地或其他重要生态功能等）。

2. 流域社会经济发展及水土资源开发情况

湖泊涉及流域的人口结构、经济发展水平和产业结构等经济社会发展状况；湖泊水资源现状及供水、用水特征，水系闸、坝等阻隔构筑物等水利工程设施建设及调度情况，反映湖泊与入湖河流及湿地的联通情况，绘制区域水系图；湖泊流域土地开发情况、土壤背景值情况、磷矿分布情况等，掌握湖泊流域主要土地利用类型，绘制区域土地利用现状图。

3. 流域生态环境现状

介绍监测点位布设情况，在湖泊水系图中标明水环境现状监测断面，分析流域水质现状。分析内容包括流域水质类别，主要水质指标（包括高锰酸盐指数、化学需氧量、总氮、总磷、氨氮叶绿素 a 及其他特征污染物的浓度以及透明度等），底质（总氮、总磷、有机质和特征污染物浓度），富营养化程度，水生态系统（浮游动植物、底栖动物、水生植物和鱼类、两栖爬行动物，有无珍稀濒危物种、特有物种、狭域物种、极小种群，以及食物网和功能群的复杂性与完整性等）及湖滨带、消落带、水源涵养区及湖泊周边湿地系统的完整性及植被覆盖情况现状及近年内的历史变化情况。分析水生生物物种多样性、水生态系统的生物群落结构、水产种质资源保护区等敏感目标分布情况及保护情况、珍稀濒危及土著鱼类的分布情况、生态需水满足程度等的现状情况等。

4. 流域污染源排放与污染负荷现状

污染源排放现状分析包括点源、面源及内源污染负荷，根据湖泊生态安全调查与评估的结果，从主要污染负荷的来源、种类、排放特征、排放量、入河量和入湖量角度解析不同污染源对入湖污染负荷的贡献。

（1）点源污染来源及分布特征

明确主要点源污染负荷的来源，如城镇工业废水、城镇生活污水、城镇垃圾以及规模化养殖等，分析各类污染负荷（化学需氧量、总氮、总磷、氨氮等）的产生量和排放量，明确城市生活污水及生活垃圾的集中收集及处理率、流域工业废水排放的达标情况等；明确各入河、湖排污口的位置、数量、排污方式、排污量、污染物种类等，分析各类污染源对湖泊水质变化的贡献。

（2）面源污染及分布特征

根据流域乡镇的基本情况，包括区域面积、人口数量及各土地利用类型的面积，流域氮、磷等化肥与复合肥及化学农药使用情况，不同作物的种植面积、灌溉方式，农药施用量及化肥施用量，总氮、总磷、氨氮、化学需氧量等污染物的发生量及主要发生时期，农村生活污水和垃圾的收集处理情况，分散式畜禽养殖的污染排放情况等，分析农村生活垃圾和生活污水、种植业、畜禽散养、水土流失、湖面干湿沉降及旅游污染、城镇径流等面源污染负荷的发生量及其分布特征，明确各类面源污染负荷占入湖污染负荷的比例。

（3）内源污染情况

根据湖泊生态安全调查与评估的结果，明确湖泊内源污染的主要来源，例如湖内水产养殖污染、底泥释放等，分析内源污染负荷的排放情况。

三、湖泊主要环境问题识别及其演变趋势

根据湖泊生态安全调查与评估的结果，分析现状生态环境主要问题及形成原因，构建环境问题清单，并对环境问题建立主次顺序。预测流域内经济社会发展及污染负荷排放的趋势，对流域生态环境演变的趋势进行分析。

（一）生态环境主要问题识别及成因

1. 生态环境主要问题

（1）湖泊水质和水生态主要问题

根据湖泊与入湖河流水体与底质中的总氮、总磷、化学需氧量、和氨氮等指标的现状，湖泊水体水生动植物优势种群和数量、湖泊水体主要食物网结构与功能情况，结合历史数据，分析湖泊水质的主要指标和生态系统演替的历史变化规律，识别湖泊水质和水生态的主要问题。

（2）流域生态环境问题

分析湖泊流域入湖河流河滨区、水源涵养林、湖荡湿地、湖滨缓冲区的生态环境问题，从这些问题的现状及历史变化情况，分析流域生态环境问题及其与流域水质的相互关系。

2. 成因分析

（1）人口、产业结构与布局因素分析

从人口规模和布局、环保优化经济发展、环保促进经济绿色转型等方面，开展流域社会发展模式对湖泊流域生态环境保护的影响分析。

（2）水土资源利用因素分析

从湖泊流域水土资源利用效率角度，对该流域的水资源使用现状、土地资源利用现状开展系统调查与分析。

（3）污染源防治因素分析

从湖泊流域污染防治的优先次序角度，分析流域不同区域和不同类型污染源对湖泊水质和水生态的影响及贡献率，明确导致湖泊水质下降或者生态退化的主要区域、主要污染源、污染特征和污染量，以便有针对性地设计污染防治区域和开展工程项目布设。

（4）流域生态系统演变因素分析

从湖泊流域生态系统的历史演变趋势角度，分析其演变过程对流域生态功能的影响，为流域生态系统恢复提供依据。

（5）流域生态环境管理因素分析

根据国内外的湖泊生态环境综合管理制度和机制的经验和教训，就湖泊及其流域内环

境管理中存在的问题及不足之处进行分析，找出管理因素对环境问题的影响，以便提出更好的、适合本流域的生态环境综合管理机制。

（二）生态环境演变趋势预测及保护形势

在湖泊生态环境状况调查与评估的基础上，从流域人口规模、产业发展、污染负荷排放、水土资源利用等方面全面分析流域内人类社会经济发展主要构成要素的变化趋势，并根据水环境现状、污染负荷现状、生态环境问题识别、成因分析及各类趋势预测的成果，以定性和定量结合的方法模拟并预测在流域人类活动的干扰下湖泊水环境质量及水生态系统的变化趋势，判断湖泊生态安全未来发展态势，以及流域生态环境保护形势，环境风险防范形势等。

（三）已有规划、措施及成效分析

梳理规划流域内环保、发改、国土、水利、建设、农林等部门已经完成、正在实施和即将实施的各种规划，评估规划实施的环保效果（包括项目支撑方向、项目完成情况、目标完成情况、组织实施方式等），掌握已有工作基础、成功经验，避免重复工作，识别生态环境保护盲区，结合湖泊面临的保护形势及压力，总结提出本方案的关注要点。

四、湖泊生态环境保护目标及指标

湖泊生态环境保护目标设计是实施方案的核心，湖泊生态环境保护目标框架设计要着眼于湖泊生态安全保障、流域和谐发展等宏观需求，同时也要考虑方案实施过程中指标的量化可考核性和目标的可达性。

1. 湖泊生态环境保护目标确定的思路

湖泊生态环境保护目标体系的确定应在湖泊生态环境现状调查与流域社会经济发展趋势预测的基础上，考虑流域社会经济阶段发展水平和发展需求，在湖泊环境承载力的约束条件下协调流域社会经济和环境生态的同步改善，同时应与各专项方案的研究制定相互反馈、联系，根据生态环境保护工程项目实施后的可达性和可行性分析进行调整，并最终确定。

2. 总体目标及考核指标

（1）总体目标

湖泊生态环境保护方案总体目标应以促进湖泊生态系统健康为核心，并根据保护主体主要服务功能进行设置。基本要求为“水质不降级、生态不退化”，具体包括水质目标、生态目标和管理目标三个方面。水质目标体现总体实施方案完成后湖体、入湖河流水质改善情况；生态目标体现流域生态系统结构和功能的完整性；管理目标体现湖泊水环境管理长效机制的建立情况。具体指标要清晰、可量化、可考核。根据湖泊生态环境保护实际需要，方案中可增设远期目标。

（2）考核指标

包括水质改善目标、生态修复与建设目标、污染负荷削减目标和管理目标。

①水质改善目标

包含湖体及入湖河流目标水质类别，主要污染物（如高锰酸盐指数、总氮、总磷、氨氮等）目标浓度。该目标涉及的具体指标应不低于现状水平，例如湖体总氮浓度的目标值应低于现状值。

②生态修复与建设目标

包括综合营养状态指数（根据叶绿素 a、总氮、总磷、高锰酸盐指数、透明度等计算）、湖滨自然岸线率（未开发或自然状态岸线长度占湖滨岸线总长度的比例）、流域植被覆盖率、生态建设与修复〔新增（恢复）的湖滨缓冲带、湿地、生态涵养林面积之和〕等。

③污染负荷削减目标

主要污染指标，包括化学需氧量、总氮、总磷、氨氮等污染负荷的削减量。

④管理目标

包括流域工业废水稳定排放达标率、城市生活污水处理率、城镇生活垃圾收集处理率、农村生活污水处理率、农村生活垃圾收集处理率、饮用水水源水质达标率、规模化畜禽养殖废物处理率等。

五、湖泊流域社会经济调控方案

根据流域社会经济调查的结果，分析经济结构现存的问题，研究适宜的流域经济社会优化调控措施，提出流域人口规模和布局、产业结构和空间布局的调控要求，实施流域经济、社会发展模式的调控，注重强调绿色流域和绿色发展、绿色生产和绿色消费，提出相应可操作方案。

1. 流域社会经济优化调控思路

针对当前流域社会经济、资源环境现状，形势预测结果和社会经济发展要求，研究流域内人口结构与规模、消费模式、产业结构与规模、产业组织及布局与资源消耗等因素和污染物排放之间的量化关系，拟定相关因子之间的优化组合方案，并据此确定各个因子的调控方案、途径与方法，全面协调流域经济增长、社会发展与资源环境支撑之间的相互关系，通过对经济增长方式和社会发展模式的调控，尤其是对构成经济增长方式和社会发展模式的关键因子的调控来实现资源节约利用和污染物减排。

2. 湖泊流域社会经济优化调控方案

（1）社会发展优化调控方案

分析流域人口规模、人口结构特征、消费模式以及流域人口发展状况与趋势；分析城镇结构布局、城镇体系建设以及城乡发展规划、移民安置规划等。考虑流域区域水资源承载力、土地资源承载力和水环境容量等重要约束，结合对人口承载力分析、绿色消费模式研究与评价，提出流域社会发展调控方案。

①人口规模优化布局调控

以流域整体城市化进程为依据，确定合理人口规模及布局；调整人口结构，促使人口结构的合理转变；研究流域人口结构与规模特点、人口容量与流域水环境承载力的关系；研究确立与流域水环境承载力及不同水环境功能区相适应的人口布局；将流域人口调控与产业结构调控紧密结合，以人口素质提升带动产业结构升级。

②城镇化发展与优化调控

主要包括优化区域空间布局和完善城镇功能结构。

③消费模式优化调控

主要包括资源节约型和环境友好型社会建设。

第一，资源节约型消费模式构建

资源节约型消费模式的主要特点是“源削减”，在社会、经济、生活、教育等领域实行清洁生产，即从源头上尽量减少对资源的消耗和利用，以充分提高资源利用效率，从而减少污染的排放，达到社会经济的可持续发展。这方面的测度指标主要有水资源节约、能源节约和生物资源节约。

第二，环境友好型消费模式构建

环境友好型消费模式的主要特点是少污染甚至是不污染，即通过提高生产工艺水平、更新设备、加强管理等手段达到少排放甚至零排放。环境友好型消费模式对于环境的保护和改善有着直接的、明显的效果，主要包括构建水环境友好型流域和土壤环境友好型流域。

（2）产业结构与布局优化方案

通过对产业水资源消耗与污染物排放核算、流域物质流、产业集中度与规模化水平、产业资源节约与循环利用水平进行分析评价，对流域内产业机构及布局进行优化。

①产业结构与规模调控

设置水资源消耗和污染物总量限值，控制新建项目质量；调整高水耗、高污染产业类型，淘汰落后产能；探索流域内产业结构优化组合方案。

②产业空间布局调控

立足于流域，进一步优化区域产业空间布局。湖泊上游地区要优先发展高新技术产业或其他无污染产业，加快推进产业集中，提高产业规模化水平，合理布局湖泊流域内的工业园区。严格按规定开展湖泊流域产业发展和自然资源开发利用规划的环境影响评价，以规划环评优化湖泊流域产业发展布局。

③资源节约与循环经济调控

研究流域经济社会系统尤其是经济系统的资源生产力和生态效率，确定单位经济产出的资源消耗水平，识别流域资源利用效率较低的主要环节，并探讨造成这些环节资源利用效率低下的原因，从提高资源利用效率的角度提出实现流域资源节约和循环利用的途径和方案。

六、湖泊流域水土资源调控方案

针对湖泊水资源利用效率低，土地资源无序开发、抢占湖泊生存空间的普遍现象，开展流域水资源评价、流域土地资源评价，研究多种目标下的流域水资源、土地资源优化配置方案，从资源开发利用与社会经济发展相协调的角度出发，提出保障湖泊流域生态安全的水资源、土地资源合理利用要求，提出可操作的流域水土资源调控方案。

1. 流域水资源优化调控方案

（1）流域水资源优化调控思路

水资源配置主要侧重于研究如何实现流域水资源在生活、生产、环境方面的协调，以湖泊流域、区域水资源综合规划和节约、保护等专项规划为基础，以湖泊水生态安全和水资源承载力为约束，制定流域、区域水量分配方案，建立覆盖流域、区域的取水许可总量控制指标体系，全面实行总量控制；以提高用水效率和效益为目标，研究节水型社会建设方案。研究农业领域节水改造技术，大力推广节水灌溉；工业领域要在优化调整区域产业布局的基础上，重点抓好高耗水行业节水；城市生活领域应加强供水和公共用水管理、雨水等非常规水源利用，全面推行城市节水。以河湖管理为重点，研究加强水生态系统保护与修复的方案，分析制定流域开发和保护的控制性指标，合理确定主要湖泊的生态用水标准，保持湖泊下游合理生态流量。水资源配置应以流域水量和水质统筹考虑的供需分析为基础，将流域水循环和水资源利用的供、用、耗、排水过程紧密联系，按照公平、高效和可持续利用的原则进行。

（2）流域水资源优化配置调控方案

①节约利用水资源

第一，发展农业节水改造及节水灌溉技术，减少农业用水。优化空间发展布局，统筹城乡发展；优化农业发展结构，促进生态农业发展；转变农业发展思路，改变农业发展模式；实行定额管理，普及节水灌溉技术。

第二，推行工业领域节水和水循环利用，建立健全工业用水定额制度，鼓励循环用水和节水；加强调控用水价格，促进污水处理和利用；建设工业节水示范工程，严格控制高耗水行业发展。

第三，积极开展城市节水，加强供水和公共用水管理，推行中水回用和雨水利用，建设节水防污型城镇，提高生活用水效率。加强城乡规划建设管理，提高城镇节水能力；加强城镇供水管网改造，提高供水输配效率；完善城镇供排水系统，推进再生水利用。

②饮用水安全保障

第一，优化水源安全保障。合理配置大型集中式饮用水源地，加强城市备用水源建设。

第二，加强流域饮用水水源地保护。加强饮用水水源保护区规范化建设和保护区污染防治；建立健全饮用水水源地安全保障应急机制；制定饮用水安全保障应急预案，落实应急指挥机构；对可能威胁饮用水水源地安全的重点污染企业加强监管。

（3）水资源优化配置，维持湖泊合理的生态水位以水资源供需分析为手段，对各种可行的水资源配置方案进行生成、评价和比选，兼顾水资源、水生态、水环境保护目标，制定与防洪、用水安全相适应的流域水资源优化配置方案，维持合理的湖泊生态水位。

2. 湖泊流域土地资源优化配置方案

（1）土地资源优化配置思路

湖泊流域土地资源优化配置应以土地资源承载力为约束，在全国主体功能区规划的基础上，充分发挥城市总体规划和土地利用总体规划的引导和控制作用，根据湖泊流域各地区的主体功能定位，进一步强化国土空间管控，避免土地资源无序开发、城镇粗放蔓延和产业不合理布局，优化城镇布局，形成湖泊流域良好的空间结构，保持湖泊流域完整的生态系统。

（2）流域土地资源利用调控方案

根据土地资源评价，结合流域不同区域的生态功能定位、发展方向、发展现状和潜力、土地资源承载能力等，开展土地利用生态适应性分析。对流域土地利用结构和土地利用布局进行优化配置。

①红线保护，构筑生态安全格局

构建流域内土地资源调控的红线基础，构筑流域生态安全的基本格局。流域内严格禁止开发的“红线区”主要包括水源保护区、自然保护区、重要湿地、重要人文景观等重要生态区。

②黄线控制，形成生态安全屏障

划分流域内土地资源调控的黄线区域，限制开发，形成流域生态安全的保护屏障。流域内“黄线区”主要指生态敏感区，具体包括：未划入流域红线区而又对流域尤其是湖泊生态安全起重要作用的湖滨带、河岸带等水体外围区域；生物生存环境敏感区（生境敏感区）；土地环境敏感区；城市水系等。

③蓝线优化开发，保障流域生态安全

根据建设部《城市蓝线管理办法》，对流域内产业结构与布局采取优化开发的政策。从加强城市水系环境的保护与管理，保障城市供水、防洪防涝和通航安全，改善城市人居生态环境，提升城市功能，促进城市健康、协调和可持续发展的角度出发，划定各流域的保护范围。

④划定流域土地利用布局

根据土地资源承载力计算所得出的流域土地利用开发强度，综合划定的红、黄和蓝线区及生态适宜性评价和生态脆弱性评价结果，基于 GIS 技术划定流域土地利用布局。土地利用的布局应以土地利用现状为基础，综合土地适宜性评价结果和湖泊流域内所辖行政区划单元的土地利用规划，进行布局优化。

七、湖泊流域污染防治方案

1. 湖泊流域污染防治思路

治理与控制入湖污染物排放源及湖内污染源是湖泊环境治理和保护的关键措施之一，湖泊污染源控制技术应涵盖点污染源、面污染源及湖内各种污染源。

对于水质改善型湖泊（目标水质优于现状的湖泊），污染源排放控制推荐采用容量总量控制，以生态承载力为约束，以环境容量控制为手段，根据水污染控制管理目标与水质目标，核定入湖污染负荷削减量，协调流域经济社会发展水平和污染治理技术经济可行性，并合理分配污染负荷削减量。

对于水质较好的湖泊（保持现状水质的湖泊），不宜采用总量控制法。该类湖泊的污染源控制，应以现有排放水平为基准，进一步适度削减入湖污染负荷量，为湖泊水质的保持和改善及生境恢复创造空间，实现湖泊水环境长期稳定维持在较好水平。

2. 湖泊流域污染防治方案

（1）点源污染防治方案

主要针对流域内威胁湖泊水环境与生态环境安全的重要点源污染，实施污染防治措施。

①城镇生活污染防治

城镇生活污水处理通常采用建设污水处理厂的办法，新建、在建污水处理厂应配套脱氮除磷设施，并从严控制出水水质标准；加快城镇污水收集管网建设，因地制宜实施雨污分流和环湖截污工程，提高城镇污水处理厂运行负荷率，增加初期雨水的收集和处理能力。加强中水回用，削减入湖污染物总量。对于目标水质要求较高的湖泊，可利用自然净化过程加强流域内污水厂尾水进入自然水体前的深度净化。建立完善的城镇生活垃圾收集、中转运输和处理系统，加强城镇生活垃圾的分类回收与资源化利用，提高生活垃圾处理率和资源化利用率。

②典型工业点源污染防治

强化工业园区废水集中治理和深度处理，在对湖泊流域内主要工业污染源调查分析基础上，针对主要行业废水、矿山废水、含氮工业废水和含磷工业废水的具体排污特点，选择适宜的处理工艺、技术和设备，加强工业点源污染防治工程建设；通过提高湖区重点行业氮磷污染物排放标准，提高企业准入门槛，严格执行环境影响评价、“三同时”制度，加强排污监控等措施加强对企业环境的监管，减少工业污染负荷的产生及排放量。

③旅游污染防治

可通过有计划地实施旅游活动，加强对旅游垃圾等的收集，加强宣传活动和经济管理措施，提高旅游者环境意识和环境道德水平，甚至采取经济管理手段，减少旅游污染。

④船舶与规模化养殖污染防治

第一，港口、码头污染控制工程措施

港口、码头设置船舶垃圾、粪便污水接收设施；年吞吐量达 15 万吨以上的装卸货物码头，业主应开展供装卸货物作业船舶使用的固体废弃物收集装置的建设；油码头、加油站应设置油污水处理装置。

第二，规模化畜禽及水产养殖污染控制工程

根据畜禽及水产养殖污染特征和主要污染物性质，选择适宜技术，对养殖污染进行综合整治，加强氮、磷、重金属等污染物的去除，削减污染负荷。

（2）面源污染防治方案

在对流域面源污染特点进行分析的基础上，针对流域内威胁湖泊水环境与生态环境安全的面源污染实施污染防治的工程与非工程措施，主要内容可包括城镇与旅游污染防治、农村污水污染防治、农村垃圾污染控制、农田径流污染防治、水土流失防治、入湖河流污染防治和小型分散式养殖（畜禽、水产）污染控制等。

①农村污水及垃圾污染防治

加快推进农村生活污水治理。因地制宜采取集中式、分散式等方式，加快推进农村生活污水处理设施建设。推行城乡生活垃圾一体化处置模式，推进农村有机废弃物处理利用和无机废弃物收集转运，严禁农村垃圾在水体岸边堆放。

②农业面源污染防治

开展农田径流污染防治，积极引导和鼓励农民使用测土配方施肥、生物防治和精准农业等技术，采取灌排分离等措施控制农田氮、磷流失，推广使用生物农药或高效、低毒、低残留农药。

③入湖河流污染防治

入湖河流是输送面源污染物的重要途径。因此可因地制宜建设河滨湿地和缓冲区域，对小流域汇集的面源污染实施生态拦截与净化，削减入河污染负荷；在满足河流防洪、排涝、水运等传统功能要求的基础上，实施生态拦截与净化，尽可能恢复河流水生植被及健康的水生态系统，提高其自身净化及抗污染干扰能力。

④小型分散式养殖（畜禽、水产）污染控制

通过科学规划畜禽饲养区域，明确划分湖泊流域禁养区和限养区，合理建设生态养殖场和养殖小区，通过制取沼气和生产有机肥等方式对畜禽养殖废弃物加以综合利用。

（3）湖泊内源污染治理方案

针对湖泊局部内源污染分布特征，分析污染底泥和浮游藻类的分布及有关物理、化学指标和污染特性、规模，可综合应用环保疏浚、原位处理、异位处理、曝气和生态修复等技术进行前端防治，降低内源污染物释放量，为湖泊生态修复提供适宜的物理条件。

①湖内网箱养殖污染防治

加强水产养殖污染防治力度，鼓励发展生态养殖，根据湖泊功能分类控制网箱养殖规模，以饮用水源为主要功能的湖泊严禁网箱养殖，坚决取缔饮用水源保护区内网箱养殖。

②污染底泥环保疏浚

对湖泊或入湖河流重污染区域，可实施重污染底泥环保疏浚，并对疏浚污泥进行有效的处理处置，避免二次污染。

③湖面漂浮物清理

对湖面垃圾、生物残体（蓝藻及水生植物残体等）等漂浮物定期进行清理，确保湖面清洁，防止二次污染的产生。

④航运污染防治

加强湖泊内航运船舶污染防治，加强运营管理；加快油船改造，使用清洁能源等；建立航运船舶油污水和垃圾收集处置长效机制等。

八、湖泊流域生态修复与保护方案

根据湖泊生态系统受损不同程度，研究湖泊生态保护的物理、化学、生物综合调控技术策略，对水源涵养林、入湖河流、湖滨缓冲带与湖荡湿地采取必要的生态修复和保育措施，汇总形成湖泊生态系统保育方案。

1. 湖泊流域生态修复与保护思路

以湖泊生态系统结构完整和生态系统健康为核心，围绕湖泊“一湖四圈”开展保护工作，着力改善流域生态环境，提高水体自净能力。考虑到各湖泊面临的环境问题不同，可根据技术的适用性和使用原则等实际情况，选择适宜的方案。

在选择技术方案时，应考虑以下几个方面：

（1）生态自我恢复为主，人工干预为辅。流域生态环境保护与保育工作中要强调生态系统的自然恢复，要因地制宜，强调生态系统恢复中本地土著物种的优先使用，要逐步提高生态系统自我修复和恢复能力。

（2）对于人类活动影响较轻的湖泊，当去除或减轻人类活动造成的胁迫因子，通过湖泊生态系统本身的恢复力，辅助采取污染控制、水文条件的改善等措施以后，可靠自然演替实现生态系统的自我恢复。

（3）对于受人类活动干扰较大的湖泊生态系统，在去除胁迫因子或称“卸荷”后，还需要辅助以人工措施创造生境条件，进而发挥自然修复功能，实现某种程度的修复。

（4）湖泊生态调控存在一定的不确定性。①每个湖泊的特点不同，适应这个湖泊的方法，对于另一个湖泊不一定有效；②人工调控下的生态系统演进方向存在不确定性，可能会向良性方向发展，也可能会持平，极少数还会出现退化的现象；③造成的恶性后果是缓慢发生的，存在潜在的生态风险。因此，需要在采取措施的过程中，对湖泊进行跟踪式的生态监测，在监测的基础上进行评估，借以确定方法的有效性，必要时需要适应新的情况修改调控方案。沿着“方案—监测—评估—调整方案”的流程进行。

2. 湖泊流域生态环境保护方案

湖泊流域生态修复与保护方案的编制可参考本章节中介绍的内容，但不局限也不必全部包含这些方面。

（1）湖滨缓冲区修复与保护

湖滨缓冲区生态系统恢复和保护的总体目标是通过湖滨生境的改善及物种的恢复和保护，逐步恢复湖滨缓冲区的结构和功能，实现生态系统的自我维持和良性循环。针对良好湖泊湖滨缓冲区存在的生境丧失和自净功能衰退、生物多样性降低、生态系统功能丧失、景观功能缺失等问题，可从以下几个方面提出工程方案：

①湖泊岸线综合整治

包括不合理占用湖滨湿地和湖岸线建筑等的拆除、湖岸垃圾清理、退田还湖等工程。

②湖滨生态敏感区、湖荡湿地生态修复

优先选用本地物种对湖滨生态敏感区及湖荡湿地实施生态修复，包括水生植物、湖滨植被的修复等，逐步恢复湖滨缓冲区的结构和功能，恢复湖荡湿地的拦截净化功能及生物栖息地功能。消落带是水库型湖泊生态系统的重要组成部分，其生态修复方案与工程实施应因地制宜，在有条件的区域，采用当地的土著物种根据原有的生态系统结构与功能进行修复方案的设计与实施。

（2）流域水源涵养林生态保育

采取有效措施加强水源涵养林建设对于入湖径流的水质净化与水源的涵养具有重要的作用。在流域水源涵养区实施水土保持、植树造林等工程，在符合土地利用总体规划并确保耕地和基本农田保护目标的前提下实施退耕还林等工程，提高水源涵养能力，从源头上提供清洁、充足的水源。同时考虑湖滨带公益林等森林系统作为水陆生态系统重要结合带，生物多样性保护作用突出，应尤其注重保护湖滨带公益林、防护林等森林系统，提高其对湖泊及其岸带生物多样性的保护能力。

（3）入湖河流生态保育

入湖河流水质的好坏直接影响相应湖泊的生态环境状态，根据其环境功能的不同，有些入湖河流还兼具航运、防洪等功能，对河流的生态环境保护和保育增加了难度。因此湖泊入湖河流生态保育方案的制定，需要综合考虑入湖河流生态环境现状、流域污染负荷状况、水文水动力特点和环境功能等，根据实际需要科学确定保育目标，系统开展工程方案设计。具体方案内容可包括：

①河滨缓冲带建设工程与保育管理

②生态堤岸建设

③近河口强化净化生态系统建设工程与管理

④河口自然湿地保护工程

⑤入湖河流底泥环保疏浚工程

（4）生物多样性保护

可划定各种水生生物、湿地类型自然保护区、水产种质资源保护区、湿地公园等形式，保护濒危水生野生动植物，保护珍稀鱼类、两栖爬行动物栖息地、鱼类产卵场和洄游通道，同时加强外来物种管理，建立外来物种监控和预警机制，以维持湖泊生态系统的健康和稳定。适当采用生物调控的方式进行湖泊水体的生态修复方案，例如通过水生植被恢复和投放鱼苗的方式，控制湖泊水体中藻类的生长，维持生态系统的健康稳定等。

九、湖泊流域环境监管方案

在湖泊流域污染源控制及生态修复的同时，应加强全流域环境监管与综合管理，工程与非工程措施相结合，强化湖泊流域生态环境监测、监察和环境污染事故应急能力建设，完善湖泊流域环境管理制度建设，以加强对湖泊生态环境的保护。

（1）根据流域现状监管水平及湖泊生态环境保护工作的实际需要，提出湖泊流域环境监管能力建设方案。流域监管能力建设具体内容可参照《全国环境监测站建设标准》的通知（环发 [2007]56 号）、《全国环境监测站建设标准》补充说明（环办函 [2009]1323 号）、《全国环境监察标准化建设标准》（环发 [2011]97 号）、《全国环保部门环境应急能力建设标准》（环发 [2010]146 号）等文件。

（2）提出湖泊生态环境管理方案，包括制定详细的监测方案，明确监测点位、监测指标、频次和评价方法等，重视对历史超标因子、饮用水源地相关敏感指标的监测，并提出对有毒有害污染物风险、生态系统健康和风险的预防措施。

第三章 大气污染

第一节 大气污染概述

大气污染是指大气中一些物质的含量达到有害的程度以至破坏生态系统和人类正常生存和发展的条件，对人或物造成危害的现象。

大气污染物由人为源或者天然源进入大气（输入），参与大气的循环过程，经过一定的滞留时间之后，又通过大气中的化学反应、生物活动和物理沉降从大气中去除（输出）。如果输出的速率小于输入的速率，就会在大气中相对集聚，造成大气中某种物质的浓度升高。当浓度升高到一定程度时，就会直接或间接地对人、生物或材料等造成急性、慢性危害，大气就被污染了。

一、大气污染物

大气污染物是指由于人类活动或自然过程排入大气并对环境或人产生有害影响的那些物质。大气污染物按其存在状态可分为两大类：一种是气溶胶状态污染物；另一种是气体状态污染物；若按形成过程分类则可分为一次污染物和二次污染物。一次污染物是指直接从污染源排放的污染物质，二次污染物则是由一次污染物经过化学反应或光化学反应形成的与一次污染物的物理化学性质完全不同的新的污染物，其毒性比一次污染物强。

凡是能使空气质量变差的物质都是大气污染物。大气污染物已知的约有 100 多种。

有自然因素（如森林火灾、火山爆发等）和人为因素（如工业废气、生活燃煤、汽车尾气等）两种，并且以后者为主要因素，尤其是工业生产和交通运输所造成的。主要过程由污染源排放、大气传播、人与物受害这三个环节所构成。

（一）大气污染的天然源

火山喷发：排放出 H_2S、CO_2、CO、HF、SO_2 及火山灰等颗粒物。

森林火灾：排放出 CO、CO_2、SO_2、NO_2、HC 等。

自然尘：风砂、土壤尘等。

森林植物释放：主要为萜烯类碳氢化合物。

海浪飞沫颗粒物：主要为硫酸盐与亚硫酸盐。

在有些情况下，天然源比人为源更重要，据相关统计，全球氮排放的 93% 和硫氧化物排放中的 60% 来自自然源。

（二）人为污染源

通常所说的大气污染源是指由人类活动向大气输送污染物的发生源。大气的人为污染源可以概括为以下四方面：

燃料燃烧：燃料（煤、石油、天然气等）的燃烧过程是向大气输送污染物的重要发生源。煤炭的主要成分是碳，并含氢、氧、氮、硫及金属化合物。燃料燃烧时除产生大量烟尘外，在燃烧过程中还会形成一氧化碳、二氧化碳、二氧化硫、氮氧化物、有机化合物及烟尘等物质。

工业生产过程的排放：如石化企业排放硫化氢、二氧化碳、二氧化硫、氮氧化物；有色金属冶炼工业排放的二氧化硫、氮氧化物及含重金属元素的烟尘；磷肥厂排放的氟化物；酸碱盐化工业排出的二氧化硫、氮氧化物、氯化氢及各种酸性气体；钢铁工业在炼铁、炼钢、炼焦过程中排出粉尘、硫氧化物、氰化物、一氧化碳、硫化氢、酚、苯类、烃类等。其污染物组成与工业企业性质密切相关。

交通运输过程的排放：汽车、船舶、飞机等排放的尾气是造成大气污染的主要来源。内燃机燃烧排放的废气中含有一氧化碳、氮氧化物、碳氢化合物、含氧有机化合物、硫氧化物和铅的化合物等物质。

农业活动排放：田间施用农药时，一部分农药会以粉尘等颗粒物形式逸散到大气中，残留在作物体上或黏附在作物表面的仍可挥发到大气中。进入大气的农药可以被悬浮的颗粒物吸收，并随气流向各地输送，造成大气农药污染。此外还有秸秆焚烧等。

中国已制定《中华人民共和国环境保护法》，并制定国家和地区的“废气排放标准”，以减轻大气污染，保护人民健康。

（三）主要的大气污染物

1. 气溶胶状态污染物

主要有粉尘、烟液滴、雾、降尘、飘尘、悬浮物等。气溶胶系指固体粒子、液体粒子或他们在气体介质中的悬浮体。直径约为从 0.002 ~ 100 微米大小的液滴或固态粒子。大气气溶胶中各种粒子按其粒径大小又可以分为

（1）总悬浮颗粒物（TSP）：悬浮在空气中，空气动力学当量直径在 100 微米以下的颗粒物，为大气质量评价中一个通用的重要污染指标。

（2）飘尘：能在大气中长期漂浮的悬浮物质，其粒径通常小于 10 微米。

（3）降尘：用降尘罐采集到的大气颗粒物，其粒径一般大于 30 微米。单位面积降尘可作为评价大气污染程度的指标之一。

（4）可吸入粒子（IP、PM10）：国际标准化组织（ISO）建议将 IP 定义为粒径 10 微米以下的粒子。

（5）PM2.5（particulate matter）：直径小于或等于 2.5 微米的颗粒物。

2. 气体状态污染物

主要有以二氧化硫为主的硫氧化合物，以二氧化氮为主的氮氧化合物，以一氧化碳为主的碳氧化合物以及碳、氢结合的碳氢化合物。大气中不仅含无机污染物，而且含有机污染物。

（1）硫氧化合物：主要指二氧化硫和三氧化硫。二氧化硫是无色、有刺激性气味的气体，其本身毒性不大，动物连续接触 30ppm 的 SO_2 无明显的生理学影响。但是在大气中，尤其是在污染大气中 SO_2 易被氧化成 SO_3，在于水分子结合形成硫酸分子，经过均相或非均相成核作用，形成硫酸气溶胶，并同时发生化学反应形成硫酸盐。硫酸和硫酸盐可以形成硫酸烟雾和酸雨，造成较大危害。

大气中的 SO_2 主要源于含硫燃料的燃烧过程，及硫化矿物石的焙烧、冶炼过程。火力发电厂、有色金属冶炼厂、硫酸厂、炼油厂和所有烧煤或油的工业锅炉、炉灶等都排放 SO_2 烟气。

（2）氮的氧化物：种类很多，是 NO、NO_2、N_2O、NO_3、N_2O_4、N_2O_5 等氮氧化物的总称。造成大气污染的氮氧化物主要是指 NO 和 NO_2。大气中氮氧化物的人为源主要来自燃料燃烧过程，其中 2/3 来自汽车等流动源的排放。NOx 可以分为以下两种：

a. 燃料型 NOx：燃料中含有的氮的氧化物在燃烧过程中氧化生成 NOx

b. 温度型 NOx：燃烧是空气中的 N_2 在高温（>2100℃）下氧化生成 NOx

其天然源主要为生物源，如机体腐烂。

大气中的 NOx 最终转化为硝酸（HNO_3），和硝酸盐微粒，经湿沉降和干沉降从大气中去除。

（3）碳的氧化物

a. 一氧化碳（CO）

人为源：主要在燃料不完全燃烧时产生，80% 由汽车排出，此外还有森林火灾、农业废弃物焚烧。

天然源：甲烷转化、海水中 CO 挥发、植物排放物转化、植物叶绿素的光解。

b. 二氧化碳：无毒气体，因引发全球性环境演变成为大气污染问题中的关注点。

（4）碳氢化合物（HC）：又称烃类，是形成光化学烟雾的前体物，通常是指 C1–C8 可挥发的所有碳氢化合物。分为甲烷和非甲烷烃两类，甲烷是在光化学反应中呈惰性的无害烃，非甲烷烃（NMHC）主要有萜烯类化合物（由植物排放，占总量 65%）。非甲烷烃的人为源主要包括：汽油燃烧（典型成分为 CH_4，C_2H_4，C_3H_6 和 C_4 碳氢化合物）、焚烧、溶剂蒸发、石油蒸发和运输损耗、废物提炼。

（5）含卤素化合物：大气中以气态形式存在的含卤素化合物大致分为以下三类：卤代烃，氟化物，其他含氯化合物。卤代烃主要人为源如三氯甲烷（$CHCl_3$）、氯乙烷（CH_3CCl_2）、四氯化碳（CCl_4）等是重要化学溶剂，也是有机合成工业的重要原料和中间体，在生产使用中因挥发进入大气。大气中主要含氯无机物如氯气和氯化氢来自化工厂、塑料厂、自来水厂、盐酸制造厂、废水焚烧等。氟化物包括氟化氢（HF）、氟化硅（SiF_4）、氟（F_2）等，其污染源主要是使用萤石、冰晶石、磷矿石和氟化氢的企业，如炼铝厂、炼钢厂、玻璃厂、磷肥厂、火箭燃料厂等。

并且随着人类不断开发新的物质，大气污染物的种类和数量也在不断变化。就连南极和北极的动物也受到了大气污染的影响！

二、大气污染类型

还原型（伦敦型）：主要污染物为 SO_2、CO 和颗粒物，在低温、高湿度的阴天、风速小并伴有逆温的情况下，一次污染物在低空集聚生成还原型烟雾。

氧化型（洛杉矶型）：污染物来源于汽车尾气、燃油锅炉和石化工业。主要一次污染物是 CO、氮氧化物和碳氢化合物。这些大气污染物在阳光照射下能引起光化学反应，生成二次污染物——臭氧、醛，酮，过氧乙酰硝酸酯等具有强氧化性的物质，对人眼睛等黏膜能引起强烈刺激。

三、影响因素

影响大气污染范围和强度的因素有污染物的性质（物理的和化学的），污染源的性质（源强、源高、源内温度、排气速率等），气象条件（风向、风速、温度层结等），地表性质（地形起伏、粗糙度、地面覆盖物等）。

大气中有害物质的浓度越高，污染就越重，危害也就越大。污染物在大气中的浓度，除了取决于排放的总量外，还同排放源高度、气象和地形等因素有关。

污染物一进入大气，就会稀释扩散。风越大，大气湍流越强，大气越不稳定，污染物的稀释扩散就越快；反之，则污染物的稀释扩散就慢。在后一种情况下，特别是在出现逆温层时，污染物往往可积聚到很高浓度，造成严重的大气污染事件。降水虽可对大气起净化作用，但因污染物随雨雪降落，大气污染会转变为水体污染和土壤污染。

地形或地面状况复杂的地区，会形成局部地区的热力环流，如山区的山谷风，滨海地区的海陆风，以及城市的热岛效应等，都会对该地区的大气污染状况发生影响。

烟气运行时，碰到高的丘陵和山地，在迎风面会发生下沉作用，引起附近地区的污染。烟气如越过丘陵，在背风面出现涡流，污染物聚集，也会形成严重污染。在山间谷地和盆地地区，烟气不易扩散，常在谷地和坡地上回旋。特别在背风坡，气流做螺旋运动，污染物最易聚集，浓度就更高。夜间，由于谷底平静，冷空气下沉，暖空气上升，易出现逆温，整个谷地在逆温层覆盖下，烟云弥漫，经久不散，易形成严重污染。

位于沿海和沿湖的城市，白天烟气随着海风和湖风运行，在陆地上易形成“污染带”。

早期的大气污染，一般发生在城市、工业区等局部地区，在一个较短的时间内大气中污染物浓度显著增高，使人或动、植物受到伤害。20 世纪 60 年代以来，一些国家采取了控制措施，减少污染物排放或采用高烟囱使污染物扩散，大气的污染情况有所减轻。

高烟囱排放虽可降低污染物的近地面的浓度，但是也能把污染物扩散到更大的区域，从而造成远离污染源的广大区域的大气污染。大气层核试验的放射性降落物和火山喷发的火山灰可广泛分布在大气层中，造成全球性的大气污染。

四、危害范围

1. 对人体的危害

人类体验到的大气污染的危害，最初主要是对人体健康的危害，随后逐步发现了对工农业生产的各种危害以及对天气和气候产生的不良影响。人们对大气污染物造成危害的机理、分布和规模等问题的深入研究，为控制和防治大气污染提供了必要的依据。大气污染后，由于污染物质的来源、性质、浓度和持续时间的不同，污染地区的气象条件、地理环境等因素的差别，甚至人的年龄、健康状况的不同，对人均会产生不同的危害。

大气污染对人体的影响，首先是感觉上不舒服，随后生理上出现可逆性反应，再进一步就出现急性危害症状。大气污染对人的危害大致可分为急性中毒、慢性中毒、致癌三种。

（1）急性中毒

空气中大气中的污染物浓度较低时，通常不会造成人体急性中毒，但在某些特殊条件下，如工厂在生产过程中出现特殊事故，大量有害气体泄露外排，外界气象条件突变等，便会引起人群的急性中毒。如印度帕博尔农药厂甲基异氰酸酯泄露，直接危害人体，发生了 2500 人丧生，十多万人受害。

（2）慢性中毒

大气污染对人体健康慢性毒害作用，主要表现为污染物质在低浓度、长时间连续作用于人体后，出现的患病率升高等现象。中国城市居民肺癌发病率很高，其中最高的是上海市，城市居民呼吸系统疾病明显高于郊区。

（3）致癌作用

这是长期影响的结果，是由于污染物长时间作用于肌体，损害体内遗传物质，引起突变，如果生殖细胞发生突变，使后代机体出现各种异常，称致畸作用；如果引起生物体细胞遗传物质和遗传信息发生突然改变作用，又称致突变作用；如果诱发成肿瘤的作用称致癌作用。这里所指的“癌”包括良性肿瘤和恶性肿瘤。环境中致癌物可分为化学性致癌物，物理性致癌物，生物性致癌物等。致癌作用过程相当复杂，一般有引发阶段，促长阶段。能诱发肿瘤的因素，统称致癌因素。由于长期接触环境中致癌因素而引起的肿瘤，称环境瘤。大气污染会导致人的寿命下降。

大气污染物主要分为有害气体（二氧化碳、氮氧化物、碳氢化物、光化学烟雾和卤族元素等）及颗粒物（粉尘和酸雾、气溶胶等）。它们的主要来源是工厂排放，汽车尾气，农垦烧荒，森林失火，炊烟（包括路边烧烤），尘土（包括建筑工地）等。

2. 有害因素

（1）煤烟

引起支气管炎等。如果煤烟中附有各种工业粉尘（如金属颗粒），则可引起相应的尘肺等疾病。

（2）硫酸烟雾

对皮肤、眼结膜、鼻黏膜、咽喉等均有强烈刺激和损害。严重患者如并发胃穿孔、声带水肿、狭窄、心力衰竭或胃脏刺激症状均有生命危险。

（3）铅

略超大气污染允许深度以上时，可引起红细胞碍害等慢性中毒症状，高浓度时可引起强烈的急性中毒症状。

（4）二氧化硫

浓度为 1 ~ 5ppm 时可闻到嗅味，5ppm 长吸入可引起心悸、呼吸困难等心肺疾病。重者可引起反射性声带痉挛，喉头水肿以至窒息。

（5）氧化氮

主要指一氧化氮和二氧化氮，中毒的特征是对深部呼吸道的作用，重者可臻肺坏疽；对黏膜、神经系统以及造血系统均有损害，吸入高浓度氧化氮时可出现窒息现象。

（6）一氧化碳

对血液中的血色素亲和能力比氧大 210 倍，能引起严重缺氧症状即煤气中毒。约 100ppm 时就可使人感到头痛和疲劳。

（7）臭氧

其影响较复杂，轻病表现肺活量少，重病为支气管炎等。

（8）硫化氢

浓度为 100ppm 吸入 2 ~ 15 分钟可使人嗅觉疲劳，高浓度时可引起全身碍害而死亡。

（9）氰化物

轻度中毒有黏膜刺激症状，重者可使意识逐渐昏，虽直性痉挛，血压下降，迅速发生呼吸障碍而死亡。氰化物中毒后遗症为头痛，失语症、癫痫发作等。氰化物蒸汽可引起急性结膜充血、气喘等。

（10）氟化物

可由呼吸道、胃肠道或皮肤侵入人体，主要使骨骼、造血、神经系统、牙齿以及皮肤黏膜等受到侵害。重者或因呼吸麻痹、虚脱等而死亡。

（11）氯

主要通过呼吸道和皮肤黏膜对人体发生中毒作用。当空气中氯的浓度达 0.04 ~ 0.06 毫克 / 升时，30 ~ 60 分钟即可致严重中毒，如空气中氯的浓度达 3 毫克 / 升时，则可引起肺内化学性烧伤而迅速死亡。

3. 对工农业的危害

大气污染对工农业生产的危害十分严重，这些危害可影响经济发展，造成大量人力、物力和财力的损失。大气污染物对工业的危害主要有两种：一是大气中的酸性污染物和二氧化硫、二氧化氮等，对工业材料、设备和建筑设施的腐蚀；二是飘尘增多给精密仪器、设备的生产、安装调试和使用带来的不利影响。大气污染对工业生产的危害，从经济角度来看就是增加了生产的费用，提高了成本，缩短了产品的使用寿命。

大气污染对农业生产也造成很大危害。酸雨可以直接影响植物的正常生长，又可以通过渗入土壤及进入水体，引起土壤和水体酸化、有毒成分溶出，从而对动植物和水生生物产生毒害。严重的酸雨会使森林衰亡和鱼类绝迹。

4. 对气候的危害

大气污染物质还会影响天气和气候。颗粒物使大气能见度降低，减少到达地面的太阳光辐射量。尤其是在大工业城市中，在烟雾不散的情况下，日光比正常情况减少 40%。高层大气中的氮氧化物、碳氢化合物和氟氯烃类等污染物使臭氧大量分解，引发的“臭氧洞”问题，成了全球关注的焦点。

从工厂、发电站、汽车、家庭小煤炉中排放到大气中的颗粒物，大多具有水汽凝结核或冻结核的作用。这些微粒能吸附大气中的水汽使之凝成水滴或冰晶，从而改变了该地区原有降水（雨、雪）的情况。人们发现在离大工业城市不远的下风向地区，降水量比四周其他地区要多，这就是所谓“拉波特效应”。如果，微粒中央夹带着酸性污染物，那么，在下风地区就可能受到酸雨的侵袭。

大气污染除对天气产生不良影响外，对全球气候的影响也逐渐引起人们关注。由大气中二氧化碳浓度升高引发的温室效应的加强，是对全球气候的最主要影响。地球气候变暖会给人类的生态环境带来许多不利影响，人类必须充分认识到这一点。

河流干涸，森林减少，动物灭绝，臭氧层破坏，温室效应等等。温室效应、酸雨、和臭氧层破坏就是由大气污染衍生出的环境效应。这种由环境污染衍生的环境效应具有滞后性，往往在污染发生的当时不易被察觉或预料到，然而一旦发生就表示环境污染已经发展到相当严重的地步。当然，环境污染的最直接、最容易被人所感受的后果是使人类环境的质量下降，影响人类的生活质量、身体健康和生产活动。例如城市的空气污染造成空气污浊，人们的发病率上升等等；水污染使水环境质量恶化，饮用水源的质量普遍下降，威胁人的身体健康，引起胎儿早产或畸形等等。严重的污染事件不仅带来健康问题，也造成社会问题。随着污染的加剧和人们环境意识的提高，由于污染引起的人群纠纷和冲突逐年增加。在全球范围内都不同程度地出现了环境污染问题，具有全球影响的方面有大气环境污染、海洋污染、城市环境问题等。随着经济和贸易的全球化，环境污染也日益呈现国际化趋势，出现的危险废物越境转移问题就是这方面的突出表现。地球的破坏给人类带来的不利影响的表现有：生态环境形势十分严峻，一是水土流失严重，土地沙化速度加快，森林生态功能衰退，草地资源退化，水生态环境系统仍在恶化；二是农业和农村水环境污染严重，食品安全问题日益突出；三是有害外来物种入侵，生物多样性锐减，遗传资源丧失，生物资源破坏形势不容乐观；四是由于中国人口规模庞大，人口自然增长率较高，导致关系到国计民生的重要资源人均占有量不断下降，资源危机显现；五是生态功能继续衰退，生态安全受到威胁，工业固体废物产生量急剧增加，大气污染排放总量仍处于较高水平，全球变暖，臭氧层破坏等等。生态环境现状不仅给生态环境带来了巨大的破坏力，而且制约了经济和社会的协调发展，减缓了社会主义进程。首先，生态环境的巨大破坏给我们造成了巨大的经济损失。就拿中国每年所发生的洪涝灾害来说，一场灾难过后，成千上万的人永远离开了我们，大批大批的人无家可归，不计其数的美好家园遭到破坏，无数的良田被洪水淹没，再加上因道路毁坏所造成的交通中断等等，我们仔细估算一下，我们是不是在经济上蒙受了巨大的损失呢？其次，废水、废气、废渣等废弃物的任意排放，导致大气、河流、土地遭到污染，生态环境遭到严重破坏，同时也严重地损害了广大人民群众的身心健康；再次，由于植被遭到严重破坏致使水土流失严重，土地沙漠化越来越严重，这样迫使许多农民远走他乡，而大部分又没有固定的栖身之地，这加重了社会不安定因素。其实，由于环境遭到破坏所带来的恶果还很多。环境污染的原因总的来说，环境污染可以是人类活动的结果，也可以是自然活动的结果，或是这两类活动共同作用的结果。如火山喷发，往大气中排放大量的粉尘和二氧化硫等有害气体，同样也造成大气环境的污染。但通常情况下，环境污染更多地是由人类活动，特别是社会经济活动引起的。我们平常所指的就是这类源于人类活动的环境污染。人类活动之所以会造成环境污染，是因为人类跟其他生物有一个根本差别：人类除了进行自身的生产外，还进行更大规模的物质生产，而后者是其他所有生物都没有的。由于这一点，人类活动的强度远远大于其他生物。例如，对生态系统中水的利用，其他生物仅取用满足其生存要求的量，而人类对水的利用则不知道要比其他生物多多少倍，多到有的局部生态系统所有的水都不够用。污染物的排放源称为污染源。根据受污染的环境系统所属类型或其中的主导要素，可分为大气污染，水体污染，土壤污染等等；按污染源所处的社会领域，可分为工业污染、农业污染、交通污染等等；按照污染物的形态或性质，可分为废气污染，废水污染、固体废弃物污染以及噪声污染、辐射污染等污染。

5. 对植物的危害

大气中的污染物主要通过气孔进入叶片并溶解在叶肉组织中，通过一系列的生物化学反应对植物生理代谢活动产生影响，所以植物受害症状一般都是出现在叶片。污染物不同，植物受害的症状也是有差异的。

五、大气污染治理

（一）国际措施

1979 年 11 月在日内瓦举行的联合国欧洲经济委员会的环境部长会议上，通过了《控制长距离越境空气污染公约》，并于1983年生效。《公约》规定，到1993年底，缔约国必须把二氧化硫排放量削减为1980年排放量的70%。欧洲和北美（包括美国和加拿大）等32个国家都在公约上签了字。

美国的《酸雨法》规定，密西西比河以东地区，二氧化硫排放量要由1983年的2000万吨/年，经过10年减少到1000万吨/年；加拿大二氧化硫排放量由1983年的470万吨/年，到1994年减少到230万吨/年。

世界上减少二氧化硫排放量的主要措施：

1. 原煤脱硫技术。

2. 改进燃煤技术。

3. 主要用石灰法，可以除去烟气中85% ~ 90%的二氧化硫气体。不过，脱硫效果虽好但十分费钱。例如，在火力发电厂安装烟气脱硫装置的费用，要达电厂总投资的25%之多。这也是治理酸雨的主要困难之一。

4. 开发新能源，如太阳能，风能，核能，可燃冰等，但是技术不够成熟，如果使用不当会造成新污染，且消耗费用十分高。

大气污染对人体的危害主要表现为呼吸道疾病；对植物可使其生理机制受抑制，生长不良，抗病抗虫能力减弱，甚至死亡；大气污染还能对气候产生不良影响，如降低能见度，减少太阳的辐射（据资料表明，城市太阳辐射强度和紫外线强度要分别比农村减少10 ~ 30%和10 ~ 25%）而导致城市佝偻发病率的增加；大气污染物能腐蚀物品，影响产品质量；近十几年来，不少国家发现酸雨，雨雪中酸度增高，使河湖、土壤酸化、鱼类减少甚至灭绝，森林发育受影响，这与大气污染是有密切关系的。

（二）中国措施

大气环境保护事关人民群众根本利益，事关经济持续健康发展，事关全面建成小康社会，事关实现中华民族伟大复兴中国梦。当前，我国大气污染形势严峻，以可吸入颗粒物（PM10）、细颗粒物（PM2.5）为特征污染物的区域性大气环境问题日益突出，损害人民群众身体健康，影响社会和谐稳定。随着我国工业化、城镇化的深入推进，能源资源消耗持续增加，大气污染防治压力继续加大。为切实改善空气质量，制订本行动计划。

总体要求：以邓小平理论、“三个代表”重要思想、科学发展观为指导，以保障人民群众身体健康为出发点，大力推进生态文明建设，坚持政府调控与市场调节相结合、全面推进与重点突破相配合、区域协作与属地管理相协调、总量减排与质量改善相同步，形成政府统领、企业施治、市场驱动、公众参与的大气污染防治新机制，实施分区域、分阶段治理，推动产业结构优化、科技创新能力增强、经济增长质量提高，实现环境效益、经济效益与社会效益多赢，为建设美丽中国而奋斗。

奋斗目标：经过五年努力，全国空气质量总体改善，重污染天气较大幅度减少；京津冀、长三角、珠三角等区域空气质量明显好转。力争再用五年或更长时间，逐步消除重污染天气，全国空气质量明显改善。

具体指标：到2017年，全国地级及以上城市可吸入颗粒物浓度比2012年下降10%以上，优良天数逐年提高；京津冀、长三角、珠三角等区域细颗粒物浓度分别下降25%、20%、15%左右，其中北京市细颗粒物年均浓度控制在60微克/立方米左右。

一是加快调整能源结构。实施跨区送电项目，合理控制煤炭消费总量，推广使用洁净煤。促进车用成品油质量升级，2014年年底前全面供应国四车用柴油。推行供热计量改革，开展建筑节能，促进城镇污染减排。加快淘汰老旧低效锅炉，提升燃煤锅炉节能环保水平。提前一年全面完成“十二五”落后产能淘汰任务。

二是发挥价格、税收、补贴等的激励和导向作用。对煤层气发电等给予税收政策支持。中央财政设立专项资金，2014年安排100亿元人民币，对重点区域大气污染防治实行“以奖代补”。制定重点行业能效、排污强度“领跑者”标准，对达标企业予以激励。完善购买新能源汽车的补贴政策，加大力度淘汰黄标车和老旧汽车。大力支持节能环保核心技术攻关和相关产业发展。

三是落实各方责任。实施大气污染防治责任考核。健全国家监察、地方监管、单位负责的环境监管体制。完善水泥、锅炉、有色等行业大气污染物排放标准。规范环境信息发布。

其他措施：

1. 合理安排工业布局和城镇功能分区

应结合城镇规划，全面考虑工业的合理布局。工业区一般应配置在城市的边缘或郊区，位置应当在当地最大频率风向的下风侧，使得废气吹响居住区的次数最少。居住区不得修建有害工业企业。

2. 加强绿化

植物除美化环境外，还具有调节气候、阻挡、滤除和吸附灰尘，吸收大气中的有害气体等功能。

3. 加强对居住区内局部污染源的管理

如饭馆、公共浴室等的烟囱、废品堆放处、垃圾箱等均可散发有害气体污染大气，并影响室内空气，卫生部门应与有关部门配合、加强管理。

4. 控制燃煤污染

①采用原煤脱硫技术，可以除去燃煤中大约40% ~ 60%的无机硫。优先使用低硫燃料，如含硫较低的低硫煤和天然气等。②改进燃煤技术，减少燃煤过程中二氧化硫和氮氧化物的排放量。例如，液态化燃煤技术是受到各国欢迎的新技术之一。它主要是利用加进石灰石和白云石，与二氧化硫发生反应，生成硫酸钙随灰渣排出。对煤燃烧后形成的烟气在排放到大气中之前进行烟气脱硫。③开发新能源，如太阳能，风能，核能，可燃冰等，但是

技术不够成熟，如果使用会造成新污染，且消耗费用十分高 .

5. 加强工艺措施

①加强工艺过程。采取以无毒或低毒原料代替毒性大的原料。采取闭路循环以减少污染物的排除等。②加强生产管理。防止一切可能排放废气污染大气的情况发生。③综合利用变废为宝。例如电厂排出的大量煤灰可制成水泥、砖等建筑材料。又可回收氮，制造氮肥等。

6. 推行科创环保

环保新技术的开发、各项技术的组合，形成优势互补，用科技创造绿色环境。如低温等离子技术与 UV 光解的组合等。

7. 区域集中供暖供热

设立大的电热厂和供热站，实行区域集中供暖供热，尤其是将热电厂、供热站设在郊外，对于矮烟囱密集、冬天供暖的北方城市来说，是消除烟尘的十分有效的措施。

8. 交通运输工具废气的治理

减少汽车废气排放。主要是改时发动机的燃烧设计和提高油的燃烧质量，加强交通管理。解决汽车尾气问题一般常采用安装汽车催化转化器，使燃料充分燃烧，减少有害物质的排放。转化器中催化剂用高温多孔陶瓷载体，上涂微细分散的钯和铂，可将 NOx、HC、CO 等转化为氮气、水和二氧化碳等无害物质。另外，也可以开发新型燃料，如甲醇、乙醇等含氧有机物、植物油和气体燃料，降低汽车尾气污染排放量。采用有效控制私人轿车的发展、扩大地铁的运输范围和能力、使用绿色公共汽车（采用液化石油气和压缩燃气）等环保车辆，也是解决环境污染的有效途径。

9. 烟囱除尘

烟气中二氧化硫控制技术分干法（以固体粉末或颗粒为吸收剂）和湿法（以液体为吸收剂）两大类。高烟囱排烟烟囱越高越有利于烟气的扩散和稀释，一般烟囱高度超过 100m 效果就已十分明显，过高造价急剧上升是不经济的。应当指出这是一种以扩大污染范围为代价减少局部地面污染的办法。

10. 主要大气污染物控制技术

防治方法很多，根本途径是改革生产工艺，综合利用，将污染物消灭在生产过程之中；另外，全面规划，合理布局，减少居民稠密区的污染；在高污染区，限制交通流量；选择合适厂址，设计恰当烟囱高度，减少地面污染；在最不利气象条件下，采取措施，控制污染物的排放量。

《大气污染防治先进技术汇编》涵盖电站锅炉烟气排放控制、工业锅炉及炉窑烟气排放控制、典型有毒有害工业废气净化、机动车尾气排放控制、居室及公共场所典型空气污染物净化、无组织排放源控制、大气复合污染监测模拟与决策支持、清洁生产等八个领域的关键技术，入选技术大多源于"十一五"以来相关国家科技计划项目或自主创新的研究成果。

序号	技术名称	技术内容	适用范围
一、电站锅炉烟气排放控制关键技术			
1	燃煤电站锅炉湿法烟气脱硫技术	采用石灰石或石灰作为脱硫吸收剂，在吸收塔内，吸收剂浆液与烟气充分接触混合，烟气中的二氧化硫与浆液中的碳酸钙（或氢氧化钙）以及鼓入的氧化空气进行化学反应从而被脱除，最终脱硫副产物为二水硫酸钙即石膏。该技术的脱硫效率一般大于 95%，可达 98% 以上；SO_2 排放浓度一般小于 100mg/m^3，可达 50mg/m$_3$ 以下。单位投资大致为 150 ～ 250 元 /kW；运行成本一般低于 1.5 分 /kWh	燃煤电站锅炉
2	火电厂双相整流湿法烟气脱硫技术	利用在脱硫吸收塔入口与第一层喷淋层间安装的多孔薄片状设备，使进入吸收塔的烟气经过该设备后流场分布更均匀，同时烟气与在该设备上形成的浆液液膜撞击，促进气、液两相介质发生反应，达到脱除一部分 SO_2 的目的。该技术将喷淋塔和鼓泡塔技术相结合，对提高脱硫效率、减少浆液循环量有显著效果，特别适用于脱硫达标改造项目。双相整流装置能提高系统脱硫效率 20% ～ 30%，整体脱硫效率可达 97% 以上；阻力为 600Pa ～ 700Pa，单位投资大致为 3 ～ 6 元 /kWh，电耗降低约 250 ～ 850kWh/h	燃煤电站锅炉
3	燃煤锅炉电石渣 - 石膏湿法烟气脱硫技术	采用电石渣作为脱硫吸收剂，在吸收塔内，吸收剂浆液与烟气充分接触混合，烟气中的二氧化硫与浆液中的氢氧化钙以及鼓入的氧化空气进行化学反应从而被脱除，最终脱硫副产物为二水硫酸钙即石膏。该技术的脱硫效率一般大于95%，可达98% 以上；SO_2 排放浓度一般小于 100mg/Nm^3，可达 50mg/Nm^3 以下；单位投资大致为 150 ～ 250 元 /kW；运行成本一般低于 1.35 分 /kWh	燃煤电站锅炉
4	循环流化床干法 / 半干法烟气脱硫除尘及多污染物协同净化技术	以循环流化床原理为基础，通过物料的循环利用，在反应塔内吸收剂、吸附剂、循环灰形成浓相的床态，并向反应塔中喷入水，烟气中多种污染物在反应塔内发生化学反应或物理吸附；经反应塔净化后的烟气进入下游的除尘器，进一步净化烟气。此时烟气中的 SO_2 和几乎全部的 SO_3，HCl，HF 等酸性成分被吸收而除去，生成 $CaSO_3 \cdot 1/2H_2O$、$CaSO_4 \cdot 1/2H_2O$ 等副产物。该技术的脱硫效率一般大于 90%，可达 98% 以上；SO_2 排放浓度一般小于 100mg/m^3，可达 50mg/m^3 以下；单位投资大致为 150 ～ 250 元 /kW；在不添加任何吸附剂及脱硝剂的条件下运行成本一般为 0.8 ～ 1.2 分 /kWh	燃煤电站锅炉

【续表】

序号	技术名称	技术内容	适用范围
二、工业锅炉及炉窑烟气排放控制关键技术			
21	石灰石 - 石膏湿法脱硫技术	采用石灰石作为脱硫吸收剂，在吸收塔内，吸收剂浆液与烟气充分接触混合，烟气中的二氧化硫与浆液中的碳酸钙（或氢氧化钙）以及鼓入的氧化空气进行化学反应从而被脱除，最终脱硫副产物为二水硫酸钙即石膏。该技术的脱硫效率一般大于 95%，可达 98% 以上；SO_2 排放浓度一般小于 100mg/m³，可达 50mg/m³ 以下；单位投资大致为 150 ～ 250 元 /kW 或 15 ～ 25 万元 /m² 烧结面积；运行成本一般低于 1.5 分 /kWh	工业锅炉 / 钢铁烧结烟气
22	电石渣 - 石膏湿法烟气脱硫技术	采用电石渣作为脱硫吸收剂，在吸收塔内，吸收剂浆液与烟气充分接触混合，烟气中的二氧化硫与浆液中的氢氧化钙以及鼓入的氧化空气进行化学反应从而被脱除，最终脱硫副产物为二水硫酸钙即石膏。该技术的脱硫效率一般大于 95%，可达 98% 以上；SO_2 排放浓度一般小于 100mg/Nm³，可达 50mg/Nm³ 以下；单位投资大致为 150 ～ 250 元 /kW；运行成本一般低于 1.35 分 /kWh。	工业锅炉
23	白泥 - 石膏湿法烟气脱硫技术	采用白泥作为脱硫吸收剂，在吸收塔内，吸收剂浆液与烟气充分接触混合，烟气中的二氧化硫与浆液中的碳酸钙（或氢氧化钠）以及鼓入的氧化空气进行化学反应从而被脱除，最终脱硫副产物为二水硫酸钙即石膏。该技术的脱硫效率一般大于 95%，可达 98% 以上；SO_2 排放浓度小于 100mg/Nm³，可达 50mg/Nm³ 以下；单位投资大致为 150 ～ 250 元 /kW；运行成本一般低于 1.35 分 /kWh	工业锅炉
24	钢铁烧结烟气循环流化床法脱硫技术	将生石灰消化后引入脱硫塔内，在流化状态下与通入的烟气进行脱硫反应，烟气脱硫后进入布袋除尘器除尘，再由引风机经烟囱排出，布袋除尘器除下的物料大部分经吸收剂循环输送槽返回流化床循环使用。该技术脱硫率略低于湿法，吸收剂利用率高，结构紧凑，操作简单，运行可靠，脱硫产物为固体，无制浆系统，无二次污染，脱硫塔体积小，投资省，不易堵塞。烟气中的 SO_2 和几乎全部的 SO_3，HCl，HF 等酸性成分被吸收而除去，生成 $CaSO_3 \cdot 1/2H_2O$、$CaSO_4 \cdot 1/2H_2O$ 等副产物。该技术的脱硫效率一般大于 95%，可达 98% 以上；SO_2 排放浓度一般小于 100mg/m³，可达 50mg/m³ 以下；单位投资大致为 15 ～ 20 万元 / 平方米；在不添加任何吸附剂及脱硝剂的条件下运行成本一般低于 5 ～ 9 元 / 吨烧结矿	钢铁烧结烟气
25	新型催化法烟气脱硫技术	采用新型低温催化剂，在 80 ～ 200℃的烟气排放温度条件下，将烟气中的 SO_2、H_2O、O_2 选择性吸附在催化剂的微孔中，通过活性组分催化作用反应生成	有色、石化化工、工业锅炉 / 炉窑（含民

【续表】

序号	技术名称	技术内容	适用范围
三、典型有毒有害工业废气净化关键技术			
41	挥发性有机气体（VOCs）循环脱附分流回收吸附净化技术	采用活性炭作为吸附剂，采用惰性气体循环加热脱附分流冷凝回收的工艺对有机气体进行净化和回收。回收液通过后续的精制工艺可实现有机物的循环利用。该技术对有机气体成分的净化回收效率一般大于 90%，也可达 95% 以上。单位投资大致为 9 ~ 24 万元 / 千（m^3h-1），回收有机物的成本大致为 700 ~ 3000 元 / 吨	石油化工、制药、印刷、表面涂装、涂布等
42	高效吸附 - 脱附 -（蓄热）催化燃烧 VOCs 治理技术	利用高吸附性能的活性炭纤维、颗粒炭、蜂窝炭和耐高温高湿整体式分子筛等固体吸附材料对工业废气中的 VOCs 进行富集，对吸附饱和的材料进行强化脱附工艺处理，脱附出的 VOCs 进入高效催化材料床层进行催化燃烧或蓄热催化燃烧工艺处理，进而降解 VOCs。该技术的 VOCs 去除效率一般大于 95%，可达 98% 以上	石油、化工、电子、机械、涂装等行业
43	活性炭吸附回收 VOCs 技术	采用吸附、解析性能优异的活性炭（颗粒炭、活性炭纤维和蜂窝状活性炭）作为吸附剂，吸附企业生产过程中产生的有机废气，并将有机溶剂回收再利用，实现了清洁生产和有机废气的资源化回收利用。废气风量：800 ~ 40000m^3/h，废气浓度：3 ~ 150g/m^3	包装印刷、石油、化工、化学药品原药制造、涂布、纺织、集装箱喷
四、机动车尾气排放控制关键技术			
59	汽油车尾气催化净化技术	采用优化配方的全 Pd 型三效催化剂，以及真空吸附蜂窝状催化剂的定位涂覆技术，制备汽车尾气净化器核心组件。真空涂覆技术可以精确控制催化剂涂覆量，有效提高产品的一致性。全 Pd 催化剂配方根据发动机型号不同其 Pd 含量约在 1 ~ 3g/L 范围内，较同种发动机上用的普通 Pd-Pt-Rh 三效催化剂成本可降低 50% 以上。利用该催化剂及涂覆技术生产的净化器对汽车尾气中 CO、HC 和 NOx 的同时净化效果可大于 95%，催化剂寿命超过 10 万公里，达到相当于国 VI 以上的尾气排放标准要求	汽车尾气污染物处理
五、居室及公共场所典型空气污染物净化关键技术			
64	中央空调空气净化单元及室内空气净化技术	针对不同场所，采用风盘或 / 和组空不同的中央空调系统，设置过滤器和净化组件，集成过滤、吸附、（光）催化、抗菌 / 杀菌等多种净化技术，实现室内温度和空气品质的全面调节	居室及公共场所室内空气净化
65	室内空气中有害微生物净化技术	研制层状材料为载体负载银离子的抗菌剂，在保持很好的抗菌性能的同时解决了银离子在高温使用时变色的问题。研制有机无机复合抗菌喷剂，对室内常见的有害微生物，如大肠杆菌，金黄色葡萄球菌，白色念珠菌，军团菌有很好的抗菌效果，对枯草芽孢杆菌也有很好的抑制作用	居室及公共场所室内空气净化

【续表】

序号	技术名称	技术内容	适用范围
六、无组织排放源控制关键技术			
69	综合抑尘技术	主要包括生物纳膜抑尘技术、云雾抑尘技术及湿式收尘技术等关键技术。生物纳膜是层间距达到纳米级的双电离层膜，能最大限度增加水分子的延展性，并具有强电荷吸附性；将生物纳膜喷附在物料表面，能吸引和团聚小颗粒粉尘，使其聚合成大颗粒状尘粒，自重增加而沉降；该技术的除尘率最高可达 99% 以上，平均运行成本为 0.05 ~ 0.5 元 / 吨。云雾抑尘技术是通过高压离子雾化和超声波雾化，可产生 1μm ~ 100μm 的超细干雾；超细干雾颗粒细密，充分增加与粉尘颗粒的接触面积，水雾颗粒与粉尘颗粒碰撞并凝聚，形成团聚物，团聚物不断变大变重，直至最后自然沉降，达到消除粉尘的目的；所产生的干雾颗粒，30% ~ 40% 粒径在 2.5μm 以下，对大气细微颗粒污染的防治效果明显。湿式收尘技术通过压降来吸收附着粉尘的空气，在离心力以及水与粉尘气体混合的双重作用下除尘；独特的叶轮等关键设计可提供更高的除尘效率	适用于散料生产、加工、运输、装卸等环节，如矿山、建筑、采石场、堆场、港口、火电厂、钢铁厂、垃圾回收处理等场所
七、大气复合污染监测、模拟与决策支持关键技术			
71	大气挥发性有机物快速在线监测系统	环境大气通过采样系统采集后，进入浓缩系统，在低温条件下，大气中的挥发性有机化合物在空毛细管捕集柱中被冷冻捕集；然后快速加热解吸，进入分析系统，经色谱柱分离后被 FID 和 MS 检测器检测，系统还配有自动反吹和自动标定程序，整个过程全部通过软件控制自动完成。系统主要特点有：自然复叠电子超低温制冷系统、自主研发的温度测量技术、双通路惰性采样系统、去活空毛细管捕集、双色谱柱分离、FID 和 MS 双检测器检测。系统可以用于在线连续监测，也可以用于应急检测（采样罐现场采样）。该系统一次采样可以检测 99 种各类 VOCs(碳氢化合物、卤代烃、含氧挥发性有机物)，在较长时间内可以满足我国环境空气中 VOCs 的监测要求	大气环境监测
72	大气细粒子及其气态前体物一体化在线监测技术	利用多种快速接口组合，设计开发出具有自主知识产权的“大气细粒子及其气态前体物一体化的在线监测系统”，实现细粒子水溶性化学成分及其气态前体物的同步在线监测，包括：气态 HCl、HONO、HNO_3、H^2SO_4，气溶胶中 F-、Cl-、NO_2、NO_3、SO_4 以及 WSOC-2- 的分析，实现大气细粒子中多种元素快速在线检测。设计开发出能够进行不同粒径段的细粒子样品成分分析装置，用于解析大气细粒子的来源与转化过程，为大气污染区域协同控制提供基础数据，为区域大气细粒子污染调控措施的制定提供科学基础和监测技术	大气环境监测

【续表】

序号	技术名称	技术内容	适用范围
73	大气中 NOx 及其光化产物一体化在线监测仪器及标定技术	利用光解技术和表面化学方法研发准确测量 NO_2 的技术，与常规化学发光技术结合开发能够准确测定 NO、NO_2、PAN 和 PPN 的技术系统。集成所研制的动态零点化学发光法测 NO 模块，光降解 NO_2 模块和钼催化转化模块，制造一体化样机，样机可同时在线精确测量大气样品中的 NO、NO_2、NOy。为评估含氮大气活性成分对 O_3 产生贡献的准确测算和其产物的进一步演化提供可靠的技术方法和适合国情的仪器设备产品	大气环境监测
74	大气细粒子和超细粒子的快速在线监测技术	针对区域大气颗粒物立体在线监测的技术需求，开展大气复合污染中细粒子及超细粒子物化特性的原位快速测定技术研究，基于“称重法”的振荡天平颗粒物质量浓度监测仪，完成大气 PM2.5 质量浓度的实	大气环境监测
八、清洁生产关键技术			
88	水煤浆代油洁净燃烧技术	水煤浆代油洁净燃烧技术是把煤磨成细粉与水和少量添加剂混合成悬浮状高浓度浆液，像油一样采用全封闭方式输送和储存，用泵输送，并用喷嘴喷入锅炉炉膛雾化悬浮燃烧，燃烧效率高，它是一种以煤代油的新技术。在制浆过程中要对煤净化处理	各种电站锅炉、工业锅炉、工业窑炉

六、大气环境质量标准

空气质量指数	空气质量指数级别（状况）以及表示颜色	对健康影响情况	建议采取的措施
0 ~ 50	一级（优）（绿色）	空气质量令人满意，基本无空气污染	各类人群可正常活动
51 ~ 100	二级（良）（黄色）	空气质量可接受，但某些污染物可能对极少数异常敏感人群健康有较弱影响	极少数异常敏感人群应减少户外活动
101 ~ 150	三级（轻度污染）（橙色）	易感人群症状有轻度加剧，健康人群出现刺激症状	儿童、老年人及心脏病、呼吸系统疾病患者应减少长时间、高强度的户外锻炼
151 ~ 200	四级（中度污染）（红色）	进一步加剧易感人群症状，可能对健康人群心脏、呼吸系统有影响	儿童、老年人及心脏病、呼吸系统疾病患者避免长时间、高强度的户外锻炼，一般人群适量减少户外运动
201 ~ 300	五级（重度污染）（紫色）	心脏病和肺病患者症状显著加剧，运动耐受力降低，健康人群普遍出现症状	儿童、老年人及心脏病、肺病患者应停留在室内，停止户外运动，一般人群减少户外运动

【续表】

空气质量指数	空气质量指数级别（状况）以及表示颜色	对健康影响情况	建议采取的措施
>300	六级（严重污染）（褐红色）	健康人群运动耐受力降低，有明显强烈症状，提前出现某些疾病	儿童、老年人和病人应停留在室内，避免体力消耗，一般人群避免户外活动

第二节　机动车尾气

机动车尾气排放是指机动车在运行过程中所产生的尾气排放，排放的主要污染物分别为一氧化碳、碳氢化合物、氮级化物，其大气污染分担率分别达到 71.5%，72.9%，3.8%，已上升为空气中污染物的主要来源。

交通污染包括废气排放、噪声和振动三方面。相对而言，废气排放问题比较突出。就世界范围来说，很多发达国家的空气污染主要是交通尾气污染。我国也不例外，因为我国有着庞大的交通网络和几千万辆机动车。有资料显示，2005 年我国汽车保有量达到 3356 万辆，而另据国务院发展研究中心估计，中国汽车产业将会保持 20 ～ 30 年的快速增长，2010 年达到 5669 万辆，2020 年将高达 13103 万辆。据报道，大气污染物中，60% ～ 70% 是车辆的排放物。

一、现状和发展趋势

1. 排放污染现状

我国近年来机动车产业发展迅速，2002 年汽车产量 325 万辆（1995 年为 t45 万辆。摩托车 1200 万辆，农用车产量 290 万辆，2003 年汽车产量达到 400 万辆。因此，我国机动车保有量增长较快，平均年增长率接近 15%，这在城市表现得更为明显。90 年代以来，北京市机动车保有量平均年增长速度达到 17.4%，广州市情况与之相近。

同其他国家相比，我国机动车保有量状况有以下几个特点：

（1）轻型车，特别是轿车增长速度最快，近年来年平均增长速度已经超过 30%。但同发达国家相比，我国轿车比例仍然相对较低，仅占总保有量的 16% ～ 20%，轿车发展还有很大潜力；

（2）柴油车比例较低，且大部分为重型车，重型柴油车约占重型车总量的 50%，而轻型柴油车的比例很低。平均在 15% 以下；

（3）部分城市摩托车保有量增长较快，已成为机动车保有量的重要组成部分；

（4）重型车发展平缓，保有量比例呈下降趋势；

（5）城市中出租车已经占到一定的比例，由于这部分车辆行驶里程较大，排放相对严重，应给予充分重视；

（6）目前我国汽车工业正处于一种良好的环境中，作为国家重要生产行业之一的汽车工业必将还会有很大的发展，我国机动车保有量在一定时期内仍将保持高速增长的势头。

随着机动车辆增多，污染物排放总量不断增加。从我国典型城市机动车污染物排放分担率 f 排放分担率能宏观上反映机动车排气对城市大气环境污染的影响程度的结果分析。我国机动车污染物排放有以下特征：

（a）机动车尾气排放已成为我国城市大气污染的主要来源。北京和广州约 80% 的 CO 和 40% 的 NOx 均来源于机动车排放源，中国 100 万人口以上的大城市空气污染类型正由煤烟型向混合型或机动车污染型转化；

（b）目前我国机动车运行处于不充分燃烧状况。其主要原因是机动车运行速度低，运行工况差，发动机往往处于富燃料状态工作，CO 污染物排放量大，CO 浓度高；

（c）城市氮氧化物浓度均在上升。NOx 超标已经相当严重；

（d）城市颗粒物污染不容忽视。目前，中国许多城市的首要空气污染物是可吸入颗粒物，其浓度超标严重，由于可吸入颗粒物能够直接深入人体肺部故对健康危害最大，影响更为严重；

（e）城市光化学污染问题也日益突出；

（f）与国外城市相比，我国单车排放量高于国外。

当汽车处于高速或加速状态时，CO 的排放量最大。现代化城市高楼林立、道路狭窄、交通拥挤，致使汽车经常处于低速运行或怠速状态。所以汽车排放污染物的总量一般都很高，而且不易扩散。导致城市上空经常形成稳定的污染层。在人口和车辆密集的地段，污染尤为严重。

2. 发展趋势

我国城市机动车排放污染发展趋势

机动车排放污染预测按目前排放水平测算，如不采取强有力的措施控制，机动车排放 CO，NOx 颗粒物，CH 化合物排放量将继续增加；光化学烟雾的问题将日益突出，城市中 O_2 的浓度和超标频率都将增加引发更多的城市环境问题。我国机动车排放污染在城市大气污染中所占的平均比率将上升到 79%。到 2010 年，我国 400 多个城市的空气污染将从煤烟型转化为煤烟与机动车的混合型污染，控制机动车尾气污染将成为城市环境保护的重头戏。

二、数据检测

1. 机动车尾气排放数据获取方法

目前比较成熟的排放数据获取方法包括台架测试法和车载测试法。

（1）台架测试法

台架测试法是一种传统的机动车尾气获取方法，利用实验室内的底盘测功机，模拟机动车在实际道路上的行驶，对尾气进行测试。由于该方法在实验室进行，试验条件易于控制且试验可重复性好，因此是应用最广的尾气排放测试方法。该方法也是强制执行的国家标准规定的汽车排放测量方法，如《轻型汽车污染物排放限值及测量方法（中国Ⅲ、Ⅳ阶段）（GB13852.3–2005）等。但是由于台架测试法采取固定的行驶周期进行测试，并不能真正反映实际道路上的尾气排放。

（2）车载测试法

车载测试法借助最新的车载尾气检测系统（Portable Emission Measurement System，PEMS），能够实时地检测出各种交通条件下车辆在不同工况下的尾气排放量。目前，国内外有代表性的车载尾气检测系统包括美国 CATI 公司开发的 MOTANAOEM–2100 系统、日本 HORIBA 公司开发的 OBS–1000 系统以及天津大学、清华大学自主开发的车载尾气检测系统。

PEMS 的应用可以加快建立尾气排放数据，分析尾气排放特性，开发尾气排放量化模型，评价交通管理措施对尾气排放的影响等。外国研究者利用车载尾气设备评价了信号协调和拥堵管理对控制尾气排放的影响；利用 PEMS 在道路上收集了数百英里的尾气排放数据来评价高乘载车道和通用车道对尾气排放的影响差异。近几年，国内也开始利用车载尾气检测系统来收集尾气排放，对尾气进行了大量的研究。如利用车载尾气检测技术得到重复度高的试验数据，对实际测试的结果进行了分析，并对各种驾驶工况产生的排放影响进行了比较和区分。

2. 机动车行驶周期研究

行驶周期是表征机动车行驶过程中典型的车速及加速度变化规律的曲线，建立机动车行驶周期是测试单个车辆排放因子的基础工作。

（1）基于台架式的行驶周期研究方法

典型的机动车行驶周期包括一系列复杂的加速、匀速、减速和停车起步的行驶行为，它是在底盘测功机实验台上按事先给定的汽车工况来模拟实际道路上的驾驶循环。用来评估车辆的各种性能，例如燃料消耗和污染排放量。

（2）基于 OEM 技术的行驶工况研究方法

行驶工况所需的数据收集方式，一种是跟踪法，用装有尾气检测仪的车辆在被测路段上跟踪目标车辆，模仿其行驶行为并记录其尾气排放数据。另一种是路线循环法，利用装有尾气检测仪的车辆在被测道路上反复行驶，来收集数据，并和利用跟踪法收集到数据进行比对。

三、排放模型

根据不同的适用条件和应用尺度，排放模型可分为微观层次、中观层次和宏观层次的尾气排放模型。

1. 基于微观层次的尾气排放模型

微观尾气排放模型能够评价以秒为单位的瞬间尾气排放量，适用于对特定交通走廊或交叉口的排放分析。综合模式排放模型（Comprehensive modal emission model，CMEM）是一种典型的微观尾气排放模型，包括 3 个核心参数：燃烧率、发动机排放指数和时变催化率，输出参数为由 3 者相乘得到的尾气排放值。考虑所有行驶状态对排放的影响，基于发动机负载和污染物形成的物理化学原理，CMEM 模型能够计算出不同类型的轻型机动车在不同行驶条件下的每秒尾气排放值和油耗量。

2. 基于中观层次的尾气排放模型

中观尾气排放模型关注机动车在城市每段道路上的行驶规律，通常采用基于工况的机动车排放因子计算模式来模拟机动车排放。

典型的中观尾气排放模型为美国环保局资助开发的 MEASURE 模型。模型的输入参数除交通方面的信息外，还包括人口普查信息、土地使用信息等。利用输入参数并根据分类回归树算法获得 11 个模块的输出参数：小区信息模块、车道信息模块、小区技术组合模块、主路技术组合模块、发动机启动排放活动范围模块、主路车辆行驶排放活动范围模块、辅路车辆行驶信息模块、发动机启动排放模块、辅路车辆行驶尾气管排放模块、主路车辆行驶尾气管排放模块、网格排放模块。

3. 基于宏观层次的尾气排放模型

宏观尾气排放模型的基础是基于平均速度的排放因子，使用集计分析方法得到广域内的排放状况。根据排放因子和车辆行驶参数可得当地机动车的排放清单，适用于国家和区域范围内的尾气排放分析和污染控制规划。

典型的宏观模型包括 MOBILE、EMFAC、CORPERT 等。

MOBILE 和 EMFAC 是最早出现的机动车排放因子模型，分别由美国环保局和加州空气资源局所开发。该类模型基于 FTP（federal test procedure）的台架测试结果进行统计回归分析，综合考虑了汽车的行驶里程、劣化系数、行驶速度、气温、I/M 制度以及燃油品质等因素对排放的影响。该类模型用平均速度替代行驶特征，通过采用速度修正因子来计算非 FTP 工况下的排放因子，忽视行驶特征这一影响机动车排放的重要因素。

MOBILE 模型的输入参数包括机动车年代登记分布和里程分布、机动车车型、行驶平均速度、燃油雷氏蒸汽压值、机动车行启动次数、停车时间分布等 41 类；MOBILE 模型的输出结果是区域内各年、各车型的平均排放因子。

COPERT 是由欧洲环保局赞助开发的 Windows 环境下计算道路机动车排放量的重要

工具，其辅助模型可以计算农用机械等非道路机动车的废气排放清单。与 MOBILE 模型相比，COPERT 模型对车型分类更细，评价污染物种类更多，能够计算一些并不常见的污染物的排放量清单。

4. 基于多尺度层次尾气排放模型

不同层次的尾气排放模型满足于不同的研究尺度，但是，宏观、中观及微观尾气排放模型因数据来源不同，在综合应用中也难以兼容，因此需要一种适用于多尺度、综合性、适应性更强的尾气评价模型。近年来美国环保局致力于开发一种适用于多尺度层次的综合移动源排放模型（Motor Vehicle Emission Simulator，MOVES），其特点：

（1）扩大了模型评价的范围：MOVES 能够计算同一数据基础的多观尾气排放，可满足不同部门对不同类型的尾气排放数据的要求；

（2）优化了模型软件结构；

（3）使用车载尾气检测系统（PEMS）收集尾气排放数据：能够提供以秒为单位实时的车辆排放数据，从根本上改变模型的计算精度，增强模型的适用性。

四、危 害

由于机动车尾气排放物高度正处于人的呼吸带，因此对人体及环境的危害极大其主要污染物对人体的危害如下：

1. 一氧化碳

一氧化碳是由于汽车燃料中烃的不完全燃烧而产生的，极易与人体中的血红蛋白结合。它与血红蛋白的亲和力是氧的 30 倍，一氧化碳和人体红血球中的血红蛋白亲合后生成碳氧血红蛋白，能削弱血液向各组织输送氧的功能，造成感觉、反应、理解、记忆力等机能障碍，重者危害血液循环系统，导致生命危险。

2. 氮氧化物

氮氧化物主要是 NO 和 NO_2，是发动机在燃烧过程中产生的，这两种气体都是有害的，可直接损害人的呼吸系统 . 进而引起中枢神经障碍。在 NO_2 浓度为 9.4mg/m^3（7.3ppm）的空气中暴露 10 分钟，即可造成呼吸系统失调。氮氧化物废气对大气的污染原因很复杂，NO_2 在日光的照射下会产生原子氧，原子氧有很强的氧化力能与氧气结合成臭氧，原子氧和臭氧与碳氢化合物作用，可以产生多种对人体和生物不利的氧化剂，导致二次污染。NO 则是臭氧分解的催化剂，对高空的臭氧保护层具有破坏作用，NO_2 还能与大气中的水蒸气结合形成酸雨，严重危害生态环境与人体健康。

3. 二氧化硫

汽车排放二氧化硫与燃料有关。一般来说，柴油机排放的二氧化硫比汽油机排放的二氧化硫多。二氧化硫在空气中遇水会形成“酸雨”，严重危害人体健康。

4. 碳氢化合物（HC）

HC 是燃料中未完全燃烧产物所分解的产物。HC 能使人体致癌，还会刺激人的眼睛、耳朵造成感官功能障碍。HC 和 NO 在大气环境中受强烈太阳光紫外线照射后，产生一种复杂的光化学反应，形成光化学烟雾 1952 年 12 月伦敦发生的光化学烟雾，4d 中死亡人数较常年同期约多 4000 人，45 岁以上死亡人数最多，约为平时的 3 倍；1 岁以下的约为平时的 2 倍。事件发生的一周中，因支气管炎、冠心病、肺结核和心脏衰弱者死亡人数，分别为事件前一周同类死亡人数的 9.3、2.4、5.5 和 2.8 倍。

5. 臭气

臭气主要由臭氧（O_3）、NO_2、甲醛、丙烯醛等不完全燃烧产物所组成，其中 O_3 也是光化学烟雾的重要组成部分。

6. 二氧化碳

除了以上排放的主要污染物以外，汽车尾气中还含有大量的二氧化碳，虽然它不是污染物，但它是使全球变暖的主要排放物。全球变暖直接危害人的健康，使疾病流行与死亡率增加，还易引起皮肤癌、免疫系统紊乱等其他疾病。

7. 噪声

汽车的噪声也是对环境的污染。据调查，城市中 80% 的噪声污染是由车辆造成的，许多城市已经开始禁止汽车鸣喇叭。实验表明，当噪声超过 50dB 时，人的身心就会受到影响。

五、防治对策

（一）汽车尾气治理政府管制的对策

我国在对汽车尾气污染进行管制时应该借鉴国外经验，尽快建立起以税收管制手段为主、其他市场激励型管制手段为辅，并以不断完善的命令控制型管制体制作为保障的环境管制新模式，引导汽车消费者和制造商对政府管制做出积极反应，进而自发采取有利于保护大气环境的消费和生产行为。

1. 充分发挥市场激励管制的灵活调节作用

完善国内税收管制体制，开征汽车尾气的矫正税。矫正性税收可通过将私人边际成本提高到与社会边际成本相一致的水平，迫使厂商提高产品的价格，进而缩减供给量，减少污染，以降低汽车尾气造成的负外部性开征汽车尾气的矫正税还可以补偿受害者。因此应该以税收这一市场激励型管制手段为主调整我国税制结构，使税收种类向消费型转变我国应借鉴欧洲国家的做法，以“鼓励消费、限制使用”为政策目标，适当调整汽车税费结构，降低生产阶段的税费比重，将购置税与消费税合并为消费税，并采用分级税率，以提高保有阶段的税费比重。完善税种，在汽车使用阶段实施燃油税燃油税是国外在汽车保有及使用阶段的主要税种，目前美国的税率是 50%，日本是 20%，德国是 28%，法国则是 30%。各国政府征收燃油税最初目的是筹集修路资金和公平赋税。但在今天看来，燃油税为环保和解决汽车尾气污染的负外部性发挥着重要作用，现阶段在我国推行燃油税有很大意义。燃油税可以让少用油者少付税、多用者多收税，实现公平；借助车主省钱的主观动机使得污染排放量减少；使资源价格能够反映资源破坏和环境治理成本，实现可持续发展；由税务部门统一收取．并在中央和地方间得到合理分配，有利于开展环保工作。因此，应该尽快推出燃油税，并推广至社会全部汽车的消费者，将现有的费改为税，让税和燃油的使用直接挂钩。在具体操作上，不仅要随着不同时期防治污染技术与方法的不断更新提高，进而造成环境治理的边际成本的变化，随时调整税率；还应该随着地区环境条件、经济发展水平、人均密度状况等因素的差异做出调整，设计出差别税率，在燃油税基础上，为了突出保护大气环境，解决汽车消费的负外部性。在燃油税设计中进一步考虑征收控制机动车尾气污染的环境税，这也与目前西方发达国家征收燃油税的政策目标侧重于环境保护的趋势相一致。具体操作时，把大气环境污染税加入其中占燃油税的一定比例即可在利用燃油税进行管制时，要注意各部门和各地区的合作管制各地制定差别税这不仅指税务部门和环保部门要通力合作而且要加强地方政府间的合作管制，因为汽车尾气造成的空气污染是无边界的。

弥补管制空缺，对汽车在报废和淘汰环节上进行管制。对于已报废的汽车，政府应该强行管制，规定不得再使用对于当地淘汰而被转入异地使用的旧车要在排污标准的审查上严格把关，提高再次使用的税率，并且对再次使用要另外征税借鉴国外经验，适当引入其他的市场激励型管制措施。实施政府补贴政府对能降低污染程度，使用环保型汽车的汽车使用者给予相应补贴；对能开发研制节能、环保型汽车的厂商给予补贴，引入排污权交易制度。任何厂商只要使其汽车尾气排放量低于标准均可向环保局申请获取排放削减信用。排放削减信用既可用于厂商之间的交易，也可以自身存储以备将来之用推行上牌额定制在特定地区或者特定时间内，限制汽车牌照的供给量，控制当地汽车使用量。

2. 完善传统的命令—控制型管制

（1）完善国内的法律法规体系完善汽车尾气排放的相关法律和法规，为汽车尾气的治理提供法律保障。同时要完善税收环境体系，用法律和法规来监督和约束有关部门的腐败和行政效率低下的问题。

（2）提高汽车尾气排放和检测标准，采用发达国家和地区的控制标准和技术。另一方面，要提高我国燃油的质量。使之符合尾气排放新法规的要求。

（3）强化政府对汽车尾气污染管制的观念，建立专门的管制机构进行专项管制。

（二）治理城市机动车污染的技术手段

机动车污染处理技术主要是提高燃油的燃烧率，安装防污染处理设备和采取开发新型发动机。

在提高车用燃油质量，适时推进环保型机动车方面，根据目前一些研究机构的研究成果一致认为：机动车燃油的化学组分直接影响到机动车发动机的性能和机动车污染物排放。可采取以下途径：

（1）降低汽油中的铅含量进而实行无铅化。

（2）降低硫含量，可使尾气净化器催化剂的活性保持较高水平，对降低污染物排放有利。

（3）加人含氧化合物对减少 CO 排放是行之有效的措施。

（4）减少汽油中芳烃和烯烃含量，可大大降低汽车废气对大气的污染程度因这类烃的大气反应活性强．在太阳紫外线照射下易发生光化学反应，生成臭氧为主的光化学烟雾，对人体健康不利。

（5）适当降低汽油蒸汽压，有利减少轻烃挥发。

（6）制定车用柴油标准，并推行优质优价政策，在人口密集的大中城市中应引导公交柴油车使用优质 0 号柴油或质量较高的乳化柴油。

（7）而对高频繁运行的出租车和公交汽油车．建议推广使用液化石油气（LPG）。据了解，在国外已使用 LPG 汽车多年，技术也已较为成熟。国内一些城市出租车公司也做了部分改装试验，结果表明：CO 可降低 94 ~ 96%，HC 可降低 24% ~ 72% 同时可节省燃料费，因此在机动车未全面安装三元催化净化器的阶段以液化石油气做燃料可以减少机动车排气对空气的污染。在安装防污染处理设备和开发新型发动机方面，必须采用以下两项措施：一是，发动机采用电控供油系统；二是，装有能更有效控制排放的三元催化净化器。

电控供油系统指电子控制燃油喷射系统（简称电喷），它取代了进气管道中的化油器，也就是取消节流用的喉管，减少了进气阻力，从而改善发动机的充气状况。同时，采用向进气道或是进气门口处定时定量喷射燃料的方法供油，解决了燃料雾化和混合气在进气歧管中的分配等问题，并能安发动机不同的工作状况，较为精确地供给发动机最佳比例的混合气。

三元催化净化器起着对发动机作动产生的废气进行净化的作用。它是利用其滤芯中的把、铂、锗 3 种元素主要过滤废气中的碳氢化合物，一氧化碳和氮化合物等 3 种污染物，使尾气排放合乎要求。但三元催化净化器的正常工作需要有较高质量的汽油，而且必须使用无铅汽油，对汽油中一些元素的含量也比较严格的要求。

近几年来我国又陆续推出各种类型的尾气净化器，如 ZDJDF 系列的油烟净化器、汽车尾气排放净化器等 ZD–JDF 系列油烟净化器的工作原理是经吸附、消散、碳化、解吸的废油经电极板下流至导油板自行排出，处理后的尾气输至油烟净化器出口管道上时，与高压静电场产生的臭氧 O_3 充分混合，在强氧化剂的作用下消除尾气中的异味，这到油烟净化除味的目的汽车尾气排放净化器的工作原理是用催化剂来催分解污染物，通过催化剂的催化作用，汽车尾气中的碳氢和碳氧化合物等有毒有害气体和化合物被快速有效地分解成二氧化碳、氧气和水等无害物质。

现在我国机动车污染控制技术采取以下路线：先机内净化，后机外净化；先控制污染浓度，后控制污染总量；先控制 CO，HC 和碳烟，后控制 NOx 和颗粒物排放；节油与减污相结合；控制油品质量。

第三节　烟气脱硫脱硝除尘技术

一、提出背景

目前，世界各国对烟气脱硫都非常重视，已开发了数十种行之有效的脱硫技术，其中广泛采用的烟气脱硫技术有：

（1）石灰 / 石灰石—湿法。

（2）旋转喷雾半干法（LSD）。

（3）炉内喷钙增湿活化法（LIFAC）。

（4）海水烟气脱硫法。

（5）氨法烟气脱硫。

（6）简易湿式脱硫除尘一体化技术。

石灰 / 石灰石—石膏湿法，具有适用煤种宽、原料廉价易得、脱硫率高（可达 90% 以上）等诸多优点，占据最大的市场份额，但投资和运行费用大，运行维护量大。

旋转喷雾法脱硫率较湿法低（能达到 80% ~ 85%），投资和运行费用也略低于湿法。产物为亚硫酸钙（$CaSO_3$）。

炉内喷钙尾部增湿法，脱硫率可达 70% ~ 80%，工程造价较低。产物为亚硫酸钙（$CaSO_3$），易造成炉内结渣。

海水烟气脱硫技术，工艺简单，系统运行可靠，脱硫率高（可达 90% 以上）运行费用低。脱硫系统需要设置在海边且海水温度较低，溶解氧（OC）较高。

氨法除硫通常以合成氨为原料，产物为硫氨等。需要邻近合成氨工厂及化肥厂。

简易湿式脱硫除尘一体化技术，脱硫率低（60% 左右），造价较低原料为工业废碱及烧碱，需要临近有废碱液排放的工厂，中和后，废水需排入污水厂进行处理。

烟气脱硫的技术及装置虽然日臻完善，但在大多数国家，尤其是在能源结构中煤炭占较大比例的国家中，其推广和普及却举步维艰，拿我国来说，近 20 年来花巨资引进的技术和装置难以推广，巨额的投资和高昂的运行费用使企业背上了沉重的负担，难以承受。所以说具有真正推广普及意义的技术和装置还有待于继续研究和开发。

在现在国际国内市场竞争异常激烈的条件下，要研究开发一种新的技术和设备装置，使其能大规模普及应用，应具备以下几个特征：

（1）原料（中和剂）廉价易得，脱硫率高。

（2）工程投资和运行费用要低到应用企业能承担得了。

（3）工艺流程简单，运行可靠，易于调控且对锅炉正常运行无不良影响。

（4）对各种含硫煤（油）具有较好的适应性。

（5）不造成二次污染，诸如水污染、粉尘、噪声等。

二、推理分析

（1）原料（中和剂）

随着市场经济的发展和社会的进步，原来意义上的百年老店越来越少，每年都有大量的新兴产业崛起，每年都有大量的老产业退出市场。

烟气脱硫项目一般都需要投入大量资金，如果原料和工艺依赖于临近的工厂（如合成氨、化肥、废碱排放等），那么这个项目很可能由于这些工厂的关停并转而中途停止运转，使该项目投资得不到应有的经济和社会效益。所以以石灰石、石灰为中和剂的烟气脱硫技术为大多数业内专家所认同。以石灰为中和剂成本高于石灰石，且需要设备、构筑物及监测设备较多；使用石灰石成本低且反应易于控制，是最具实用性的中和剂。

传统的“石灰石—石膏法烟气脱硫”需要将石灰石粉磨至 200 ~ 300 目，这样就需要建一座粉磨站，既增加投资，又造成了一定程度的“噪声”和“粉尘”污染，且其产物与反应物混合在一起，造成钙硫比的提高，增加了运行费用。如果采用脱硫脱硝除尘一体化技术，即可实现脱硫脱硝除尘同时在一个装置内完成，具有设备简单、投资小、运行费用低，大幅度提高经济效益。

（2）产物

湿法脱硫，脱硫率最高（可达 90% 以上），中和产物有两种，硫酸钙 $CaSO_4$ 和亚硫酸钙 $CaSO_3$，通常是两种物质的混合物，中和产物被完全再利用的可能性不大，如果亚硫酸钙（$CaSO_3$）一旦进入水体，由于它具有很强的还原性，会迅速耗尽水中的溶解氧，使水中鱼类大量死亡，甚至灭绝，因为它溶解速度很慢，其污染物会在很长时间内存在，严重破坏水体生态环境，所以中和产物中不含亚硫酸钙（$CaSO_3$）最为安全，既可再利用创造价值也可安全排放。

（3）钙硫比

钙硫比（Ca/S）是决定运行费用的重要因素，Ca/S=1 是经济运行的极限状态，也就是说哪种脱硫工艺 Ca/S 实现或接近 1，那么它就可能实现真正意义的经济运行。目前的湿法脱硫，剩余反应物与脱硫产物混合在一起被排除掉无法分离，所以很难实现理想的 Ca/S，如果反应物以颗粒状态存在，解决这个问题，实现理想的 Ca/S 较为容易，而且设备和资金投入也随之减少，有利于实现真正意义的经济运行。

三、理想模型

综上所述，最理想的烟气脱硫工艺应该是：

（1）湿法脱硫（脱硫率可达 90% 以上）。

（2）中和剂为石灰石。

（3）钙硫比（Ca/S）为 1。

（4）产物为硫酸钙且不含亚硫酸钙杂质。

（5）投资少，工艺简单，运行费用低廉，无二次污染。

（6）控制参数少，测控设备成熟，可实现全线自动控制。

（7）运行中的中间循环物质由锅炉及电厂废液补充，对周边企业无依赖性。

（8）充分吸收与利用烟气余热。

这个理想的模型如果能够实现，很可能成为烟气脱硫技术中最为理想的运行模式，它的推广和应用可以创造巨大的市场机会和社会价值，但要真正实现这种理想模式却很难，主要原因是：

①石灰石颗粒要迅速溶解，pH 值必须小于 4，但 pH 值小于 4 时 $CaCO_3$ 的溶解物对 SO_2 几乎不吸收。

② SO_2 溶于水生成的 H_2SO_3 及被氧化生成的 H_2SO_4，与石灰石颗粒反应后生成的 $CaSO_3$ 和 $CaSO_4$ 会附着在石灰石颗粒的表面，而且越反应堆积越多，使反应很难继续进行下去。

③ $CaSO_4$ 与 $CaSO_3$ 同为吸收产物，使 $CaSO_4$ 析出且不产生 $CaSO_3$ 是比较困难的。

可以说这 3 个问题是“石灰石法”脱硫的真正的难以逾越的天险，能否解决这 3 个问题是这个工艺能否达到预定目标及其装置能否稳定运行的关键。

四、循环架桥理论

既然是天险就应该架起一座桥梁把它逾越过去，经研究发现脱硫脱硝除尘一体化技术具有架桥作用。脱硫脱硝除尘一体化技术，系环保技术领域烟气净化技术。它是通过烟水混合器利用二次喷射原理把烟吸入水中，在均匀溶解器中将烟气和水进行充分的均匀地混合和溶解，从而使烟气中的飞灰和颗粒被水吸湿而沉淀，有害气体溶于水中，利用化学方法清除烟气中的 SO_2、NOx 和粉尘。它的除尘效率 100%；脱硫效率 >98%；脱销效率 >90% 以上。它的烟气混合器同时又是一台引风机。它适用于燃煤（汽、油）锅炉及各种工业窑炉等的烟气净化技术工程。系统结构简单，成本低，性能价格比高，节能，耐高温，寿命长。

①结构简单设备少

烟水混合器：由水喷管和拉法尔喷管组成，构成二级喷射机构。用于把烟气吸入水中。

均匀溶解器：是一种洗烟设备，用于把烟全部溶于弱碱水中，灰尘被水弄湿而变重，有害气体和碱起化学反应生成盐。

水泵：动力设备。

水池：上水池，沉淀池和下水放气池。

②适合于多种工艺流程（详细见附件）

废物丢弃法：适用于各种规格的燃煤（油、气）锅炉；燃煤中含硫量小；采用脱硫脱硝除尘一体化工艺流程。石灰、石灰石作脱硫剂。

回收石膏法：适用于各种规格的燃煤（油、气）锅炉，燃煤中含硫量大；采用脱硫脱硝除尘一体化工艺流程。石灰作脱硫剂。

回收化肥法：适用于各种规格的燃煤（油、气）锅炉，燃煤中含硫量大；采用脱硫脱硝除尘一体化工艺流程。气氨、氨水或固体碳酸氢铵作吸收剂。

③防腐措施

溶液配置：溶液配置成呈碱性，避免酸存在于溶液中。稀碱溶液连续均匀地加入上水池循环液中，使其 pH 值保持在 8 ~ 9 之间，在均匀溶解器中碱溶液中的碱和烟气中的 SO_2 等酸性氧化物反应生成盐。在沉淀池中溶液的 pH 值保持在 7 ~ 8 之间。溶液保持弱碱性，腐蚀性最小。

选择耐酸耐碱材料：不锈钢、陶瓷、耐火材料等耐磨耐酸碱材料。

对溶液的 pH 值自动进行监控监测。

④废物排除系统

沉淀池设计成圆形，底部成漏斗形，安装沉淀物收集器使浓度大的浆液集中在漏斗中，用泥浆泵抽出。泥浆中的废水澄清后循环使用。

丢弃物用于建筑材料，石膏用于工业，肥料用于农业。

五、石膏法

前级用于干法除尘器（如电除尘器等）除去 >90% 的粉尘，便于回收再用，后级采用脱硫脱硝除尘一体化技术（本方案），除尘效率 100%；脱硫效率 >97%，脱硝效率 >90% 以上，并将 SO_2 转化为石膏。

化学反应方程式如下

$Ca(OH)_2+SO_2=CaSO_3+H_2O$

$2CaSO_3+O_2=2CaSO_4$

$CaSO_3+1/2H_2O=CaSO_3\cdot 1/2H_2O$

$CaSO_4+2H_2O=CaSO_4\cdot 2H_2O$

$CaSO_3\cdot 1/2H_2O+O_2+2H_2O=2CaSO_4\cdot 2H_2O$

$NO+NO_2+H_2O+O_2=2HNO_3$

$Ca(OH)_2+2HNO_3=Ca(NO_3)_2+H_2O$

六、回收化肥法（氨－亚硫酸铵法）适用范围

适用于各种规格的燃煤（油、气）锅炉；燃煤中含硫量大；采用脱硫脱硝除尘一体化，除尘器效率100%；脱硫效率>98%；脱销效率90%工艺流程。气氨、氨水或固体碳酸氢铵作吸收剂。

化学反应方程式如下：

$2NH_4HCO_3+SO_2=（NH_4）2SO_3+H_2O+2CO_2$　　（A）

$（NH_4）2SO_3+SO_2+H_2O = 2NH_4HSO_3$　　（B）

吸收过程以（B）式为主，而$2NH_4HSO_3$在产生过程中只是补入吸收系统使部分$2NH_4HSO_3$再生为（NH4）$2SO_3$，以保持循环吸收液碱度（SO_2/NH_3）基本不变。

若烟气中有氧，则（NH_4）$2SO_3+O_2/2$ =（NH_4）$2SO_4$。通常烟气中含有少量SO_3，则有：

$NH_4HCO_3+SO_2+H_2O$ =（NH_4）$2SO_4+NH_4HSO_3$。NH_4HSO_3呈酸性。需加固体碳酸氢铵中和后，使NH_4HSO_3转变为（NH_4）$2SO_4$；

$NH_4HSO_3+NH_4HCO_3= NH_4HSO_3•H_2O+CO_2$　　（C）

（C）式为吸热反应，溶液不经冷却即可降到0℃左右。由于（NH_4）$2SO_3$比NH_4HSO_3在水中的溶解度大，则溶液中$NH_4HSO_3•H_2O$过饱和结晶析出，将此溶液经离心分离可制得固体亚铁。

七、脱销工艺流程

1. 何为脱硝？

所谓脱硝，指的是除去烟气中的NOX，NOX主要是NO和NO_2组成，而NO含量占90%以上。要除去烟气中的NO和NO_2，就必须研究NO和NO_2的性质。

NO是一种惰性氧化物，它虽然溶于水，但不能生成氮的含氧酸。在0℃时，1体积水可溶解0.07体积的NO。NO最特殊的化学性质是加合作用，在常温下能与空气中的氧化合，生成红棕色的NO_2。NO是不稳定的，和O_2相遇，能使O_2分裂成氧原子，并和其中的一个氧原子结合成NO_2。

NO_2是红棕色有特殊臭味的气体，在-10℃左右聚合成N_2O_4，在120℃时N_2O_4全部分解成NO_2，温度再高NO_2开始分解成NO和O_2。NO_2是一种强氧化剂，它能把SO_2氧化成SO_3。NO_2溶于水生成硝酸和亚硝酸。NO_2的毒性是NO的5倍。

NO和NO_2是怎样产生的呢？一般情况下N_2和O_2不发生化合反应。氮氧化合物是在空气中放电时或在高温燃烧过程中产生的，首先生成NO，然后由NO氧化成NO_2。在高温燃烧过程中空气中的氮和燃料中的氮化物等不可能燃烧的物质与氧起化学反应，首先形成NO，随后它的一部分在烟道内与氧化合形成NO_2，大部分的NO从烟囱中排入大气，并与大气中的氧结合成NO_2。而未被氧化成NO_2的NO就在大气中与NO_2共存下来。

在燃烧过程中燃烧气体温度越高，过剩空气越多，形成 NO 量就越多。即在燃烧效率越高的情况下，NO 越容易生成。这种燃烧方式生成的 NOX 中 NO 占 90% 以上，NO_2 较少。

按照常用的燃烧方式。煤的燃烧物中 NOX 的含量为 500–1500ppm。

2. 湿法脱硝

脱硝方法分为干法和湿法两种。干法脱硝效率在 80% 左右，且成本较高。这里采用湿法脱硝。

NO_2 溶于水生成硝酸和 NO：

$3NO_2+H_2O = 2HNO_3+NO$

当氧气足够时：

$4NO_2+O_2+2H_2O = 4HNO_3$

NO 虽然溶于水，但不能生成氮的含氧酸。在 0℃时，1 体积水可溶解 0.07 体积的 NO。NO 难溶于水成为脱硝的难点。但在“脱硫脱硝除尘一体化技术”中有足够的水使 NO 溶于水中，有关研究表明当水溶液中硝酸含量 >12% 时，NO 的溶解度比在纯水中大 100 倍，即一体积水能溶解 7 体积的 NO。设烟气开始溶于水中时水是纯净，首先是 NO_2 溶于水中生成 HNO_3，如果 NO_2 在水中不被还原，按照“脱硫脱硝除尘一体化技术”中烟水的比例计算，2 小时 44 分钟后，水溶液中硝酸的含量将为 12% 左右。因此可以说 NO 溶于水中是不成问题的。

NO 和 NO_2 既然都已溶于水中。采用还原法将它们还原成 N_2 气。还原法使用的还原剂为（NH_4）$2SO_3$ 和 NH_4HSO_3，它们正是氨法脱硫工艺中的产物。还原剂就已在溶液中，脱硝就已经在均匀溶解器中悄悄地进行着。因为 NOX 在烟气中的数量都很小，还原剂（NH_4）$2SO_3$ 和 NH_4HSO_3 的数量是足够的。如果 NOX 的数量不能全部被还原，剩余的部分将变成 NH_4NO_3 被留在溶液中和（NH_4）$2SO_4$ 一起被从溶液中分离出来作为化肥。它们化学反应方程式为：

$2NO+O_2= 2NO_2+27$ 千卡

$NO+NO_2+H_2O = 4HNO_2$

$NO_2+2H_2O = HNO_2+HNO_3$

$4NO_2+O_2+2H_2O =4HNO_3$

$NH_3+HNO_3= NH_4NO_3$

$NH_3+HNO_2= N_2+2H_2O$

$NH_4OH+HNO_3= NH_4NO_3+H_2O$

$NH_4OH+HNO_2= N_2+3H_2O$

$NO+NO_2+3$（NH_4）$2SO_3= N_2+3$（NH_4）$2SO_4$

$NO+NO_2+3NH_4HSO_3= N_2+3NH_4HSO_4$

$4NO_2+H_2O+3（NH_4）2SO_3= N_2+3（NH_4）2SO_4+2HNO_3$

$4NO_2+H_2O+3NH_4HSO_3= N_2+3NH_4HSO_4+2HNO_3$

$NH_4OH+NH_4HSO_4=（NH_4）2SO_4•H_2O$

3. 脱硫脱硝除尘效果

（1）脱硫率：98%。

（2）脱硝率：90%。

（3）除尘效率：100%。

八、技术工艺特点

（1）造价和运行费用极低，运行管理工作量极少。

（2）工艺简单，可实现全程自动化控制。

（3）测控参数少（pH 值、温度、液位），测控技术成熟。

（4）各流程均有成熟技术可借鉴。

（5）适合各种规模的电站及工业锅炉。

（6）对各种含硫煤（油）具有较好的适应性。

（7）对燃烧装置无不良影响，生产工艺、原料来源及产物应用对周边企业无依赖性。

（8）有利于烟气余热的吸收和利用。

（9）不造成（水体、噪声、粉尘等）二次污染。

（10）脱硫脱硝除尘在同一个装置内完成。一次性投资，脱硫率 98%，脱硝率 90% 以上，除尘率 100%，均可进行达标排放。

（11）运行费用低。比传统脱硫方法降低运行费用 50% ~ 80% 左右。

九、烟气脱硫降低费用

目前的烟气脱硫技术存在最大的问题是技术复杂，造价高，运行费用大。一台 300MW（30 万千瓦）发电机组烟气脱硫，一般采用比较成熟的石灰石—石膏湿法烟气脱硫，脱硫效率 95% 左右，每年减少二氧化硫排放量约 1 万吨，每脱除 1 万吨二氧化硫的能力建设投资约 1 ~ 1.5 亿元，电厂烟气脱硫设施的运行耗电量较大，一年的脱硫剂、用电和人工等运行费在 1600 万元左右，摊到每度电的脱硫费用约 0.03 元，而上网电价的脱硫补贴只有 0.015 元。现时几十吨的锅炉多数用双碱法，近年烧碱（用作烟气脱硫剂）的销售价成倍提高，脱硫运行费用随之大幅度升高。在煤价升幅 50% 多和竞价上网的双重压力下，加上脱硫补贴缺口大，高成本的脱硫设施能否坚持正常运行面临严峻的考验。

我国脱硫产业常常面临脱硫运行成本高，国家补贴的脱硫电价，无法使脱硫装置保本运行，采用本技术后，能使目前脱硫系统因运行成本高而停用的 SO_2 净化设备进行运转，真正实现脱硝运行费用“零”投资，无成本，大幅度降低运行费用，大量节约水资源，节约电厂传统脱硫技术因磨损大、结垢严重、系统复杂、配套设备多、维护工作量大，和脱硫系统因（石灰乳法）脱硫堵塞、结垢、腐蚀、磨损、运行费用高、耗电量大给厂内造成的巨大损失，真正实现节能减排，提高效益，可取消浆液循环泵，取消氧化风机，取消制浆系统，取消石灰石球磨机等，大大节约系统的用电量，本脱硫方法与传统的（石灰乳）脱硫方法相比，脱硫效率 98% 以上，脱硝效率 90% 以上，可降低运行费用 50% ～ 80%，是脱硫领域的一次创新和一项重大突破，在国内外尚属首创。无论对低硫煤、中硫煤、高硫煤，均能达到与传统（石灰乳）法脱硫相当的效果，实现脱硫系统运行费用零投资，无成本脱硫，脱硫塔排出的吸收液，重复利用，循环脱硫，即节约了大量的水资源，又减少了脱硫系统设备系统管道的堵塞和结垢，省去了传统湿法脱硫工艺中庞大的制浆系统，省去了废液和废水处理设备，整套系统大为简化，设备投资大为降低。

十、烟气脱硫技术对比

与传统的石灰乳脱硫方法脱硫相比，即解决了用水量大，浪费水资源，系统容易结垢、堵塞等问题，又可解决脱去烟气中 SO_2 的问题，一举两得，脱硫效率 97% 以上，脱硝效率 90% 以上，除尘率 100%，不需大的投资建设脱硝设备，无成本，大幅度降低运行费用，提高经济效益，真正实现节能减排，循环经济，变废为宝，实现国家可持续发展。

第四节 酸 雨

酸雨为酸性沉降中的湿沉降，酸性沉降可分为「湿沉降」与「干沉降」两大类，前者指的是所有气状污染物或粒状污染物，随着雨、雪、雾或雹等降水形态而落到地面者，后者则是指在不下雨的日子，从空中降下来的落尘所带的酸性物质而言。酸雨又分硝酸型酸雨和硫酸型酸雨。

酸雨是指 PH 小于 5.6 的雨雪或其他形式的降水。雨、雪等在形成和降落过程中，吸收并溶解了空气中的二氧化硫、氮氧化合物等物质，形成了 pH 低于 5.6 的酸性降水。酸雨主要是人为的向大气中排放大量酸性物质所造成的。中国的酸雨主要因大量燃烧含硫量高的煤而形成的，多为硫酸雨，少为硝酸雨，此外，各种机动车排放的尾气也是形成酸雨的重要原因。我国一些地区已经成为酸雨多发区，酸雨污染的范围和程度已经引起人们的密切关注。

一、分布区域

某地收集到酸雨样品，还不能算是酸雨区，因为一年可有数十场雨，某场雨可能是酸雨，某场雨可能不是酸雨，所以要看年均值。目前我国定义酸雨区的科学标准尚在讨论之中，但一般认为：年均降水 pH 高于 5.65，酸雨率是 0 ～ 20%，为非酸雨区；PH 在 5.30 ～ 5.60

之间，酸雨率是 10 ~ 40%，为轻酸雨区；PH 在 5.00 ~ 5.30 之间，酸雨率是 30 ~ 60%，为中度酸雨区；PH 在 4.70 ~ 5.00 之间，酸雨率是 50 ~ 80%，为较重酸雨区；PH 小于 4.70，酸雨率是 70 ~ 100%，为重酸雨区。这就是所谓的五级标准。其实，北京、拉萨、西宁、兰州和乌鲁木齐等市也收集到几场酸雨，但年均 pH 和酸雨率都在非酸雨区标准内，故为非酸雨区。

我国酸雨主要是硫酸型，我国三大酸雨区分别为：

1. 西南酸雨区：是仅次于华中酸雨区的降水污染严重区域。

2. 华中酸雨区：目前它已成为全国酸雨污染范围最大，中心强度最高的酸雨污染区。

3. 华东沿海酸雨区：它的污染强度低于华中、西南酸雨区。

全球三大酸雨区是：西欧、北美、东南亚。

二、酸性物质来源

（一）天然排放

1. 海洋

海洋雾沫，它们会夹带一些硫酸到空中。

2. 生物

土壤中某些机体，如动物死尸和植物败叶在细菌作用下可分解某些硫化物，继而转化为二氧化硫。

3. 火山爆发

喷出可观量的二氧化硫气体。

4. 森林火灾

雷电和干热引起的森林火灾也是一种天然硫氧化物排放源，因为树木也含有微量硫。

5. 闪电

高空雨云闪电，有很强的能量，能使空气中的氮气和氧气部分化合生成一氧化氮，继而在对流层中被氧化为二氧化氮。

N_2+O_2= 高温高压 =2NO

$2NO+O_2= 2NO_2$

氮氧化物即为一氧化氮和二氧化氮之和，与空气中的水蒸气反应生成硝酸。

6. 细菌分解：即使是未施过肥的土壤也含有微量的硝酸盐，土壤硝酸盐在土壤细菌的帮助下可分解出一氧化氮，二氧化氮和氮气等气体。

（二）人工排放

煤、石油和天然气等化石燃料燃烧。无论是煤，或石油，或天然气都是在地下埋藏多少亿年，由古代的动植物化石转化而来，故称做化石燃料。科学家粗略估计，1990 年我国化石燃料约消耗近 700 百万吨；仅占世界消耗总量的 12%，人均相比并不惊人；但是我国近几十年来，化石燃料消耗的增加速度实在太快，1950 ~ 1990 年的四十年间，增加了 30 倍，不能不引起足够重视。

煤中含有硫，燃烧过程中生成大量二氧化硫，此外煤燃烧过程中的高温使空气中的氮气和氧气化合为一氧化氮，继而转化为二氧化氮，造成酸雨。

工业过程，如金属冶炼：某些有色金属的矿石是硫化物，铜、铅、锌便是如此，将铜、铅、锌硫化物矿石还原为金属过程中将逸出大量二氧化硫气体，部分回收为硫酸，部分进入大气。再如化工生产，特别是硫酸生产和硝酸生产可分别产生可观量二氧化硫和二氧化氮，由于二氧化氮带有淡棕的黄色，因此，工厂尾气所排出的带有二氧化氮的废气像一条“黄龙”，在空中飘荡，控制和消除“黄龙”被称作“灭黄龙工程”。再如石油炼制等，也能产生一定量的二氧化硫和二氧化氮。它们集中在某些工业城市中，也比较容易得到控制。

交通运输，如汽车尾气。在发动机内，活塞频繁打出火花，像天空中闪电，氮气变成二氧化氮。不同的车型，尾气中氮氧化物的浓度有多有少，机械性能较差的或使用寿命已较长的发动机尾气中的氮氧化物浓度要高。汽车停在十字路口，不息火等待通过时，要比正常行车尾气中的氮氧化物浓度要高。随着我国各种汽车数量猛增，它们的尾气对酸雨的贡献正在逐年上升，不能掉以轻心。

工业生产、民用生活燃烧煤炭排放出来的二氧化硫，燃烧石油以及汽车尾气排放出来的氮氧化物，经过“云内成雨过程”，即水汽凝结在硫酸根、硝酸根等凝结核上，发生液相氧化反应，形成硫酸雨滴和硝酸雨滴；又经过“云下冲刷过程”，即含酸雨滴在下降过程中不断合并吸附、冲刷其他含酸雨滴和含酸气体，形成较大雨滴，最后降落在地面上，形成了酸雨。由于我国多燃煤，所以我国的酸雨是硫酸型酸雨。而多燃石油的国家下硝酸雨。

三、酸雨形成过程

酸雨形成的化学反应过程：

（1）酸雨多成于化石燃料的燃烧：

酸雨的工业排放源

酸雨的工业排放源

含有硫的煤燃烧生成二氧化硫

$S+O_2$= 点燃 = SO_2

二氧化硫和水作用生成亚硫酸

$SO_2+H_2O = H_2SO_3$

亚硫酸在空气中可氧化成硫酸

$2H_2SO_3+ O_2 \rightarrow 2H_2SO_4$

（2）氮氧化物溶于水形成酸：雷雨闪电时，大气中常有少量的二氧化氮产生。

闪电时氮气与氧气化合生成一氧化氮

N_2+O_2= 放电 =2NO

一氧化氮结构上不稳定，空气中氧化成二氧化氮

2NO+O_2= 2NO_2

二氧化氮和水作用生成硝酸

3NO_2+H_2O =2HNO_3+NO

（3）酸雨与大理石反应：

$CaCO_3$+H_2SO_4= $CaSO_4$+H_2O+CO_2 ↑

$CaSO_3$+SO_2+H_2O = Ca（HSO_3）$_2$

（4）此外还有其他酸性气体溶于水导致酸雨，例如氟化氢，氟气，氯气，硫化氢等其他酸性气体。

四、酸类型

酸雨中的阴离子主要是硝酸根和硫酸根离子，根据两者在酸雨样品中的浓度可以判定降水的主要影响因素是二氧化硫还是氮氧化物。二氧化硫主要是来自矿物燃料（如煤）的燃烧，氮氧化物主要是来自汽车尾气等污染源。相关的文献中，通过硫酸根和硝酸根离子的浓度比值将酸雨的类型分为三类，如下：

（1）硫酸型或燃煤型：硫酸根 / 硝酸根 >3

（2）混合型：0.5< 硫酸根 / 硝酸根 <3

（3）硝酸型或燃油型：硫酸根 / 硝酸根≤ 0.5。

由此，可以根据一个地方的酸雨类型来初步判断酸雨的主要影响因素。当然，大多数地方的酸雨可能这三种类型都涵盖了，这就需要对每个时间段的酸雨影响因素做进一步分析了。

五、危 害

酸雨可导致土壤酸化。

土壤中含有大量铝的氢氧化物，土壤酸化后，可加速土壤中含铝的原生和次生矿物风化而释放大量铝离子，形成植物可吸收的形态铝化合物。植物长期和过量的吸收铝，会中毒，甚至死亡。

酸雨尚能加速土壤矿物质营养元素的流失；在酸雨的作用下，土壤中的营养元素钾、钠、钙、镁会流失出来，并随着雨水被淋溶掉。所以长期的酸雨会使土壤中大量的营养元素被淋失，造成土壤中营养元素的严重不足，从而使土壤变得贫瘠。改变土壤结构，导致土壤贫瘠化，影响植物正常发育。此外，酸雨能使土壤中的铝从稳定态中释放出来，使活性铝的增加而有机络合态铝减少。土壤中活性铝的增加能严重地抑制林木的生长；

酸雨还能诱发植物病虫害，使农作物大幅度减产，特别是小麦，在酸雨影响下，可减产 13% ~ 34%。大豆、蔬菜也容易受酸雨危害，导致蛋白质含量和产量下降。

酸雨对森林的影响在很大程度上是通过对土壤的物理化学性质的恶化作用造成的。

酸雨可抑制某些土壤微生物的繁殖，降低酶活性，土壤中的固氮菌、细菌和放线菌均会明显受到酸雨的抑制。

酸雨能使非金属建筑材料（混凝土、砂浆和灰砂砖）表面硬化水泥溶解，出现空洞和裂缝，导致强度降低，从而损坏建筑物。建筑材料变脏，变黑，影响城市市容质量和城市景观，被人们称之为“黑壳”效应。

4. 酸雨在我国已呈燎原之势，覆盖面积已占国土面积的 30% 以上。酸雨危害是多方面的，包括对人体健康、生态系统和建筑设施都有直接和潜在的危害。酸雨可使儿童免疫功能下降，慢性咽炎、支气管哮喘发病率增加，同时可使老人眼部、呼吸道患病率增加。

十多年来，由于二氧化硫和氮氧化物的排放量日渐增多，酸雨的问题越来越突出。中国已是仅次于欧洲和北美的第三大酸雨区。我国酸雨主要分布地区是长江以南的四川盆地、贵州、湖南、湖北、江西，以及沿海的福建、广东等省。在华北，很少观测到酸雨沉降，其原因可能是北方的降水量少，空气湿度低，土壤酸度低。

六、酸性影响因素

1. 酸性污染物的排放及转换条件。

一般说来，某地 SO_2 污染越严重，降水中硫酸根离子浓度就越高，导致 pH 值越低。

2. 大气中的氨（NH_3）对酸雨形成是非常重要的。

氨是大气中唯一的常见气态碱。由于它的水溶性，能与酸性气溶胶或雨水中的酸反应，起中和作用而降低酸度。土壤的氨的挥发量随着土壤 pH 值的上升而增大。京津地区土壤 pH 值为 7 ~ 8 以上，而重庆、贵阳地区则一般为 5 ~ 6，这是大气氨水平北高南低的重要原因之一。土壤偏酸性的地方，风沙扬尘的缓冲能力低。这两个因素合在一起，至少在目前可以解释中国酸雨多发生在南方的分布状况。

3. 颗粒物酸度及其缓冲能力

大气中的污染物除酸性气体 SO_2 和 NO_2 外，还有一个重要成员——颗粒物。颗粒物的来源很复杂。主要有煤尘和风沙扬尘。后者在北方约占一半，在南方估计约占三分之一。颗粒物对酸雨的形成有两方面的作用，一是所含的催化金属促使 SO_2 氧化成酸；二是对酸起中和作用。但如果颗粒物本身是酸性的，就不能起中和作用，而且还会成为酸的来源之一。目前中国大气颗粒物浓度水平普遍很高，在酸雨研究中自然是不能忽视的。

4. 天气形势的影响

如果气象条件和地形有利于污染物的扩散，则大气中污染物浓度降低，酸雨就减弱，反之则加重（如逆温现象）。

七、我国情形

中国从 20 世纪 80 年代开始对酸雨污染进行观测调查研究。在 80 年代，中国的酸雨主要发生在重庆，贵阳和柳州为代表的西南地区，酸雨的面积约为 170 万平方公里。到九十年代中期，酸雨已发展到长江以南，青藏高原以东及四川盆地的广大地区，酸雨地区面积扩大了 100 多万平方公里。以长沙，赣州，南昌，怀化为代表的华中酸雨区现在已经成为全国酸雨污染最严重的地区，其中心区平均降水 pH 值低于 4.0，酸雨的频率高达 90% 以上，已达到了“逢雨必酸”的程度。以南京，上海，杭州，福州和厦门为代表的华东沿海地区也成为我国主要的酸雨地区。值得注意的是，华北的京津，东北的丹东，图们等地区也频频出现酸性降水。年均 pH 值低于 5.6 的区域面积已占我国国土面积的 40% 左右。我国的酸雨化学特征是 pH 值低，硫酸根（$SO4^{2-}$），铵（NH^{4+}），和钙（Ca^{2+}）离子浓度远远高于欧美，而硝酸根（NO^{3-}）浓度则低于欧美。研究表明，我国酸性降水中硫酸根与硝酸根的摩尔之比大约为 6.4 ：1，因此，中国的酸雨是硫酸型的，主要是人为排放 SO_2 造成的。所以，治理好我国的 SO_2 排放对我国的酸雨的治理有着决定性的作用。

八、防治措施

1. 开发新能源，如氢能，太阳能，水能，潮汐能，地热能等。
2. 使用燃煤脱硫技术，减少二氧化硫排放。
3. 工业生产排放气体处理后再排放。
4. 少开车，多乘坐公共交通工具出行。
5. 使用天然气等较清洁能源，少用煤。

（一）国际反应

世界上酸雨最严重的欧洲和北美许多国家在遭受多年的酸雨危害之后，终于都认识到，大气无国界，防治酸雨是一个国际性的环境问题，不能依靠一个国家单独解决，必须共同采取对策，减少硫氧化物和氮氧化物的排放量。经过多次协商，1979 年 11 月在日内瓦举行的联合国欧洲经济委员会的环境部长会议上，通过了《控制长距离越境空气污染公约》，并于 1983 年生效。《公约》规定，到 1993 年底，缔约国必须把二氧化硫排放量削减为 1980 年排放量的 70%。欧洲和北美（包括美国和加拿大）等 32 个国家都在公约上签了字。为了实现许诺，多数国家都已经采取了积极的对策，制订了减少致酸物排放量的法规。例如，美国的《酸雨法》规定，密西西比河以东地区，二氧化硫排放量要由 1983 年的 2000 万吨 / 年，经过 10 年减少到 1000 万吨 / 年；加拿大二氧化硫排放量由 1983 年的 470 万吨 / 年，到 1994 年减少到 230 万吨 / 年，等等。

（二）具体措施

目前世界上减少二氧化硫排放量的主要措施有：

1. 原煤脱硫技术

可以除去燃煤中大约 40% ~ 60% 的无机硫。

2. 优先使用低硫燃料

如含硫较低的低硫煤和天然气等。

3. 改进燃煤技术

减少燃煤过程中二氧化硫和氮氧化物的排放量。例如，液态化燃煤技术是受到各国欢迎的新技术之一。它主要是利用加进石灰石和白云石，与二氧化硫发生反应，生成硫酸钙随灰渣排出。

4. 对煤燃烧后形成的烟气在排放到大气中之前进行烟气脱硫

目前主要用石灰法，可以除去烟气中 85% ~ 90% 的二氧化硫气体。不过，脱硫效果虽好但十分费钱。例如，在火力发电厂安装烟气脱硫装置的费用，要达电厂总投资的 25% 之多。这也是治理酸雨的主要困难之一。

5. 开发新能源

如太阳能，风能，核能，可燃冰等。

6. 生物防治

1993 年在印度召开的“无害环境生物技术应用国际合作会议”上，专家们提出了利用生物技术预防、阻止和逆转环境恶化，增强自然资源的持续发展和应用，保持环境完整性和生态平衡的措施。目前，科学家已发现能脱去黄铁矿中硫的微生物还有氧化亚铁硫杆菌和氧化硫杆菌等。日本财团法人电力中央研究所最近开发出的利用微生物胶硫的新技术，可除去 70% 的无机硫，还可减少 60% 的粉尘。这种技术原理简单，设备价廉，特别适合无力购买昂贵脱硫设备的发展中国家使用。生物技术脱硫符合“源头治理”和“清洁生产”的原则，因而是一种极有发展前途的治理方法，越来越受到世界各国的重视。

第五节　室内空气污染

室内空气污染是有害的化学性因子、物理性因子和（或）生物性因子进入室内空气中并已达到对人体身心健康产生直接或间接，近期或远期，或者潜在有害影响的程度的状况。

2017 年 10 月 27 日，世界卫生组织国际癌症研究机构公布的致癌物清单初步整理参考，家用燃料燃烧的室内排放在 2A 类致癌物清单中。

一、定 义

室内环境空气污染（简称室内空气污染）是指由于人类的活动造成住宅、学校、办公室、商场、宾（旅）馆、各类饭店、咖啡馆、酒吧、公共建筑物（含各种现代办公大楼）以及各种公众聚集场所（影剧院、图书馆、交通工具等）。

“室内”主要指居室内，室内空气污染是指由于各种原因导致的室内空气中有害物质超标，进而影响人体健康的室内环境污染行为。有害物包括甲醛、苯、氨、放射性氡等。随着污染程度加剧，人体会产生亚健康反应甚至威胁到生命安全。是日益受到重视的人体危害之一。

室内空气污染的定义是：室内空气污染是指在封闭空间内的空气中存在对人体健康有危害的物质并且浓度已经超过国家标准达到可以伤害到人的健康程度，我们把此类现象总称为室内空气污染。并不主要指居室。

二、污染物及来源

1. 主要污染物

人们对室内空气中的传染病病原体认识较早，而对其他有害因子则认识较少。其实，早在人类住进洞穴并在其内点火烤食取暖的时期，就有烟气污染。但当时这类影响的范围极小，持续时间极短暂，人的室外活动也极频繁，因此，室内空气污染无明显危害。随着人类文明的高度发展，尤其进入 20 世纪中叶以来，由于民用燃料的消耗量增加、进入室内的化工产品和电器设备的种类和数量增多，更由于为了节约能源寒冷地区的房屋建造得更加密闭，室内污染因子日渐增多而通风换气能力却反而减弱，这使得室内有些污染物的浓度较室外高达数十倍以上。

室内空气污染物的种类已高达 900 多种，主要分为 3 类：

（1）气体污染物。挥发性有机物（VOCs）是最主要的成分，还有 O_3、CO、CO_2、NOx 和放射性元素氡（Rn）及其子体等。特别是室内通风条件不良时，这些气体污染物就会在室内积聚，浓度升高，有的浓度可超过卫生标准数十倍，造成室内空气严重污染。

（2）微生物污染物。如过敏反应物、病毒、室内潮湿处易滋生的真菌与微生物。

（3）可吸入颗粒物（PM10 和 PM2.5）。

2. 污染物来源

（1）室内活动

某些地区的煤中含有较多的氟、砷等无机污染物，燃烧时能污染室内空气和食物，吸入或食入后，能引起氟中毒或砷中毒。

烹调。烹调产生的油烟不仅有碍一般卫生，更重要的是其中含有致癌突变物。

室内不清洁，致敏性生物滋生。主要的室内致敏生物是真菌和尘螨。主要来自家禽、尘土等。真菌的滋生能力很强，只要略有水分和有机物，即能生长。例如玻璃表面、家用电器内部、墙缝里、木板上、甚至喷气式飞机的高级汽油筒的塞子上也能生长。尘螨喜潮湿温暖，主要生长在尘埃、床垫、枕头、沙发椅、衣服、食物等处。无论是活螨还是死螨，甚至其蜕皮或排泄物，都具有抗原性，能引起哮喘或荨麻疹。

病人传播病原体。患有呼吸道传染病的病人，通过呼出气、喷嚏、咳嗽、痰和鼻涕等，可将病原体传播给他人。

（2）室内用品

室内使用的复印机、静电除尘器等仪器设备产生臭氧（O_3）。O_3 是一种强氧化剂。对呼吸道有刺激作用，尤其能损伤肺泡。

家用电器产生电磁辐射。如果辐射强度很大，也会使人头晕、嗜睡、无力、记忆力衰退。

室内的尘埃、燃烧颗粒物、飞沫等污染物，与室内的空气轻离子结合，形成重离子。前者在污浊空气中仅能存留 1 分钟，而后者则能存留 1 小时，这样就加强了重正离子的不良影响：头痛、心烦、疲劳、血压升高、精神萎靡、注意力衰退、工作能力降低、失眠等。

（3）呼出气

呼出气的主要成分是 CO_2。每个成年人每小时平均呼出的 CO_2 大约为 22.6 升。此外，伴随呼出的还可有氨、二甲胺、二乙胺、二乙醇、甲醇、丁烷、丁烯、二丁烯、乙酸、丙酮、氮氧化物、CO、H_2S、酚、苯、甲苯、CS_2 等。其中，大多数是体内的代谢产物，另一部分是吸入后仍以原形呼出的污染物。

（4）有害因子来源

室内有很多物体和用品，其本身即含有各种有害因子，一旦暴露于空气中，就会散发出来造成危害。主要来自以下几方面：

建筑材料。某些水泥、砖、石灰等建筑材料的原材料中，本身就含有放射性镭。待建筑物落成后，镭的衰变物氡（222Rn）及其子体就会释放到室内空气中，进入人体呼吸道，是肺癌的病因之一。室外空气中氡含量约为 10B q/m^3 以下，室内严重污染时可超过数十倍。美国由氡及其子体引起的肺癌超额死亡人数为 1 万 ~ 2 万。

使用脲—甲醛泡沫绝热材料（UFFI）的房屋，可释放出大量甲醛，有时可高达 10mg/m^3 以上。甲醛具有明显的刺激作用，对眼、喉、气管的刺激很大；在体内能形成变态原，引起支气管哮喘和皮肤的变态反应；能损伤肝脏，尤其是有肝炎既往史的人，住进 UFFI 活动房屋以后，容易复发肝炎。长期吸入低浓度甲醛，能引起头痛、头晕、恶心、呼吸困难、肺功能下降、神经衰弱，免疫功能也受影响。动物试验能诱发出鼻咽癌。尚未见到人体致癌的流行学证据。

有些建筑材料中含有石棉，可散发出石棉纤维。石棉能致肺癌，及胸、腹膜间皮瘤。

家具、装饰用品和装潢摆设。常用的有地板革、地板砖、化纤地毯、塑料壁纸、绝热材料、脲—甲醛树脂黏合剂以及用该黏合剂粘制成的纤维板、胶合板等做成的家具等等都能释放多种挥发性有机化合物，主要是甲醛。中国沈阳市某新建高级宾馆内，甲醛浓度最高达 1.11 mg/m^3，普通居室内新装饰后可达 0.17 mg/m^3 左右，以后渐减。此外，有些产品还能释放出苯、甲苯、二甲苯、CS_2、三氯甲烷、三氯乙烯、氯苯等不下百余种挥发性有机物。其中有的能损伤肝脏、肾脏、骨髓、血液、呼吸系统、神经系统、免疫系统等，有的甚至能致敏、致癌。

日常生活和办公用品。例如化妆品、洗涤剂、清洁剂、消毒剂、杀虫剂、纺织品、油墨、油漆、染料、涂料等都会散发出甲醛和其他种类的挥发性有机化合物、表面活性剂等。这些都能通过呼吸道和皮肤影响人体。

从室外进入室内的污染物室外环境中的一部分有害因子，也能通过各种适当的介质进入室内。常见以下情况：

当大气中的污染物高于室内浓度时，可通过门窗、缝隙等途径进入室内。例如颗粒物、SO_2、NO_2、多环芳烃以及其他有害气体。

土壤中含镭的地区，镭的衰变物氡及其子体可以通过房屋地基或房屋的管道入口处的缝隙进入室内。也可以先溶入地下水，当室内使用地下水时，即逸出到空气中。地下室或底层房间内空气中的氡浓度可达几百 B9/m^3，楼层越高，浓度越低。

土壤中或天然水体中可含一种革兰氏阴性的杆菌，称为军团杆菌。可随空调冷却水，加湿器用水甚至淋浴喷头的水柱进入室内形成气溶胶，进入人体呼吸道造成肺部感染，称为军团病（嗜肺炎军团杆菌病）。

人为带入。服装、用具等可将工作环境或其他室外环境中的污染物如铅尘带入室内。

除了以上三大方面的来源以外，还有一些其他来源。例如，紫外线的光化学作用可以产生臭氧。

总之，室内空气污染物的来源很广、种类很多，对人体健康可以造成多方面的危害。而且，污染物往往可以若干种类同时存在于室内空气中，可以同时作用于人体而产生联合有害影响。

人们在室内进行生理代谢，进行日常生活、工作学习等活动，这些可产生出很多污染因子。主要有以下几个方面：

（5）吸烟

这是室内主要的污染源之一。烟草燃烧产生的烟气，主要成分有 CO、烟碱（尼古丁）、多环芳烃、甲醛、氮氧化物、亚硝胺、丙烯腈、氟化物、氰氢酸、颗粒物以及含砷、镉、镍、铅等的物质。总共约 3000 多种。其中具有致癌作用的约 40 多种。吸烟是肺癌的主要病因之一。

（6）燃料燃烧

也是室内主要污染源之一。不同种类的燃料，甚至不同产地的同类燃料，其化学组成以及燃烧产物的成分和数量都会不同。但总的来看，煤的燃烧产物以颗粒物、SO_2、NO_2、CO、多环芳烃为主；液化石油气的燃烧产物以 NO_2、CO、多环芳烃、甲醛为主。蜂窝煤在无烟囱的炉子内旺盛燃烧。

（7）厨房空气中

SO_2 可达 17 mg/m³，通常在 3 mg/m³ 左右；

NO_2 可高达 50 mg/m³，通常在 4 mg/m³ 左右；

CO 可达 300 mg/m³ 以上，通常约 20 ~ 30 mg/m³；

颗粒物约在 1 ~ 2 mg/m³。

有烟囱时，

SO_2 可降至约在 0.05 mg/m³ 左右；

NO_2 在 0.6 mg/m³ 左右，CO 约 6 mg/m³；

颗粒物约 1.4 mg/m³。

液化石油气燃烧充分而室内无抽气设备时，

SO_2 由未检出至 0.05 mg/m³；

NO_2 为 10 mg/m³ 以上；

CO 为 3 ~ 4 mg/m³；

颗粒物为 0.26 mg/m³；

甲醛可达 0.1 ~ 0.4 mg/m³。

三、污染物的危害

1. 危害症状

SO_2 和 NO_2 对呼吸道有损伤。CO 除引起急性中毒外，其慢性影响为损伤心肌和中枢神经。颗粒物中含有大量的多环芳烃（PAH），其中有很多是致癌原。例如，3，4– 苯并 [a] 芘的某些代谢中间产物的致癌性就很强。从 1775 年 P. 波特发现英国扫烟囱工人易患阴囊癌开始，人们逐渐认识到煤焦油中有致癌物。20 世纪 80 年代对云南省宣威市肺癌高发原因的研究，证明了当地燃煤的烟气中，含有大量致癌的 PAH。另一项流行学调查发现，北方非肺癌高发地区的农民肺癌原因之一是冬季家中燃烧蜂窝煤而不安装烟囱。液化石油气燃烧颗粒物的二氯甲烷提取物中，含有硝基多环芳烃，这是一种强致突变物。

甲醛是室内常见的 VOCs，无色，有刺激性，易溶于水，可与氨基酸、蛋白质、DNA 反应，从而破坏细胞。低浓度的甲醛即可对人体产生急性不良影响，如头痛、流泪、咳嗽等症状，高浓度的甲醛可引起过敏性哮喘。长期吸入一定浓度的甲醛还有致癌作用如家具厂工人的呼吸道、肺、肝等的癌症发病率高于其他工种的工人。现在，国际癌症研究协会建议将甲醛作为可疑致癌物对待。

2. 危害人群

（1）办公室白领

白领精英们长期工作在空气质量不好的环境中，容易导致头晕、胸闷、乏力、情绪起伏大等不适症状，大大影响工作效率，并引发各种疾病发生，严重者还可致癌，办公环境变成了看不见的健康慢性杀手。

现在已有越来越多的白领和职员抱怨办公室空气污浊，感到呼吸不畅，注意力不集中，导致工作效率下降。据中国疾病预防控制中心专家调查，由于办公室空间相对密闭，空气不流通，空气污浊，氧气含量低，容易导致肌体和大脑新陈代谢能力降低。复旦大学公共卫生学院教授夏昭林介绍，长期坐办公室者容易患“白领综合征”。现在卫生部门和越来越多的专家已认识到其危害性。

（2）妇女，特别是孕妇群体

室内空气污染特别是装修有害气体污染对女性身体的影响相对更大。

由于女性脂肪多，苯吸收后易在脂肪内贮存，因此女性更应注意苯的危害。女性在怀孕前和怀孕期间应避免接触装修污染。国内外众多案例表明，苯对胚胎及胎儿发育有不良影响，严重时可造成胎儿畸形及死胎。

调查发现，装饰材料和家具中使用的各种人造板、胶合剂等，其游离甲醛是可疑致癌物。长期接触低浓度的甲醛可以引起慢性呼吸道疾病、女性月经紊乱、妊娠综合征，引起新生儿体质降低；高浓度的甲醛对神经系统、免疫系统、肝脏等都有毒害，还可诱发胎儿畸形、婴幼儿白血病。当室内空气中甲醛浓度在每立方米 0.24 ~ 0.55 毫克时，有 40% 的适龄女性月经周期出现不规则。

（3）儿童

2001 年，英国“全球环境变化问题”研究小组公告的报告中提出一个引人深思的结论：环境污染的加剧会导致儿童的免疫力和智力降低！

儿童的身体正在发育中，免疫系统比较脆弱，另外儿童呼吸量按体重比比成年人高 50%，这就使他们更容易受到室内空气污染的危害。无论从儿童的身体还是智力发育看，室内空气环境污染对儿童的危害不容忽视！室内空气污染会对儿童构成以下三大威胁；

①诱发儿童的血液性疾病：医学研究证明，环境污染已经成为儿童白血病高发的主要原因。根据流行病学的统计，中国每年新增约 4 万名白血病患者，其中 2 万多名是儿童，而且以 2 ~ 7 岁的儿童居多。北京市儿童医院统计，该医院 90% 白血病小患者的家庭在半年内装修过。哈尔滨血液肿瘤研究所去年就收治了 1500 多例儿童血液病患者，其中白血病患者高达 80%，以 4 岁儿童居多。为什么儿童成了目前白血病的高发人群？该所所长马军说，除了儿童的免疫功能比较脆弱这一内因之外，室内装修材料散发的甲醛等有害气体是“杀手”之一。有关医学专家的意见，目前家庭装修中各种装饰材料中产生的甲醛、苯等气体以及石材中的放射性物质可以致癌，苯还可以引起白血病和再生障碍性贫血。虽然不能肯定白血病是由于家庭装修所致，但在同样环境中，自身抑癌基因有缺陷，也就是常说的缺乏自身免疫力的儿童，那么居室环境污染的刺激则是导致白血病的一个诱因。专家忠告：不能光检查身体，更要注意检测室内环境，达到标本兼治。

②增加儿童哮喘病的发病率：在每三届中加环境联委会会议上，国家环境保护局科技标准司的张化天指出，根据中国与美国合作的项目“空气污染对呼吸健康影响研究”

显示：儿童患感冒咳嗽、感冒咳痰、感冒气喘、支气管炎与空气污染浓度呈现显著正比。一方面，因为儿童的身体正在成长中，呼吸量按体重比比成人高 50%，另一方面，儿童在室内生活时间长，所以更容易受到室内空气污染的侵害。污染程度越严重，儿童肺功能异常率就越高。严重的空气污染可以使儿童肺功能异常的危险增高 30% ~ 70%。中国环境监测总站研究证实，父母吸烟的孩子患咳嗽、支气管炎、哮喘等呼吸系统疾病的比例要比父母不吸烟的孩子高得多。据流行病学对 5 ~ 9 岁的 3528 名儿童调查，父母一人吸烟，儿童患呼吸道疾病者比父母都不吸烟的儿童高 6%；父母都吸烟，儿童患呼吸道疾病的比例高出 15% 左右。据法国《科学与生活》杂志报道，微尘对儿童呼吸道的发育有较大影响，而二氧化氮等也会影响儿童肺脏的发育，从而使儿童的肺活量出现严重不足。从美国专家对由于室内空气污染造成的哮喘病调查中可以看到，在美国儿童中，患哮喘病的占美国总人中的 12.4%。此病影响到每个年龄段的儿童，65% 的儿童不同程度的患有哮喘。据统计，中国儿童哮喘患病率为 2 ~ 5%，其中 1 ~ 5 岁儿童患病率高达 85%。

③影响儿童的身高和智力健康发育：儿童的身体正处在生长发育关键期，长期吸入存在烟尘、有害气体、病菌病毒污染的空气，不仅容易诱发各种疾病，而且将使儿童身体各机能受到慢性影响，进而影响身高和智力的正常发育。据调查，在吸烟家庭里成长到 7 岁的儿童的阅读能力明显低于不吸烟家庭的儿童。在吸烟家庭成长到 11 岁的儿童，阅读能力延长发育 4 个月，算术能力延迟发育 5 个月。科学家对千余名儿童长期研究发现，家长每天吸烟的量越大，儿童身高所受的影响越大。

（4）老年人

人体进入老年期，各项身体机能在下降，比较容易受到环境因素的影响而诱发各种疾病。空气污染不仅是引起老年人气管炎、咽喉炎、肺炎等呼吸道疾病的重要原因，还会诱发高血压、心血管、脑出血等病症，对于体弱者还可能危及生命。

据美国心脏病协会《循环》杂志报道，1982 年有 50 万名成年人志愿参加了美国癌症协会进行的一项有关癌症预防的调查。20 多年后，犹他州杨伯翰大学的研究人员分析了这项调查数据，将调查中呼吸系统疾病和心脏病等心血管疾病的发病率，与来自美国环境保护局 150 多个城市的空气污染数据相联系，数据表明，在空气污染导致死亡的疾病中，心脏病患者居多。

（5）呼吸道疾病患者

在污染的空气中长期生活，会引起呼吸功能下降、呼吸道症状加重，有的还会导致慢性支气管炎、支气管哮喘、肺气肿等疾病，肺癌、鼻咽癌患病率也会有所增加。据统计，全球因空气污染导致的急性呼吸系统感染，每年夺去大约 400 万名儿童的生命。国内外调查表明，呼吸道感染是人类最常见的疾病，其症状可从隐性感染直到威胁生命。

室内空气污染物主要分为可吸入颗粒物外，还是多种致癌化学污染物和放射性物质的主要载体。生物活性粒子有细菌、病毒、花粉等，是大多数呼吸道传染病和过敏性疾病的元凶。在室内环境中，特别是在通风不良、人员拥挤的环境中，一些致病微生物容易通过空气传播，使易感人群发生感染。一些常见的病毒、细菌引起的疾病如流感、麻疹、结核等呼吸道传染病都会借助空气在室内传播。非典病毒肆虐的事实也充分说明，室内生物污染不可轻视！山东省疾病预防控制中心公共卫生监测与评价所孔凡玲指出：许多室内空气污染物都是刺激性气体，比如说二氧化硫、苯、甲醛等。这些物质会刺激眼、鼻、咽喉以及皮肤，引起流泪、咳嗽、喷嚏等症状。特别是甲醛具有强烈的致癌和促癌作用。

四、污染原因

从目前检测分析，室内空气污染物的主要来源主要有以下几个方面：建筑及室内装饰材料、室外污染物、燃烧产物和人的活动。

1. 室内装饰材料及家具的污染是2010造成室内空气污染的主要方面，油漆、胶合板、刨花板、泡沫填料、内墙涂料、塑料贴面等材料均含有甲醛、苯，甲苯、乙醇、氯仿等有机蒸气，以上物质都具有相当的致癌性。

2. 建筑物自身的污染，此类污染正在逐步检出，一种是建筑施工中加入了化学物质，（北方冬季施工加入的防冻剂，渗出有毒气体氨）。另一种是由地下土壤和建筑物中石材、地砖、瓷砖中的放射性物质形成的氡，这是一种无色无味的天然放射性气体，对人体危害极大，美国国家环保署调查，美国每年有14 000人的死亡与氡污染有关。

3. 室外污染物的污染，室外大气的严重污染和生态环境的破坏，使人们的生存条件十分恶劣，加剧了室内空气的污染。

4. 燃烧产物造成的室内空气污染，做饭与吸烟是室内燃烧的主要污染，厨房中的油烟和香烟中的烟雾成分极其复杂，目前已经分析出的3800多种物质，它们在空气中以气态、气溶胶态存在。其中气态物质占90%，其中许多物质具有致癌性。

5. 人体自身的新陈代谢及各种生活废弃物的挥发成分也是造成室内空气污染的一个原因。人在室内活动，除人体本身通过呼吸道、皮肤、汗腺可排出大量污染物外，其他日常生活，如化妆、灭虫等也会造成空气污染，因此房间内人数过多时，会使人疲倦、头昏，甚至休克。另外人在室内活动，会增加室内温度，促使细菌、病毒等微生物大量繁殖。特别是在一些中小学校更加严重。

专家分析指出，造成室内空气污染的物质按状态分，主要有悬浮颗粒物和气态污染源两种：

1. 悬浮颗粒物：较大的悬浮颗粒物如灰尘、棉絮等，可以被鼻子、喉咙过滤掉，至于肉眼无法看见的细小悬浮颗粒物，如粉尘、纤维、细菌和病毒等，会随着呼吸进入肺泡，造成免疫系统的负担，危害身体的健康。

2. 气态污染源：室内空气中的气态污染源（也即有毒气相物）包括一氧化碳、二氧化碳、甲醛及有机蒸气。气态污染源主要来自建筑材料（甲醛）、复印机（臭氧）、香烟烟雾（尼古丁）、清洁剂（甲酚）、溶剂（甲苯）和燃烧产物（硫氧化物、铅）等，部分会附着在颗粒物上被消除掉，大部分会被吸入口肺部。医学证实这些气态污染源是造成肺炎、支气管炎、慢性肺阻塞和肺癌的主要原因。

五、定量标准

人体对室内空气污染物接触量的评价可以采用个体采样器进行采样测定，从而掌握个人的环境接触量。也可以进行人体的生物材料监测，即选择性地测定呼出气、血、尿，或毛发中的污染物含量，从而了解人体内的实际吸收量。

污染物的室内实际浓度主要取决于污染源的排出量。此外，还与气象因子、室内通风效果、污染物自身演变转化的规律有关。

有些国家已制定了几项室内污染物的卫生标准。中国已正式公布公共场所卫生管理条例，尚未公布其他的有关室内空气质量的卫生标准。

室内空气污染的防治措施主要是消除或控制污染源；加强室内自然通风或机械通风；对能散发出有害因子的物品尽可能放置于室外若干时间，待充分散发后再放置室内。

六、分析对策

随着生活水平的提高和生活方式的改变，人们在室内生活的时间越来越长，室内空气质量的优劣直接影响到人们的工作和生活。低劣的空气质量会使人注意力分散，工作效率下降，严重时还会使人产生头痛、恶心、疲劳、皮肤红肿等症状，统称为“病态建筑综合征”。人们急切盼望改善日益恶劣的居室、办公环境，提高生存质量。

（一）污染情况分析

现代家居环境空气污染物来源广、种类多、危害大。人们一直认为空气污染严重的是室外。而事实上，办公室、居室、饭店、影剧院、歌舞厅等建筑物的室内环境对人们健康的影响远比室外要大得多。因此，室内环境质量的好坏直接影响到人体健康。中外研究一致表明，由于现代人有 80% ~ 90% 的时间在室内度过，室内的空气污染对人体影响的严重程度是室外空气的 2 ~ 4 倍，在某些情况下甚至可达 100 多倍。因此美国环境保护局已把室内空气污染与空气污染、工作间有毒化学品污染和水污染并列为对公众健康危害最大的 4 中环境因素。

在室内可检测出约 300 多种污染物，68% 的人体疾病都与室内空气污染有关。造成室内空气的污染主要来源于以下 5 个方面：一是人体呼吸、烟气；二是装修材料、日常用品；三是微生物、病毒、细菌；四是厨房油烟；五是空调综合征。这些污染物随着呼吸进入人体内部，长期积累，严重危害着人们的身体健康。

1. 人体呼吸、烟气

研究结果表明，人体在新陈代谢过程中，会产生约 500 多种化学物质，经呼吸道排出的有 149 种，人体呼吸散发出的病原菌及多种气味，其中混有多种有毒成分，决不可忽视。人体通过皮肤汗腺排出的体内废物多达 171 种，例如尿素、氨等。此外，人体皮肤脱落的细胞，大约占空气尘埃的90%。若浓度过高，将形成室内生物污染，影响人体健康，甚至诱发多种疾病。

吸烟是室内空气污染的主要来源之一。烟雾成分复杂，有固相和气相之分。经国际癌症研究所专家小组鉴定，并通过动物致癌实验证明，烟草烟气中的“致癌物”多达40多种。吸烟可明显增加心血管疾病的发病概率，是人类健康的“头号杀手”。

2. 装修材料、日常用品

室内装修使用各种涂料、油漆、墙布、胶粘剂、人造板材、大理石地板以及新购买的家具等，都会散发出酚、甲醛、石棉粉尘、放射性物质等，它们可导致人们头疼、失眠、皮炎和过敏等反应，使人体免疫功能下降，因而国际癌症研究所将其列为可疑致癌物质。

3. 微生物、病毒、细菌

微生物及微尘多存在于温暖潮湿及不干净的环境中，随灰尘颗粒一起在空气中飘散，成为过敏源及疾病传播的途径。特别是尘螨，是人体支气管哮喘病的一种过敏源。尘螨喜欢栖息在房间的灰尘中，春秋两季是尘螨生长、繁殖最旺盛时期。

4. 厨房油烟

过去，厨房油烟对室内空气的污染很少被人们重视。据研究表明，城市女性中肺癌患者增多，经医院诊断大部分患者为腺癌，它是一种与吸烟极少有联系的肺癌病例。进一步的调研发现，致癌途径与厨房油烟导致突变性和高温食用油氧化分解的致变物有关。厨房内的另一主要污染源为燃料的燃烧。在通风差的情况下，燃具产生的一氧化碳和氮氧化物的浓度远远超过空气质量标准规定的极限值，这样的浓度必然会造成对人体的危害。

5. 空调综合征

长期在空调环境中工作的人，往往会感到烦闷、乏力、嗜睡、肌肉痛，感冒的发生概率也较高，工作效率和健康明显下降，这些症状统称为“综合征”。这些不良反应的主要原因是在密闭的空间内停留过久，CO_2、CO、可吸入颗粒物、挥发性有机化合物以及一些致病微生物等的逐渐聚集而使污染加重。上述种种原因造成室内空气质量不佳，引起人们出现很多疾病，继而影响了工作效率。

（二）污染的特征

室内空气污染与室外空气污染由于所处的环境不同，其特征也有所不同。室内空气污染具有以下三方面特征：

（1）累积性。室内环境是相对封闭的空间，其污染形成的特征之一是累积性。从污染物进入室内导致浓度升高，到排出室外浓度渐趋于零，大都需要经过较长的时间。室内的各种物品，包括建筑装饰材料、家具、地毯、复印机、打印机等都可以释放出一定的化学物质，如不采取有效措施，他们将在室内逐渐累积，导致污染物浓度增大，构成对人体的危害。

（2）长期性。一些调查表明，人们大部分时间处于室内，即使浓度很低的污染物，在长期作用于人体后，也会对人体健康产生不利影响。因此，长期性也是室内污染的重要特征之一。

（3）多样性。室内空气污染的多样性既包括污染物种类的多样性，又包括室内污染物来源的多样性。室内空气中存在的污染物既有生物性污染物，如细菌等；化学性污染物，如甲醛、氨、苯、甲苯、一氧化碳、二氧化碳、氮氧化物、二氧化硫等；还有放射性污染物，如氡及其子体。

（三）改善污染

室内空气质量好坏直接影响到人们的生理健康、心理健康和舒适感。为了提高室内空气质量，改善居住、办公条件，增进身心健康，必须对室内空气污染进行整治。

1. 使用最新空气净化技术

对于室内颗粒状污染物，净化方法主要有低温非对称等离子体除尘、静电除尘、扩散除尘、筛分除尘等。净化装置主要有低温非对称等离子体除尘、机械式除尘器、过滤式除尘器、荷电式除尘器、湿式除尘器等。从经济的角度考虑首选过滤式除尘器；从高效洁净的角度考虑首选荷电式除尘器。

对于室内细菌、病毒的污染，净化方法是低温非对称等离子体净化技术。配套装置是低温等离子体净化装置。

对于室内异味、臭气的清除，净化方法是选用 0.2 ~ 5.6 微米的玻璃纤维丝编织成的多功能高效微粒滤芯，这种滤芯滤除颗粒物的效率相当高。

对室内空气中的污染物，如苯系物、卤代烷烃、醛、酸、酮等的降解，采用光催化降解法非常有效。例如利用太阳光、卤钨灯、汞灯等作为紫外光源，使用锐态矿型纳米 TiO_2 作为催化剂。

2. 合理布局及分配室内外的污染源

为了减少室外大气污染对室内空气质量的影响，对城区内各污染源进行合理布局是很有必要的。居民生活区等人口密集的地方应安置在远离污染源的地区，同时应将污染源安置在远离居民区的下风口方向，避免居民住宅与工厂混杂的问题。卫生和环保部门应加强对居民生活区和人口密集的地方进行跟踪检测和评价，以提供室内空气质量对人体健康的影响程度。

3. 加强室内通风换气的次数

对于甲醛、室内放射性氡物质等，应加强通风换气次数，尤其是对甲醛的污染治理，其方法有三种：一是使用活性炭或某些绿色植物；二是通风透气；三是使用化学药剂。室内放射性氡的浓度，在通风时其浓度会下降；而一旦不通风，浓度又继续回升，它不会因通风次数频繁而降低氡子体的浓度，唯一的方法是去除放射源。

对室内空气质量的要求不仅仅局限于家居，而是所有的室内场所都存在，如宾馆、酒店的房间、餐厅、娱乐场所和商场、影剧院、展览馆等，还有政府部门的办公室、会客室、学校以及其他办公场所。除重视科研与监测、加强队伍建设、制定行业标准、加强立法与宣传外，同时还要加大经费的投入，采用高新技术，研制新的高效率室内污染净化装置，消除室内空气污染，保障人们身体健康，这是十分迫切而必要的。

随着“以人为本”观念的逐步深入，人们对生存空间的质量越来越关注，对室内环境污染治理也日益重视。我们相信不久的将来，室内环境污染治理的状况一定会有一个较大的改观。

4. 市场现有技术介绍

（1）物理方式：其主要是使用活性炭等材料对污染气体进行吸附，既物理吸附，是目前最好的物理去除方法。其原理是活性炭的多孔结构提供了大量的表面积，从而使其非常容易达到吸收收集杂质的目的。就像磁力一样，所有的分子之间都具有相互引力。正因为如此，活性炭上的大量的分子可以产生强大的引力，从而达到将介质中的杂质吸引到孔径中的目的，其中耶维炭就是吸附性较强的一种。

（2）化学方式：其原理是化学药品与有害气体发生化学变化，如纳米技术、光触媒、甲醛去除剂、除味剂等，氧化污染物气体。此外，各种电动的空气净化器也能起到物理治理和化学治理的效果。

（3）生物方法：其主要是利用植物可以吸收室内空气污染净化室内空气，或采用微生物、酶进行生物氧化、分解。

（4）纳米吸附：孔隙的孔径在 0.27 ~ 0.98 纳米之间，呈晶体排列。同时具有弱电性，甲醛、氨、苯、甲苯、二甲苯的分子直径都在 0.4 ~ 0.62 纳米之间，且都是极性分子，具有优先吸附甲醛、苯、TVOC 等有害气体的特点，达到净化室内空气的效果。

第四章　固体废物处理与处置

第一节　固体废物概述

固体废物英文简称：（Solid Wastes）亦称废弃物料，是指社会在建设、生产、流通、加工、消费和生活等过程中，遗弃没有进过任何提取所需的固态或泥浆状的物质。

随着科技的进步，人类社会文明的发展，以及社会行业格局的改变，人类在利用自然资源的同时，行业所从事生产，加工后形成的废物时，由于人类在某些或者不具备条件所形成的，总会把部分废物丢弃。另一种即使各行业所生产的产品，也存在其使用寿命，当达到一定寿命期限，便也会成为固体废物。

一、固体废物的来源与归类

对于固体废物的整体来源通常可分为两类：第一类指的是人类在生产过程中产生的废物，这里一般不包括废气与废水。第二类指的是产品在使用期内寿命期限或者技术过程中淘汰产生的固体废物。

固体废物通常以化学性质分为有机和无机废物，根据其固体废物的形状可分为粉状、粒状、块状和泥状废物。通常产生固体废物的有以下四类：

1. 工业固体废物，指的是（工业生产、加工过程中产生的废渣、粉尘、碎屑、污泥，以及在采矿过程中产生的废石、尾砂等）。

2. 矿业固体废物，指的是开采和选洗矿石过程中产生的废石和尾矿。

3. 农业固体废物，指的是农作物秸秆、枯枝落叶、木屑、动物尸体、大量家禽家畜粪便以及农业用资材废弃物如肥料袋、农用膜等。

4. 城市垃圾，城市垃圾指的是来自居民的生活消费、商业活动、市政建设和维护、机关办公等过程中产生的固体废物，包括生活垃圾、城建渣土、商业固体废物、粪便等。

二、固体废物对环境的危害

1. 侵占土地城市生活垃圾如不能得到及时处理和处置，将会占用农田，破坏农业生产，以及地貌、植被、自然景观等。

2. 污染土壤固体废物如果处理不当，有害成分很容易经过地表径流进入土壤，杀灭土壤中的微生物，破坏土壤的结构，从而导致土壤健康状况恶化。

3. 污染水体固体废物可以随着天然降水或者随风飘移进入地表径流，进而流入江河湖泊等水体，造成地表水的污染。

4. 固体废物还可能造成燃烧、爆炸、接触中毒、腐蚀等特殊损害。

5. 容易对环境卫生产生影响；尤其是城市的生活垃圾和粪便清运，如果不及时，就会产生堆存，严重影响人们居住环境的卫生状况，对人们的健康构成潜在的威胁。

三、国内固体废物处理技术及利用情况

（一）固体废物处理技术原则与方法

1. 固体废物处理原则

我国对于固体废物的处理原则，最早出现于20世纪80年代中期，国家倡导并提出了“无害化”“减量化”“资源化”的控制固体废物的指导政策。

（1）无害化处理指的是将固体废物通过生物化学工程处理，可以达到不损害人体健康、不污染环境为目的。通常我国常见的固体废物“无害化”处理技术有：卫生填埋和垃圾焚烧，以及无害废物的粪便厌氧发酵和堆肥，对于有害废物的解毒处理和热处理等。

（2）减量化指的是通过科学的手段减少固体废物的数量。首先从废物来源以及产生的源头寻找，其次解决对环境的破坏和对人类的危害，最后注重资源的合理配置性与综合利用。

（3）资源化指的是采取适当的工艺技术，对固体废物采取回收有用的物质和能源。

近几年随着我国城镇化与工业技术的发展，固体废物的数量以惊人的速度不断增长，同时也造成自然资源正以惊人的速度被开发和消耗，很难再持续维持工业发展命脉，我国不得不把固体废物资源化列为国家的重要经济政策指标之一。从固体废物中回收有用物资和能源。而固体废物再回收资源潜力也相当大。固体废物资源利用，与发达国家虽然差距很大，为了解决生存与环境问题。只有推行固体废物资源化，可节约投资、降低能耗和生产成本，而且可减少自然资源的开采、治理环境，维持生态系统的良性循环，是保证国民经济可持续发展的有效措施。

2. 固体废物处理方法

（1）我国最为常见的固体废物收集，可以分为农村固体废物收集，城市废物收集，工业废物收集，金属矿业废物收集，建筑废物收集等。

（2）我国对于废物运输，一般分为城市固体废物运输和固体废物站点，通常工业废物运输工程巨大，很多企业对于废物的运输，一般进行可选择性运输方式。而农村废物多数采取掩埋，运输成本较小。

（3）堆肥化指的是人类对于某些固体废物进行的处理，通常依靠自然界所分布的细菌和真菌微生物，可以通过气体对生物降解的有机固体废物。通过腐殖质转化的生物的过程。堆肥通常对环境无害，固体废物堆肥化是对有机固体废物实现资源化利用的无害化处

理的重要方法。堆肥化按一般有机质含量比较高的固体废弃物：如餐厨垃圾、城市污水处理厂的污泥、动物的排泄物、秸秆等都可以堆肥堆肥条件，通常含水率一般降到60%以下。

3. 炭氮比例在30 ： 1比较好。

4. 重金属以及持续性有机物不能超标

但堆肥周期太长（需3 ~ 12个月），异味浓烈。

5. 焚烧法指的是对固体废物热化学处理

一般焚烧可以使固体废物氧化分解，减少固体废物占地面积，可以彻底消除固体废物携带的有害细菌和病毒。焚烧处理可以破坏固体废物有机物的毒性，是我国最为常见的一种处理方法之一。应用较为广泛。常见的有焚烧炉处理和窑式焚烧炉、多膛式焚烧炉、固定床型焚烧炉等。故不会有粉尘飞扬，当填埋后也不会有有害物浸出。焚烧后会形成烧结物，一般为黑色砾石形粒状物，可使用为建筑材料、骨料和铺路等。

6. 固体废物热解

固体废物热解通常指的是在缺氧条件下，以制造中低热值燃料气、燃料油和炭黑为目的的热解技术可以对可燃性固体废物在高温下分解，最终成为可燃气和油与固形炭等。我国最为常见的热解固体废物中低热值燃料气或NH_3、CH_3OH等化学物质为目的的气化热解技术，制造重油、煤油、汽油为目的的液化热解技术等。热解的结果则产生可燃气、油等，可多种方式回收利用。

（二）固体废物资源化处理技术

我国对于固体废物资源化处理的技术，近几年来已经具有国际先进水平，但仍然存在某些技术资源落后，如对机械固体废物回收再利用，很多技术依赖于国外。通常固体废物在资源提取中的关键技术落后于国外日、美等国家。

1. 我国固体废物资源化处理技术废物转换利用

即通过一定技术，利用废物中的某些组分制取新形态的物质。如利用垃圾微生物分解产生可堆腐有机物生产肥料；用刻塑料裂解生产汽油或柴油等。这里包括有废旧金属收集的处理与利用，根据不同固体废物的材质进行分类收集，然后处理，并实现资源再利用的过错。

2. 废物转化能源

即应用化学和生物转换技术，释放固体废物中蕴藏的资源能量，并加以利用，常见的有垃圾焚烧发电或填埋气体发电等。

（三）固体废物分拣及利用情况

1. 我国城市垃圾分拣落后，国民以及对于环境污染认识较为局面性，环境分拣宣传基本没有，也使得我国公民对于固体垃圾处理以及日常生活垃圾，收集造成困难，一些地方政府直接进行掩埋的技术，或者焚烧。

2. 我国农村，近几年部分地区对于固体废物分拣及利用情况，主要有沼气池发电。

第二节　固体废物处理技术及利用情况

一、国外固体废物处理技术原则与方法

（一）固体废物处理原则

发达国家对于固体废物处理原则，首先是城市居民废物分类，包括有害和无害分类，然后进行固体废物处理，居民家里都有各种不同分类的垃圾桶。可以节省经济成本，避免对环境造成污染。其次是责任划分，专门有负责固体废物的处理主管部门，法律上也有明确规定。最后就是对于固体废物处理如日本《废弃物处理法》虽然历经数十次修改，但其对废弃物的分类框架始终维持不变。日本按照处理责任人的不同，将废弃物分为一般废弃物和产业废弃物，其中一般废弃物是由市、县、村负责处理，产业废弃物由专业排放企业负责处理。并在每个大类中，将危害性较大的列为“特别管理废弃物”，其性质类似于中国的危险废物。美国《RCRA》建立了三个不同却相互联系的管理方案，分别为一般固体废物管理方案、危险废物管理方案和地下贮存罐管理方案。

（二）固体废物处理方法

国外固体废物处理方法，通常进行先分类，后处理的方式，对于固体废物处理人员简便了很多流程。如日本固体废物处理，固体废物收集，通常无毒无害物质可以进行氧化式处理方法，居民即可完成，无须收集。有害有毒物质，通常就近有收集站点。相比日本来说，欧洲国家对于固体废物的处理方法，简便了收集和运输，值得我国借鉴。国外固体废物处理一般有物理化学和生物处理的方法，通常固体废物转化成适于运输、贮存、资源化利用以及最终处置。

1. 资源化处理，指的是城市垃圾的分类包括有生活垃圾、商业垃圾、建筑垃圾、粪便及污水处理厂的污泥等。在国外，固体废物的收集工作是分开处理的：生活垃圾与商业垃圾和建筑垃圾通常产生自行清除；粪便的收集按住宅卫生设施进行处理，进入污水厂作净化处理，大部分直接排入化粪池。极大地节省运输成本，通常每天收集一次，当天即可处理。

2. 最终处置指的是城市整体自行不便处理的固体废物，一般可以分为回收利用和不可回收两大类。不可回收国外处理方法通常有挤压式破碎。需要利用机械的挤压作用使废物破碎。冲击式破碎。借用外力撞击物碎裂。剪切式破碎。剪切式破碎通常利用机械，对于

固体废物进行剪切力破碎的方式。德国发明的林德曼式剪切破碎机，就是对纸、布等纤维织物，和金属类废物进行的处理方式之一。日本东京湾曾经对塑料垃圾块在自然暴露三年后检验，没有任何可见的降解痕迹，经过测试发现塑料块有害物质反而增加，为了减轻对环境和人体的污染。同年日本发明了富士山式剪切破碎机。美国对于固体废物的处理方法通常采用发电焚烧处理和沼气处理。

国外最为先进的处理方法就是热解氧化处理，通过空气对于有甲烷和一氧化碳的液态物进行化学氧化处理，并且形成一定的规模，以便提取大量的气体和资源。

二、国外固体废物资源化处理技术

1. 国外对于城市垃圾资源化的处理技术，首先是废物的分类，其次是减量控制，最后是无毒化处理方式。

日本对于生活垃圾等“废物”的分类，较为先进，首先是家庭的生活垃圾的归类，最后才是处理，而且日本生活垃圾桶各种效应都不相同。其次是日本工厂和商店与餐馆的生活垃圾处理技术，日本明确提出了“3R”原则，就是对城市生活垃圾的减量控制和回收利用和循环再利用等特点。达到最终减少填埋的目的。

2. 美国对于城市生活垃圾处理技术，采用焚烧发电，而且美国加州依靠固体废物发电，基本可以维持整个城市的电量控制。而且美国开发新型焚烧炉，朝着高效、节能、低造价、低污染的方向发展，自动化程度越来越高。

3. 德国对于居民产生的生鲜垃圾堆肥处理技术， 在国际享有较高的水平，对于城市一般固体废弃物，通过水资源，分解垃圾，并把垃圾作为有机堆肥处理，而且可以改变耕地的土壤，吸收较为良好。

三、国外固体废物分拣及利用情况

国外对于固体废物分拣及利用，通常可以分为，分类收集、利用、高新技术应用等。

1. 美国对于固体废物的分类严格来说，较我国细化，有家庭分类，和商业分类，工业分类三种。这是为了处理方便和利用的方便性，对于固体废物的分类，美国一般划分为有毒和无毒进行处理。

2. 高新技术应用，指的是有色金属进行回炉熔炼，提取新型矿物，并在其他工业上使用，美国现有的废旧金属回收再利用使用方法，通常有健身器材，航天应用等。美国有项专利介绍了一种利用废旧有色金属制备铜粉的新工艺，所包含的矿物质成分不含硅，而锡、镍含量而且可以使用到太空领域器材上。

四、我国固体废物处理存在的问题

1. 资源化处理技术的缺失

我国固体废物垃圾焚烧处理，首先是城市具有占地小、处理时间短等问题，并没有形成焚烧发电技术，虽然有一定的减量化和无害化等优点，但政府财力对于大城市投资明显不足，特别是在东南沿海土地紧缺的城市没有建立焚烧发电设施，以及在北方地区都没有建立大型固体废物掩埋产生气体的大型池子。其次缺乏先进实用的设备。部分地区对于固体废物建设以及处理技术经费明显不足，所以形成了较为短视的资源化处理技术的缺失。

农村地区对于固体废物资源化处理，很难形成沼气池，多数采用堆肥处理技术，这些对于土地破坏有一定的上升趋势，污染日益严重。

2. 固体废物利用情况中的不足

（1）城市垃圾处理居民没有形成良好的分拣意识，垃圾多数交由物业处理，而物业公司，多数采取就地掩埋或者交由市政处理。本该可以利用的垃圾再生资源，没有利用。

（2）市政，环卫部门对于固体废物垃圾处理，一般采取掩埋和焚烧两种处理，使得城市环境日益破坏严重，对于固体废物掩埋和焚烧，国外化学学者，本·罗伯特提出，固体废物焚烧和掩埋产生的有害气体，对于人类饮水，破坏相当严重，国外一般焚烧厂建立离城市较远，掩埋池远离水质源头，N_2C1H_2 是处理固体废物产生的有害气体。我国多数城市市环卫对于这个认识不足。

五、解决固体废物策略

1. 提高认识

我国政府应该提高认识固体废物处理，财政应该加大力度投资，学习先进国家的处理技术，如亚洲的日本，对于固体废物处理的经验，适合于我国东南沿海城市。对于固体废物产生的垃圾应该提出对策的视点来看待我国的不足，只有把重心前移到固体废物垃圾产生之前，从源头抓起在产生垃圾和生活垃圾的各个环节中，应该让公民有自觉循环利用意识，可以节约资源，同时可以起到消减垃圾，使得政府职能部门起到监督的高度认识。形成环保链，建设成良好的环保保护资源链条。

2. 具体措施

我国固体废物处理措施应该采取固体废物垃圾源头消减的方法，首先应该把城市垃圾的成分和垃圾所占比重进行分拣。其次根据不同城市的实际情况来设计，如（环保大城市应该做到循环利用资源化、建立完善可回收固体废物系统。鼓励市民对于产生的垃圾，要做到环节节省资源和循环利用资源）建立循环技术和垃圾分类收集，这样可以减少城市一定的固体垃圾。最后市环卫部门应该做到固体垃圾计量，对于可焚烧性垃圾进行发电处理，对于掩埋垃圾进行掩埋产生气体回收。可以满足一定人群使用量。

对于有毒危害固体垃圾如电池和灯管垃圾，应该做到从包装等生产企业征收处理费等，只有这样才能减少污染与破坏，同时对于严禁使用含聚氯乙烯的有毒产品垃圾，要做到，谁出产谁回收，进行二次利用，只有形成循环利用，才能避免城市垃圾过于集中。

3. 建立完善的制度

对于我国固体废物垃圾处理处置资源化。政府部门应该建立较为完善相关体制。固体垃圾处理法规和实施细则，可以起到约束和管束性。尽量做到企业，政府，民众三处理原则，明确固体废物垃圾处理的主体、权利责任与要求义务，使固体废物处理处置过程中有规范化和法制化的依托上发展，做到企业“谁排放，谁付费”的原则，做到政府处理制定和引资开发的原则。做到人民监督与自觉性提高的原则。

（1）企业应该是投资和受益者之一，应该制定固体废物谁排放，谁付费的原则，可以吸引技术将现有的垃圾处理技术进行翻新。可由政府为主导，人民为监督者，由行政手段直接管理，转变依靠法律法规进行法制管理，通过新的原则打破政府包揽固体废物垃圾处理行业的格局。吸收技术，形成固体废物处理资源化处置企业，只有这样才能解决我国当前固体废物过于集中和处理技术传统化。

（2）通过吸引技术建立我国开放式和平等竞争的固体废物资源化处理，建立固体废物垃圾处理产业市场，形成竞争机制。

（3）建立东南沿海城市垃圾焚烧发电电厂，可以缓建国家电力压力，也可以起到民生政策。

（4）建立农村干净卫生设施，必须做到沼气池的建立，这样有益于社会主义新农村建设。

（5）建立农田堆肥设施，要做到土地谁受益谁堆肥的技术，可以减少化学化肥的应用，有益于有机粮食的发展。

（6）建立和完善固体废物回收利用，如电池，和有毒危害物的三次处理处置技术。

（7）建立城市居民利用垃圾再生资源，可以学习亚洲日本以及欧洲等地区。完善城市街道的清洁工作，要做到，谁排放谁清理的原则和法律依据。

第五章　环境物理性污染与防治

第一节　噪声污染及其控制

噪声是指发声体做无规则振动时发出的声音。声音由物体的振动产生，以波的形式在一定的介质（如固体、液体、气体）中进行传播。通常所说的噪声污染是指人为造成的。从生理学观点来看，凡是干扰人们休息、学习和工作以及对你所要听的声音产生干扰的声音，即不需要的声音，统称为噪声。当噪声对人及周围环境造成不良影响时，就形成噪声污染。产业革命以来，各种机械设备的创造和使用，给人类带来了繁荣和进步，但同时也产生了越来越多而且越来越强的噪声。噪声不但会对听力造成损伤，还能诱发多种致癌致命的疾病，也对人们的生活工作有所干扰。

一、主要来源

（1）交通噪声包括机动车辆、船舶、地铁、火车、飞机等的噪声。由于机动车辆数目的迅速增加，使得交通噪声成为城市的主要噪声源。

（2）工业噪声工厂的各种设备产生的噪声。工业噪声的声级一般较高，对工人及周围居民带来较大的影响。

（3）建筑噪声主要来源于建筑机械发出的噪声。建筑噪声的特点是强度较大，且多发生在人口密集地区，因此严重影响居民的休息与生活。

（4）社会噪声包括人们的社会活动和家用电器、音响设备发出的噪声。这些设备的噪声级虽然不高，但由于和人们的日常生活联系密切，使人们在休息时得不到安静，尤为让人烦恼，极易引起邻里纠纷。

二、分　类

噪声污染按声源的机械特点可分为：气体扰动产生的噪声、固体振动产生的噪声、液体撞击产生的噪声以及电磁作用产生的电磁噪声。噪声按声音的频率可分为：<400Hz 的低频噪声、400 ~ 1000Hz 的中频噪声及 >1000Hz 的高频噪声。

三、特　性

噪声既是一种公害，它就具有公害的特性，同时它作为声音的一种，也具有声学特性。

（1）噪声的公害特性

由于噪声属于感觉公害，所以它与其他有害有毒物质引起的公害不同。首先，它没有污染物，即噪声在空中传播时并未给周围环境留下什么毒害性的物质；其次，噪声对环境的影响不积累、不持久，传播的距离也有限；噪声声源分散，而且一旦声源停止发声，噪声也就消失。因此，噪声不能集中处理，需用特殊的方法进行控制。

（2）噪声的声学特性

简单地说，噪声就是声音，它具有一切声学的特性和规律。但是噪声对环境的影响和它的强弱有关，噪声愈强，影响愈大。衡量噪声强弱的物理量是噪声级。

四、控制方法

为减低噪声对四周环境和人类的影响，主要噪声控制方式对噪声源、噪声的传播路径及接收者三者进行隔离或防护，将噪声的能量作阻绝或吸收。例如噪声源（马达）加装防震的弹簧或橡胶，吸收振动，或者包覆整个马达。传播的路径一般都是使用隔音墙阻绝噪声的传播。而针对接收者的防护，一般是隔音窗，耳塞等。

而世界各国的政府通常也有相应的法律或规定以管制过量的噪声。

五、危 害

噪声污染对人、动物、仪器仪表以及建筑物均构成危害，其危害程度主要取决于噪声的频率、强度及暴露时间。噪声危害主要包括：

1. 噪声对听力的损伤

噪声对人体最直接的危害是听力损伤。人们在进入强噪声环境时，暴露一段时间，会感到双耳难受，甚至会出现头痛等感觉。离开噪声环境到安静的场所休息一段时间，听力就会逐渐恢复正常。这种现象叫作暂时性听阈偏移，又称听觉疲劳。但是，如果人们长期在强噪声环境下工作，听觉疲劳不能得到及时恢复，且内耳器官会发生器质性病变，即形成永久性听阈偏移，又称噪声性耳聋。若人突然暴露于极其强烈的噪声环境中，听觉器官会发生急剧外伤，引起鼓膜破裂出血，迷路出血，螺旋器从基底膜急性剥离，可能使人耳完全失去听力，即出现爆震性耳聋。

如果长年无防护地在较强的噪声环境中工作，在离开噪声环境后听觉敏感性的恢复就会延长，经数小时或十几小时，听力可以恢复。这种可以恢复听力的损失称为听觉疲劳。随着听觉疲劳的加重会造成听觉机能恢复不全。因此，预防噪声性耳聋首先要防止疲劳的发生。一般情况下，85 分贝以下的噪声不至于危害听觉，而 85 分贝以上则可能发生危险。统计表明，长期工作在 90 分贝以上的噪声环境中，耳聋发病率明显增加。

2. 噪声能诱发多种疾病

因为噪声通过听觉器官作用于大脑中枢神经系统，以致影响到全身各个器官，故噪声除对人的听力造成损伤外，还会给人体其他系统带来危害。由于噪声的作用，会产生头痛、脑胀、耳鸣、失眠、全身疲乏无力以及记忆力减退等神经衰弱症状。长期在高噪声环境下工作的人与低噪声环境下的情况相比，高血压、动脉硬化和冠心病的发病率要高 2 ~ 3 倍。可见噪声会导致心血管系统疾病。噪声也可导致消化系统功能紊乱，引起消化不良、食欲不振、恶心呕吐，使肠胃病和溃疡病发病率升高。此外，噪声对视觉器官、内分泌机能及胎儿的正常发育等方面也会产生一定影响。在高噪声中工作和生活的人们，一般健康水平逐年下降，对疾病的抵抗力减弱，诱发一些疾病，但也和个人的体质因素有关，不可一概而论。

3. 对生活工作的干扰

噪声对人的睡眠影响极大，人即使在睡眠中，听觉也要承受噪声的刺激。噪声会导致多梦、易惊醒、睡眠质量下降等，突然的噪声对睡眠的影响更为突出。噪声会干扰人的谈话、工作和学习。实验表明，当人受到突然而至的噪声一次干扰，就要丧失 4 秒钟的思想集中。据统计，噪声会使劳动生产率降低 10 ~ 50%，随着噪声的增加，差错率上升。由此可见，噪声会分散人的注意力，导致反应迟钝，容易疲劳，工作效率下降，差错率上升。噪声还会掩蔽安全信号，如报警信号和车辆行驶信号等，以致造成事故。

研究结果表明：连续噪声可以加快熟睡到轻睡的回转，使人多梦，并使熟睡的时间缩短；突然的噪声可以使人惊醒。一般来说，40 分贝连续噪声可使 10% 的人受到影响，70 分贝可影响 50%，而突发的噪声在 40 分贝时，可使 10% 的人惊醒，到 60 分贝时，可使 70% 的人惊醒。长期干扰睡眠会造成失眠、疲劳无力、记忆力衰退，以致产生神经衰弱症候群等。在高噪声环境里，这种病的发病率可达 50% ~ 60% 以上。

3. 对动物的影响

噪声能对动物的听觉器官、视觉器官、内脏器官及中枢神经系统造成病理性变化。噪声对动物的行为有一定的影响，可使动物失去行为控制能力，出现烦躁不安、失去常态等现象，强噪声会引起动物死亡。鸟类在噪声中会出现羽毛脱落，影响产卵率等。

4. 噪声对动物行为的影响和声致痉挛

实验证明，动物在噪声场中会失去行为控制能力，不但烦躁不安而且失却常态。如在 165 分贝噪声场中，大白鼠会疯狂蹿跳、互相撕咬和抽搐，然后就僵直地躺倒。

声致痉挛是声刺激在动物体（特别是啮齿类动物体）上诱发的一种生理—肌肉的失调现象，是声音引起的生理性癫痫。它与人类的癫痫和可能伴随发生的各种病征有类似之处。

5. 噪声对动物听觉和视觉的影响

豚鼠暴露在 150 ~ 160 分贝的强噪声场中，它的耳郭对声音的反射能力便会下降甚至消失，强噪声场中反射能力的衰减值约为 50 分贝。在噪声暴露时间不变的情况下，随着噪声声压级增高，耳郭反射能力明显减小或消失，而听力损失程度也越严重。实验表明，暴露在150分贝噪声下的豚鼠耳郭反射能力经过24小时以后基本恢复，这是暂时性的阈移；而暴露在156分贝或162分贝噪声场中的豚鼠的耳郭反射能力的下降和消失很难恢复，这可能是一种永久性的损伤。对在强噪声场中暴露后的豚鼠的中耳进行解剖表明，豚鼠的中耳和卵圆窗膜都有不同程度的损伤，严重的可以观察到鼓膜轻度出血和裂缝状损伤。在更强噪声的作用下，豚鼠鼓膜甚至会穿孔和出现槌骨柄损伤。

动物暴露在150分贝以上的低频噪声场中，会引起眼部振动，造成视觉模糊。

噪声引起动物的病变。豚鼠在强噪声场中体温会升高，心电图和脑电图明显异常。心电图有类似心力衰竭现象。在强噪声场中脏器严重损伤的豚鼠在死亡前记录的脑电图表现为波律变慢，波幅趋于低平。

经强噪声作用后，豚鼠外观正常，皮下和四肢并无异常状况，但通过解剖检查却可以发现，几乎所有的内脏器官都受到损伤。两肺各叶均有大面积瘀血、出血和瘀血性水肿。在胃底和胃部有大片瘀斑，严重的呈弥漫性出血甚至胃黏膜破裂，更严重的则是胃部大面积破裂。盲肠有斑片状或弥漫性瘀血和出血，整段盲肠呈紫褐色。其他脏器也有不同程度的瘀血和出血现象。

6. 噪声引起动物死亡

大量实验表明，强噪声场能引起动物死亡。噪声声压级越高，使动物死亡的时间越短。例如，170分贝噪声大约6分钟就可能使半数受试的豚鼠致死。对于豚鼠，噪声声压级增加3分贝，半数致死时间相应减少一半。

7. 特强噪声对仪器设备和建筑结构的危害

实验研究表明，特强噪声会损伤仪器设备，甚至使仪器设备失效。噪声对仪器设备的影响与噪声强度、频率以及仪器设备本身的结构与安装方式等因素有关。当噪声级超过150dB时，会严重损坏电阻、电容、晶体管等元件。当特强噪声作用于火箭、宇航器等机械结构时，由于受声频交变负载的反复作用，会使材料产生疲劳现象而断裂，这种现象叫作声疲劳。

噪声对建筑物的影响，超过140dB时，对轻型建筑开始有破坏作用。如，当超声速飞机在低空掠过时，在飞机头部和尾部会产生压力和密度突变，经地面反射后形成N形冲击波，传到地面时听起来像爆炸声，这种特殊的噪声叫作轰声。在轰声的作用下，建筑物会受到不同程度的破坏，如出现门窗损伤、玻璃破碎、墙壁开裂、抹灰震落、烟囱倒塌等现象。由于轰声衰减较慢，因此传播较远，影响范围较广。此外，在建筑物附近使用空气锤、打桩或爆破，也会导致建筑物的损伤。

噪声是一类引起人烦躁，或音量过强而危害人体健康的声音。噪声污染主要来源于交通运输、车辆鸣笛、工业噪音、建筑施工、社会噪音如音乐厅、高音喇叭、早市和人的大声说话等。

噪声给人带来生理上和心理上的危害主要有以下几方面：损害听力。有检测表明：当人连续听摩托车声，8 小时以后听力就会受损；若是在摇滚音乐厅，半小时后，人的听力就会受损。有害于人的心血管系统、中国对城市噪声与居民健康的调查表明：地区的噪声每上升一分贝，高血压发病率就增加 3%。影响人的神经系统，使人急躁、易怒。影响睡眠，造成疲倦。

从心理声学的角度来说，噪音又称噪声，一般是指不恰当或者不舒服的听觉刺激。它是一种由为数众多的频率组成的并具有非周期性振动的复合声音。简言之，噪音是非周期性的声音振动。它的音波波形不规则，听起来感到刺耳。从社会和心理意义来说，凡是妨碍人们学习、工作和休息并使人产生不舒适感觉的声音，都叫噪音。如流水声、敲打声、沙沙声，机器轰鸣声等，都是噪音。它的测量单位是分贝。零分贝是可听见音的最低强度。

噪声有高强度和低强度之分。低强度的噪声在一般情况下对人的身心健康没有什么害处，而且在许多情况下还有利于提高工作效率。高强度的噪声主要来自工业机器（如织布机、车床、空气压缩机、风镐、鼓风机等）、现代交通工具（如汽车、火车、摩托车、拖拉机、飞机等）、高音喇叭、建筑工地以及商场、体育和文娱场所的喧闹声等。这些高强度的噪声危害着人们的机体，使人感到疲劳，产生消极情绪，甚至引起疾病。高强度的噪声，不仅损害人的听觉，而且对神经系统、心血管系统、内分泌系统、消化系统以及视觉、智力等都有不同程度的影响。如果人长期在 95 分贝的噪声环境里工作和生活，大约有 29% 的会丧失听力；即使噪声只有 85 分贝人，也有 10% 的人会发生耳聋；120 ~ 130 分贝的噪声，能使人感到耳内疼痛；更强的噪音会使听觉器官受到损害。在神经系统方面，强噪音会使人出现头痛、头晕、倦怠、失眠、情绪不安、记忆力减退等症候群，脑电图慢波增加，植物性神经系统功能紊乱等；在心血管系统方面，强噪音会使人出现脉搏和心率改变，血压升高，心律不齐，传导阻滞，外周血流变化等；在内分泌系统方面，强噪音会使人出现甲状腺功能亢进，肾上腺皮质功能增强，基础代谢率升高，性机能紊乱，月经失调等；在消化系统方面，强噪音会使人出现消化机能减退，胃功能紊乱，胃酸减少，食欲不振等。总之，强噪音会导致人体一系列的生理、病理变化。有人曾对在噪音达 95 分贝的环境中工作的 202 人进行过调查，头晕的占 39%，失眠的占 32%，头痛的占 27%，胃痛的占 27%，心慌的占 27%，记忆力衰退的占 27%，心烦的占 22%，食欲不佳的占 18%，高血压的占 12%。所以，我们不能对强噪音等闲视之，应采取措施加以防止。当然，人们对噪音比较敏感，各个体之间是有很大差异，有的人对噪音比较敏感，有的人对噪音有较强的适应性，也与人的需要、情绪等心理因素有关。不管人们之间的差异如何，对强噪音总是需要加以防止的。

孕妇长期处在超过 50 分贝的噪音环境中，会使内分泌腺体功能紊乱，并出现精神紧张和内分泌系统失调。严重的会使血压升高、胎儿缺氧缺血、导致胎儿畸形甚至流产。而高分贝噪音能损坏胎儿的听觉器官，致使部分区域受到影响。影响大脑的发育，导致儿童智力低下。

噪音的恶性刺激，严重影响我们的睡眠质量，并会导致头晕、头痛、失眠、多梦、记忆力减退、注意力不集中等神经衰弱症状和恶心、欲吐、胃痛、腹胀、食欲呆滞等消化道症状。营养学家研究发现，噪音还能使人体中的维生素、微量元素氮基酸、谷氮酸、赖氮酸等必需的营养物质的消耗量增加，影响健康；噪音令人肾上腺分泌增多心跳加快、血压上升，容易导致心脏病发；同时噪音可使人唾液、胃液分泌减少，胃酸降低，从而患胃溃疡和十二指肠溃疡。

影响人的神经系统，使人急躁、易怒。

影响睡眠，造成疲倦。

六、防治方法

为了防止噪音，我国著名声学家马大猷教授曾总结和研究了国内外现有各类噪音的危害和标准，提出了三条建议：

（1）为了保护人们的听力和身体健康，噪音的允许值在 75 ~ 90 分贝。

（2）保障交谈和通信联络，环境噪音的允许值在 45 ~ 60 分贝。

（3）对于睡眠时间建议在 35 ~ 50 分贝。

在建筑物中，为了减小噪声而采取的措施主要是隔声和吸声。

噪音控制的内容包括：

（1）降低声源噪音，工业、交通运输业可以选用低噪音的生产设备和改进生产工艺，或者改变噪音源的运动方式（如用阻尼、隔振等措施降低固体发声体的振动）。

（2）在传音途径上降低噪音，控制噪音的传播，改变声源已经发出的噪音传播途径，如采用吸音、隔音、音屏障、隔振等措施，以及合理规划城市和建筑布局等。

（3）受音者或受音器官的噪音防护，在声源和传播途径上无法采取措施，或采取的声学措施仍不能达到预期效果时，就需要对受音者或受音器官采取防护措施，如长期职业性噪音暴露的工人可以戴耳塞、耳罩或头盔等护耳器。

①声在传播中的能量是随着距离的增加而衰减的，因此使噪声源远离需要安静的地方，可以达到降噪的目的。②声的辐射一般有指向性，处在与声源距离相同而方向不同的地方，接收到的声强度也就不同。不过多数声源以低频辐射噪声时，指向性很差；随着频率的增加，指向性就增强。因此，控制噪声的传播方向（包括改变声源的发射方向）是降低噪声尤其是高频噪声的有效措施。③建立隔声屏障，或利用天然屏障（土坡、山丘），以及利用其他隔声材料和隔声结构来阻挡噪声的传播。④应用吸声材料和吸声结构，将传播中的噪声声能转变为热能等。⑤在城市建设中，采用合理的城市防噪声规划。此外，对于固体振动产生的噪声采取隔振措施，以减弱噪声的传播。

第二节　放射性污染及其防治

在自然界和人工生产的元素中，有一些能自动发生衰变，并放射出肉眼看不见的射线。这些元素统称为放射性元素或放射性物质。在自然状态下，来自宇宙的射线和地球环境本身的放射性元素一般不会给生物带来危害。20 世纪 50 年代以来，人的活动使得人工辐射和人工放射性物质大大增加，环境中的射线强度随之增强，危机生物的生存，从而产生了放射性污染。放射性污染很难消除，射线强弱只能随时间的推移而减弱。

天然食品中都有微量的放射性物质，一般情况下对人是无害或影响很微小的。在特殊环境下，放射性元素可能通过动物或植物富集而污染食品，对人来身体健康产生危害。放射性物质在自然界中分布很广，存在于矿石、突然、天然水、大气和动植物组织中。由于核素可参与环境与生物体间的转移和吸收过程，所以可通过突然转移到植物而进入生物圈，成为动植物组织的成分之一。

一、简 介

是指由于人类活动造成物料、人体、场所、环境介质表面或者内部出现超过国家标准的放射性物质或者射线。

放射性对生物的危害是十分严重的。放射性损伤有急性损伤和慢性损伤。如果人在短时间内受到大剂量的 X 射线、γ 射线和中子的全身照射，就会产生急性损伤。轻者有脱毛、感染等症状。当剂量更大时，出现腹泻、呕吐等肠胃损伤。在极高的剂量照射下，发生中枢神经损伤直至死亡。

对于中枢神经，症状主要有无力、怠倦、无欲、虚脱、昏睡等，严重时全身肌肉震颤而引起癫痫样痉挛。细胞分裂旺盛的小肠对电离辐射的敏感性很高，如果受到照射，上皮细胞分裂受到抑制，很快会引起淋巴组织破坏。

放射能引起淋巴细胞染色体的变化。在染色体异常中，用双着丝粒体和着丝粒体环估计放射剂量。放射照射后的慢性损伤会导致人群白血病和各种癌症的发病率增加。

放射性元素的原子核在衰变过程放出 α 、β 、γ 射线的现象，俗称放射性。由放射性物质所造成的污染，叫放射性污染。放射性污染的来源有：原子能工业排放的放射性废物，核武器试验的沉降物以及医疗、科研排出的含有放射性物质的废水、废气、废渣等。

环境中的放射性物质可以由多种途径进入人体，他们发出的射线会破坏机体内的大分子结构，甚至直接破坏细胞和组织结构，给人体造成损伤。高强度辐射会灼伤皮肤，引发白血病和各种癌症，破坏人的生殖技能，严重的能在短期内致死。少量累积照射会引起慢性放射病，使造血器官、心血管系统、内分泌系统和神经系统等受到损害，发病过程往往延续几十年。

二、污染源

1. 原子能工业排放的废物

原子能工业中核燃料的提炼、精制和核燃料元件的制造，都会有放射性废弃物产生和废水、废气的排放。这些放射性“三废”都有可能造成污染，由于原子能工业生产过程的操作运行都采取了相应的安全防护措施．“三废”排放也受到严格控制，所以对环境的污染并不十分严重。但是，当原子能工厂发生意外事故，其污染是相当严重的。国外就有因原子能工厂发生故障而被迫全厂封闭的实例。

2. 核武器试验的沉降物

在进行大气层、地面或地下核试验时，排入大气中的放射性物质与大气中的飘尘相结合，由于重力作用或雨雪的冲刷而沉降于地球表面，这些物质称为放射性沉降物或放射性粉尘。放射性沉降物播散的范围很大，往往可以沉降到整个地球表面，而且沉降很慢，一般需要几个月甚至几年才能落到大气对流层或地面，衰变则需上百年甚至上万年。1945年美国在日本的广岛和长崎投放了两颗原子弹，使几十万人死亡，大批幸存者也饱受放射性病的折磨。

3. 医疗放射性

医疗检查和诊断过程中，患者身体都要受到一定剂量的放射性照射，例如，进行一次肺部 X 光透视，约接受（4–20）× 0.0001Sv 的剂量（1sv 相当于每克物质吸收 0.001J 的能量），进行一次胃部透视，约接受 0.015–0.03SV 的剂量。

4. 科研放射性

科研工作中广泛地应用放射性物质，除了原子能利用的研究单位外，金属冶炼、自动控制、生物工程、计量等研究部门、几乎都有涉及放射性方面的课题和试验。在这些研究工作中都有可能造成放射性污染。

放射性污染的特点：（1）绝大多数放射性核素毒性，按致毒物本身重量计算，均高于一般的化学毒物；（2）按放射性损伤产生的效应，可能影响遗传给后代带来隐患；（3）放射性剂量的大小只有辐射探测仪才可以探测，非人的感觉器官所能知晓；（4）射线的副照具穿透性，特别是 r 射线可穿透一定厚度的屏障层；（5）放射性核素具有蜕变能力；（6）放射性活度只能通过自然衰变而减弱。

三、来源与危害

放射性物质进入人体的途径主要有三种：呼吸道进入、消化道食入、皮肤或黏膜侵入。

放射性物质主要经消化道进入人体，而通过呼吸道和皮肤进入的较小。而在核试验和核工业泄漏事故时，放射性物质经消化道、呼吸道和皮肤这三条途径均可进入人体而造成危害。

（1）呼吸道吸入

从呼吸道吸入的放射性物质的吸收程度与其气态物质的性质和状态有关。难溶性气溶胶吸收较慢，可溶性较快；气溶胶粒径越大，在肺部的沉积越少。气溶胶被肺泡膜吸收后，可直接进入血液流向全身。

（2）消化道食入

消化道食入是放射性物质进入人体的重要途径。放射性物质既能被人体直接摄入，也能通过生物体，经食物链途径进入体内。

（3）皮肤或黏膜侵入

皮肤对放射性物质的吸收能力波动范围较大，一般在 1% ~ 1.2% 左右，经由皮肤侵入的放射性污染物，能随血液直接输送到全身。由伤口进入的放射性物质吸收率较高。

无论以哪种途径，放射性物质进入人体后，都会选择性地定位在某个或某几个器官或组织内，叫作“选择性分布”。其中，被定位的器官称为“紧要器官”，将受到某种放射性的较多照射，损伤的可能性较大，如氡会导致肺癌等。放射性物质在人体内的分布与其理化性质、进入人体的途径以及机体的生理状态有关。但也有些放射性在体内的分布无特异性，广泛分布于各组织、器官中，叫作“全身均匀分布”，如有营养类似物的核素进入人体后，将参与机体的代谢过程而遍布全身。

放射性物质进入人体后，要经历物理、物理化学、化学和生物学四个辐射作用的不同阶段。当人体吸收辐射能之后，先在分子水平发生变化，引起分子的电离和激发，尤其是大分子的损伤。有的发生在瞬间，有的需经物理的、化学的以及生物的放大过程才能显示所致组织器官的可见损伤，因此时间较久，甚至延迟若干年后才表现出来。

对人体的危害主要包括三方面：

（1）直接损伤

放射性物质直接使机体物质的原子或分子电离，破坏机体内某些大分子如脱氧核糖核酸、核糖核酸、蛋白质分子及一些重要的酶。

（2）间接损伤

各种放射线首先将体内广泛存在的水分子电离，生成活性很强的 H^+、OH^- 和分子产物等，继而通过它们与机体的有机成分作用，产生与直接损伤作用相同的结果。

（3）远期效应

主要包括辐射致癌、白血病、白内障、寿命缩短等方面的损害以及遗传效应等。根据有关资料介绍，青年妇女在怀孕前受到诊断性照射后其小孩发生 Downs 综合征的概率增加 9 倍。又如，受广岛、长崎原子弹辐射的孕妇，有的就生下了智障的孩子。根据医学界权威人士的研究发现，受放射线诊断的孕妇生的孩子小时候患癌和白血病的比例增加。

进入人体的放射性物质，在人体内继续发射多种射线引起内照射。当所受有效剂量较小时，生理损害表现不明显，主要表现为患癌症风险增大。应当指出，完全没有必要担心食品中自然存在的非常低的放射性。近年来有专家认为小剂量辐照对人体不仅无害而且有某些好处，即所谓兴奋效应。

四、防治方法

（一）土壤放射性污染的间接防治法

间接防治就是先采用机械物理、化学、电化学和物理化学联合去污等方法对放射性污染水源、大型设备、车辆等进行去污。然后将放射性污染物焚烧、固化、掩埋，不要让放射性污染物质进入土壤。

1. 机械物理法

目前主要有：吸尘法，用吸尘器吸除放射性污染物；擦拭法，对污染面进行远距离擦拭或打磨，并可配备排气净化系统；高压喷射法，利用高压喷头射出水或者蒸气，用机械力破坏污染层，达到去污目的；超声波法，该法利用 18–l00kHz 机械振动在固液交界面产生空化作用达到去污目的。

2. 化学法

化学法就是利用化学清洗剂溶解、疏松、剥离设备表面放射性拔紊污腻物，涂层，氧化膜层等，从而达到去污目的。所用化学药品包括无机酸类、有机酸类、氧化还原类，螯合剂类、碱类、表面活性剂（如烷基磺酸盐、烷基吡啶等）以及溶剂、缓蚀剂、促进剂等。清洗方式可用浸泡法、循环法、剥离膜法，从而去除放射性污染物。

3. 电化学法

该法将去污部件作阳极，电解槽作阴极，在电流作用下污染表面层均匀溶解，污染核素进入电解液中。该法去污效率高，电解液可重复使用，二次废物量少，可用于结构复杂部件去污，可远距离操作。

4. 物理——化学联合去污法

该法利用化学药剂的溶解作用加之机械力去除放射性污染物，例如，在化学浸泡法清洗时配以超声波，在高压射流水中加入化学药剂等。

（二）土壤放射性污染的直接治理法

目前土壤放射性污染直接治理法主要有：自然衰减消除法、化学处理法和物理填埋法。

1. 自然衰减消除法

自然衰变可使放射性污染土壤降至可接受的程度。达到这种程度所需的时间取决于作为污染作用的一种或多种特定同位素的衰变率。对于半衰期短的放射性同位素，自然衰减消除是特别有效的。如 89Sr（50.5d）、95Zr（64d）、1 〇 3Ru（39.35d）、1 〇 6Ru（368d）、131I（8.02d）、144Ce（284.8d）等经过若干年后已经全部消亡，残留下来的是 90Sr（28.5a），137Cs（30.17a）以及铀、钚等寿命较长核素，在偏僻的试验区、核事故场地均可采用自然衰减消除法。

2. 化学处理法

对于小规模放射性污染土壤的处理，如一般核事故、核工业污染土壤，采用化学处理法速度快，效果好。由于化学处理法成本高，对土壤的结构破坏大，不能单独用于大区域土壤放射性污染的治理，通常需要与其他修复技术结合使用，同时，对处理产生的污水不得产生二次污染。

土壤生物修复放射性核素污染土壤可利用耐辐射微生物、超积累植物和森林的吸附、截持作用等修复技术。

（1）利用耐辐射微生物的作用

随着科技不断发展进步，包括耐辐射微生物在内的极端微生物的特殊生命现象、生理特征、代谢机制等备受世界各国科技界的重视。如接种菌根真菌能够显著提高植株体内放射性核素的含量；利用基因工程改良植物，能够调整植物吸收、运输和对核素的耐受性，从而提高其富集放射性核素的能力。EntryJA 等发现，巴哈雀稗，宿根高粱和柳枝稷自身能吸收土壤中的 137Cs 和 9° Sr，接种菌根真菌摩西球囊霉和根内球囊霉后，能增加每种草的地上部分生物量，提高植物组织中 137Cs 和 90Sr 的浓度和积聚率，尤其以摩西球囊霉接种宿根高粱效果最为明显。接种后的草类有效除去了土壤中的放射性核素。

（2）利用超积累植物的特性

目前对超积累植物研究较多的是 137Cs 和 90Sr，主要是因为 137Cs 和 90Sr 都是水溶性的长寿命金属核素，分别与营养元素 CaK 的化学行为相近，而对 PuU 的超积累植物的物理化学性质比较特殊，研究较少。切尔诺贝利事件之后，对 137Cs 和 9° Sr 的植物修复进行了许多研究和试验。发现反枝苋在大面积土壤放射性污染植物修复时可富集土壤中 20.7% 的 137Cs，对发生切尔诺贝利事故附近的野生植物进行调查后发现，唇形科、菊科、木灵藓科、蔷薇科等科属中的植物对 Cs 的积累量大于 1000Bq/kg。

（3）利用森林的吸附和截持作用

森林是陆地生态系统的重要组成部分，具有独有的特点和功能，能够富集大量的放射性核素和阻止放射性核素向周边地区扩散，因此，利用森林修复放射性核素污染的土壤具有重要的意义。森林生态系统对放射性核素的容量大，当风经过林缘时，一部分越过林冠层，另一部分则透过林冠层，经林冠层过滤，由于林冠接触面大，能够有效地吸附和保持放射性核素，并且绝大部分的放射性核素沉降在离林缘 500m 的范围内，产生所谓的边缘效应。小块森林比大面积的森林截持量大，有时高 30 多倍。有数据证明，放射性核素（32P、4° K、6° Co9° Cr、106Ru106Rn、137Cs、144Ce）往往通过森林植物体表面吸附而被森林截持，在放射性核素刚开始释放的一定时期内，森林能截持 95% ~ 97% 的放射性核素，特别对气态和颗粒状的放射性核素截持效果特别好；落叶树种能截持年空气沉降放射性核素总量的 10% ~ 20%，针叶树种能截持 20% ~ 30%，因此，森林对放射性核素的截持和容量是相当大的。

第三节　电磁波污染与防治

电磁波污染是指天然和人为的各种电磁波的干扰及有害的电磁辐射。由于广播、电视、微波技术的发展，射频设备功率成倍增加，地面上的电磁辐射大幅度增加，已达到直接威胁人体健康的程度。电场和磁场的交互变化产生电磁波，电磁波向空中发射或汇汛的现象，称为电磁波辐射（或电磁辐射）。过量的电磁波辐射就造成了电磁波污染（或电磁污染）。

一、定 义

电磁波污染，又称电磁污染或称射频辐射污染。它是以电磁场的场力为特征，并和电磁波的性质、功率、密度及频率等因素密切相关。由于电子技术的广泛应用，无线电广播、移动电话、电视以及微波技术等事业的迅速发展和普及，射频设备的功率成倍提高，地面上的电磁辐射大幅度增加。已达到可以直接威胁人体健康的程度。电磁污染是一种无形的污染，已成为人们非常关注的公害，给人类社会带来的影响已引起世界各国重视，被列为环境保护项目之一。

二、分 类

1. 天然污染

天然的电磁波污染是某些自然现象引起的。最常见的是雷电，雷电除了可能对电气设备、飞机、建筑物等直接造成危害外，还会在广泛的区域产生从几千 Hz 到几百 MHz 的极宽频率范围内的严重电磁干扰。火山喷发、地震和太阳黑子活动引起的磁爆等都会产生电磁干扰。天然的电磁波污染对短波通信的干扰极为严重。

2. 人为污染

人为的电磁波污染包括有：

（1）脉冲放电。例如切断大电流电路时产生的火花放电，其瞬变电流很大，会产生很电磁波污染强的电磁。它在本质上与雷电相同，只是影响区域较小。

（2）工频交变电磁场。例如在大功率电机、变压器以及输电线等附近的电磁场，它并不以电磁波的形式向外辐射，但在近场区会产生严重电磁干扰。

（3）射频电磁辐射。例如无线电广播、电视、微波通信等各种射频设备的辐射，频率范围宽，影响区域也较大，能危害近场区的工作人员。射频电磁辐射已经成为电磁波污染环境的主要因素。

①广播电视发射设备，主要系无线电广播通信，为各地广播电视的发射台和中转台等部门。

②通信雷达及导航发射设备通信，包括短波发射台，微波通信站、地面卫星通信站、移动通信站。

③工业、科研、医疗高频设备。该类设备把电能转换为热能或其他能量加以利用，但伴有电磁辐射产生并泄漏出去，引起工作场所环境污染。

工业用电磁辐射设备：主要为高频感应加热设备，例如高频淬火、高频焊接和高频炉、高频熔炼设备等，以及高频介质加热设备，例如塑料热合机、高频干燥处理机、高频介质加热联动机等。

医疗用电磁辐射设备：主要为短波、超短波理疗设备，例如高频理疗机、超短波理疗机、紫外线理疗机等。

科学研究电磁辐射设备：主要为电子加速器及各种超声波装置、电磁灶等。

3. 交通系统电磁辐射干扰

包括：电气化铁路、轻轨及电气化铁道、有轨道电车、无轨道电车等。

4. 电力系统电磁辐射

高压输电线包括架空输电线和地下电缆，变电站包括发电厂和变压器电站。

5. 家用电器电磁辐射

有微波加热与发射设备，包括计算机、显示器、电视机、微波炉、无线电话等。

与人们日常生活密切相关的家庭生活中的电磁波污染，是指各种电子生活产品，包括空调机、计算机、电视机、电冰箱、微波炉、卡拉 OK 机、VCD 机、音响、电热毯、移动电话等，在正常工作时所产生的各种不同波长和频率的电磁波对人的干扰、影响与危害。

三、主要危害

由于电磁波无色、无味、无形、无踪，加之污染既无任何感觉，又无处不在，故被科学家称之为“电子垃圾”或“电子辐射污染”，它给人们带来的危害实在不可小觑。主要表现在以下三个方面：

1. 影响电子设备正常工作

现代科技愈来愈倾向于运用大规模和超大规模集成电路，电路元件密度极高，加之所用电流为微电流，以致信号功率与噪声功率相差无几，寄生辐射可能造成电子系统或电子设备的误动作或障碍。另一方面，现代无线通信业的迅猛发展，各种发射塔使得空中电波拥挤不堪，严重影响了各方面的正常业务。从 1996 年 9 月份开始，北京首都机场 1.30 兆赫以上的航空通讯频率遭到无线寻呼台干扰的事件频频发生。1996 年 2 月 20 日上午 8 时 15 分，航空对空频道受到严重干扰，10 架飞机不得不在空中盘旋等待，致使出港的飞机不得不拉开 5min ~ 15min 的飞行时间。同样的事件在全国其他地方也频频发生。在人们习惯上认为天高任鸟飞的地方，电磁波的干扰却给人们带来了极大的危害。

2. 科学研究和事实表明，电磁波对人体也有极大危害

电磁辐射对人体的危害是由电磁波的能量造成的。据有关专家介绍，我国使用的移动电话的发射频率均在 800 ~ 1000 兆赫之间，其辐射剂量可达 600 微瓦，超出国家标准 10 多倍，而超量的电磁辐射会造成人体神经衰弱、食欲下降、心悸胸闷、头晕目眩等“电磁波过敏症”，甚至引发脑部肿瘤。电磁波污染对人体危害的例子多有发现，只不过其影响程度与所受到的辐射强度及积累的时间长短有关，目前尚未较大范围地反映出来，所以还没有引起人们的普遍重视。有关研究表明，电磁波的致病效应随着磁场振动频率的增大而增大，频率超过 10 万赫兹以上，可对人体造成潜在威胁。在这种环境下工作生活过久，人体受到电磁波的干扰，使机体组织内分子原有的电场发生变化，导致机体生态平衡紊乱。一些受到较强或较久电磁波辐射的人，已有了病态表现，主要反映在神经系统和心血管系统方面。如乏力、记忆衰退、失眠、容易激动、月经紊乱、胸闷、心悸、白细胞与血小板减少或偏低、免疫功能降低等。

3. 可能引发炸药或爆炸性混合物发生爆炸的危险

一些高大金属结构在特定条件下由于高频感应会产生火花放电。这种放电不但给人以不同程度的电击，还可能引爆危险物品，造成灾难性后果。这对火炸药生产企业来说是一个需要引起高度重视的问题。

四、污染途径

电磁波的干扰传播途径有两种：

一种是传导干扰，它是电流沿着电源线传播而引起的干扰；

另一种是辐射干扰，是电磁波发射源向周围空间发射导致。

为了防止和抑制电磁波干扰，主要采用合理设计电路、滤波、屏蔽等技术方法。合理设计电路就是在狭小的空间内，合理地排列元件和布置线路，可削弱寄生的电磁耦合，抑制电磁干扰。滤波器是电阻、电感与电容组成的线路，这种网络能允许某些频率的信号通过，而阻止其他频率的信号通过，正确设计和安装滤波器能将电磁干扰降到最低限度。屏蔽技术作为抑制电磁波辐射的基本手段已得到广泛应用。屏蔽的目的是将辐射能量限制在特定区域内，或者是防止辐射能量进入另一特定区域。屏蔽材料是屏蔽效率高低的关键，新近开发的吸波材料已问世，它将为人类开辟洁净的空间做贡献。对电磁波辐射污染除采用上述技术方法进行抑制外，还可采用其他方法降低其危害，如在飞机场周围禁止设立大功率无线寻呼台，对经常接触射频设备的工作人员采取良好的屏蔽防护措施等。

总之，随着科学和生产的发展，电磁辐射污染的危害有恶化的趋势，研究电磁波污染的危害与防护有重大的现实意义。

五、污染防范

减轻电磁波污染的危害，有许多易于操作的措施。

总的原则有二：

其一，由于工作需要不能远离电磁波发射源的，必须采取屏蔽防护的办法；

其二，尽量增大人体与发射源的距离。

因为电磁波对人体的影响，与发射功率大小及与发射源的距离紧密相关，它的危害程度与发射功率成正比，而与距离的平方成反比。仅以移动电话为例，虽然其发射功率只有几瓦，但由于其发射天线距人的头部很近，其实际受到的辐射强度，却相当于距离几十米处的一座几百千瓦的广播电台发射天线所受到的辐射强度。好在人们使用的时间很短，一时还不会表现出明显的危害症状；但使用时间一长，辐射引起的症状将会逐渐暴露，辐射过度会使细胞的活动和分裂出现异常，并有致癌的可能。

鉴于此，我们在日常生活中应自觉采取措施，减少电磁波污染的危害。如在机房等电磁波强度较大的场所工作的人员，应特别注意工作期间的休息，可适当到远离电磁场的室外进行活动；在使用移动电话时要尽可能使天线远离人体，特别是头部，并尽量减少每次通话的时间；家用电器不宜集中放置，观看电视的距离应保持在 4 ~ 5 米，并注意开窗通风；微波炉、电冰箱不宜靠近使用；青少年尽量少玩电子游戏机；电热毯预热后，入睡应切断电源，儿童与孕妇不要使用电热毯；平时应多吃新鲜蔬菜与水果，以增强肌体抵御电磁波污染的能力。

1. 保持距离

与电视机的距离应为视屏尺寸乘以 6，与微波炉的距离应为 2.5 ~ 3 米，离高压输电线 0.5 万伏 / 米以外一般视为安全区。

2. 减少接触

经常使用电脑的人，每工作一小时应休息一刻钟，而且每周工作最多不超过 32 小时。

3. 改善环境

注意空气流通，温度、湿度应适中，家用电器最好不要摆放在卧室里。

4. 个体防护

孕妇、儿童、体弱多病者、对电磁波辐射过敏者、长期处于电磁波污染超标环境者，应选择使用适合自己的防护用品。

5. 少用手机

要尽量减少使用手机、对讲机和无绳电话，必须使用时应长话短说；不要经常把手机挂在身上。

6. 少用电热毯

电热毯的电磁波污染较严重，长时间通电使用对人体有害，天气寒冷必须使用时，建议通电烘暖被窝后立即切断电源，以减少电磁波污染。

7. 采用屏蔽物减少电磁波污染

对产生电磁污染的设施，可采用屏蔽、反射或吸收电磁波的屏蔽物，如铜、铝、钢板、高分子膜等。

第四节　光污染及其控制

一、定 义

1. 过量的光辐射对人类生活和生产环境造成不良影响的现象。包括可见光、红外线和紫外线造成的污染。

2. 影响光学望远镜所能检测到的最暗天体极限的因素之一。通常指天文台上空的大气辉光、黄道光和银河系背景光、城市夜天光等使星空背景变亮的效应。

光污染问题最早于20世纪三十年代由国际天文界提出，他们认为光污染是城市室外照明使天空发亮造成对天文观测的负面的影响。后来英美等国称之为“干扰光”，在日本则称为“光害”。

二、主要危害

（一）人类健康

1. 损害眼睛

近视与环境有关，人们都知道水污染、大气污染、噪声污染对人类健康的危害，却没有发觉身边潜在的威胁—燥光污染，正严重损害着人们的眼睛。

让人们越来越懂得环境对人类生存健康的重要性。人们关注水污染、大气污染、噪声污染等，并采取措施大力整治，但对燥光污染却重视不够。其后果就是各种眼疾，特别是近视比率迅速攀升。据统计，我国高中生近视率达60%以上，居世界第二位。

20世纪30年代，科学研究发现，荧光灯的频繁闪烁会迫使瞳孔频繁缩放，造成眼部疲劳。如果长时间受强光刺激，会导致视网膜水肿、模糊，严重的会破坏视网膜上的感光细胞，甚至使视力受到影响。“光照越强，时间越长，对眼睛的刺激就越大。”建筑物的玻璃幕墙就像一面巨大的镜子，反射光进入高速行驶的汽车内，会造成人突发性暂时失明和视力错觉，易导致交通事故的发生。

为此，中国每年都要投入大量资金和人力用于对付近视，见效却不大，原因就是没有从改善视觉环境这个根本入手。有关卫生专家认为，视觉环境是形成近视的主要原因，而不是用眼习惯。

据有关专家介绍，视觉环境中的燥光污染大致可分为三种：一是室外视环境污染，如建筑物外墙；二是室内视环境污染，如室内装修、室内不良的光色环境等；三是局部视环境污染，如书簿纸张、某些工业产品等。

随着城市建设的发展和科学技术的进步，日常生活中的建筑和室内装修采用镜面、瓷砖和白粉墙日益增多，近距离读写使用的书簿纸张越来越光滑，人们几乎把自己置身于一个“强光弱色”的“人造视环境”中。

据科学测定：一般白粉墙的光反射系数为 60% ~ 80%，镜面玻璃的光反射系数为 82% ~ 88%，特别光滑的粉墙和洁白的书簿纸张的光反射系数高达 90%，比草地、森林或毛面装饰物面高 10 倍左右，这个数值大大超过了人体所能承受的生理适应范围，构成了现代新的污染源。经研究表明，燥光污染可对人眼的角膜和虹膜造成伤害，抑制视网膜感光细胞功能的发挥，引起视疲劳和视力下降。

据有关卫生部门对数十个歌舞厅激光设备所做的调查和测定表明，绝大多数歌舞厅的激光辐射压已超过极限值。这种高密集的热性光束通过眼睛晶状体再集中于视网膜时，其聚光点的温度可达到摄氏 70 度，这对眼睛和脑神经十分有害。它不但可导致人的视力受损，还会使人出现头痛头晕、出冷汗、神经衰弱、失眠等大脑中枢神经系统的病症。

2. 诱发癌症

多个研究指出，夜班工作与乳腺癌和前列腺癌发病率的增加具有相关性。2001 年美国《国家癌症研究所学报》发表文章称，西雅图一家癌症研究中心对 1606 名妇女调查后发现，夜班妇女患乳腺癌的概率比常人高 60%；上夜班时间越长，患病可能性越大。2008 年《国际生物钟学》杂志的报道证实了这一说法。科学家对以色列 147 个社区调查发现后，发现光污染越严重的地方，妇女罹患乳腺癌的概率大大增加。原因可能是非自然光抑制了人体的免疫系统，影响激素的产生，内分泌平衡遭破坏而导致癌变。

3. 产生不利情绪

光害可能会引起头痛，疲劳，性能力下降，增加压力和焦虑。动物模型研究已证明，当光线不可避免时，会对情绪产生不利影响和焦虑。

科学家最新研究表明，彩光污染不仅有损人的生理功能，而且对人的心理也有影响。“光谱光色度效应”测定显示，如以白色光的心理影响为 100，则蓝色光为 152，紫色光为 155，红色光为 158，紫外线最高，为 187。要是人们长期处在彩光灯的照射下，其心理积累效应，也会不同程度地引起倦怠无力、头晕、性欲减退、阳痿、月经不调、神经衰弱等身心方面的病症。

视觉环境已经严重威胁到人类的健康生活和工作效率，每年给人们造成大量损失。为此，关注视觉污染，改善视觉环境，已经刻不容缓。

4. 生态问题

光污染影响了动物的自然生活规律，受影响的动物昼夜不分，使得其活动能力出现问题。此外，其辨位能力、竞争能力、交流能力及心理皆会受到影响，更甚的是猎食者与猎物的位置互调。

有研究指出光污染使得湖里的浮游生物的生存受到威胁，如水蚤，因为光害会帮助藻类繁殖，制造赤潮，结果杀死了湖里的浮游生物及污染水质。

光污染还会破坏植物体内的生物钟节律，有碍其生长，导致其茎或叶变色，甚至枯死；对植物花芽的形成造成影响，并会影响植物休眠和冬芽的形成。

光污染亦可在其他方面影响生态平衡。例如，人工白昼还可伤害昆虫和鸟类，因为强光可破坏夜间活动昆虫的正常繁殖过程。同时，昆虫和鸟类可被强光周围的高温烧死。鳞翅类学者及昆虫学者指出夜里的强光影响了飞蛾及其他夜行昆虫的辨别方向的能力。这使得那些依靠夜行昆虫来传播花粉的花因为得不到协助而难以繁衍，结果可能导致某些种类的植物在地球上消失，并在长远而言破坏了整个生态环境。

候鸟亦会因为光污染影响而迷失方向。据美国鱼类及野生动物部门推测，每年受到光污染影响而死亡的鸟类达至四至五百万，甚至更多。因此，志愿人士成立了关注致命光线计划，并与加拿大多伦多及其他城市合作在候鸟迁移期间尽量关掉不必要的光源以减少其死亡率。

此外，刚孵化的海龟亦会因为光污染的影响而死亡。这是因为它们在由巢穴步向海滩时受到光害的影响而迷失方向，结果因不能到达合适的生存环境而死亡。年轻的海鸟亦会受到光污染的影响使它们在由巢穴飞至大海时迷失方向。

夜蛙及蝾螈亦会受到光污染影响。因为它们是夜行动物，它们会在没有光照时活动，然而光害使他们的活动时间推迟，令其活动及交配的时间变短。

三、防治方法

（一）概述

1. 要减少光污染这种都市新污染的危害，关键在于加强城市规划管理，合理布置光源，加强对广告灯和霓虹灯的管理，禁止使用大功率强光源，控制使用大功率民用激光装置，限制使用反射系数较大的材料等措施势在必行。作为普通民众，一方面切勿在光污染地带长时间滞留，若光线太强，房间可安装百叶窗或双层窗帘，根据光线强弱作相应调节；另一方面应全民动手，在建筑群周围栽树种花，广植草皮，以改善和调节采光环境等等。

2. 建议国家制定与光污染有关的技术规范和相应的法律法规。我国还很少有人认识到光污染的危害，因此根本还没有这方面统一的标准。专家认为在我国城市夜景观建设迅速发展的时候，尽快制定景观照明的技术标准是必要的。我们不要去走别人已经走过的弯路。另外，专家认为加强夜景观设计、施工的规范化管理也十分重要。我国目前从事灯光设计施工的人员当中专业技术人员很少，许多产生光污染和光干扰的夜景观是由不科学的设计施工造成的。1999 年《天津市城市夜景照明技术规范》（试行），2004 年《天津市城市夜景照明技术标准》，北京市于 2007 年颁布《城市夜景照明技术规范》。

3. 大力推广使用新型节能光源。现阶段虽然有大多数地方会自觉使用节能光源，但还有一些场所未能做到自觉使用节能光源照明。

（二）改善照明系统

很多社会运动家主张尽量使用密闭式的固定光源，使得光线不会被散射。此外，改善光源的发射方法及方向使得所有光线皆射得其所，以尽量减少照明系统的开启。

密闭式照明系统在正确安装后，可以减少光线泄漏至发射平面以上空间的可能。而照射至下面的光线往往正是射得其所，因为当光线向上射至大气层后，便会产生天空辉光。部分政府及组织正在考虑或实行将街灯及露天体育场的照明系统改为密闭式照明系统。

密闭式照明系统可以防止不必要的光线泄漏，并能减少天空辉光，同时亦可减少眩目的光线，因为光线不再散射，人们受到不必要光线影响的情况变少。而且计划推行者亦指出密闭式照明系统能更有效运用能量，因为光线会被照射到需要的地方而非不必要地散射至天空。

密闭式固定光源使得使用低能量消耗的灯泡变得更亮，有时效果比起使用高能量消耗但散射的灯泡更好。不过在任何照明系统里，天空辉光都有可能会因为地面反射光线而生成，这种反射应尽量减少，如尽量减少使用高能量消耗的照明系统及两个照明系统间尽量相距较远。

最普遍的关于密闭式固定照明系统的批评是其美学价值不足。此外历史上固定照明系统并非大型市场，可说是无利可图。基于其特别的照射方向，密闭式固定照明系统有时亦需要专业技师来安装以达至最佳效果。

（三）调整照明系统

不同照明系统有不同的特性及效能，但经常出现的情况是照明系统错配，而这便会造成光害。通过重新选取恰当的照明系统，光害的影响便可尽量减少。

很多天文学家向其所在的社会推荐使用低压钠蒸气灯，这是因为其单波长的特性使其释出的光线极易隔滤，而且价格不高。在 1980 年，美国加利福尼亚州圣荷西将所有街灯均改为使用低压钠蒸气灯，这大大方便了其附近的利克天文台的观星活动。

但使用低压钠蒸气灯的固定照明系统会较其他的体积为大，颜色亦不能分辨，这是因为低压钠蒸气灯所释出的为单波长的光线，此外还与黄色的交通灯光线发生冲突。因此，很多政府部分均使用更容易控制的高压钠蒸气灯来作为街灯提供照明。

在部分情况，重订现有的照明计划会更有效率，如关掉非必要的户外照明系统及只在有人的露天大型运动场打开照明系统，这样亦能减少光害。

现实上亦有国家开始重订照明计划，如英国，其首相已提出了详细的郊区照明计划以保护环境。

加拿大亚伯达省卡加利在 2002 ~ 2005 年间亦将大部分住宅区的街灯换成更高效率的类型。这个计划是为了节省开支及保护环境，安装费用估计到 2011 年或 2012 年便会被节省的开支抵消。

第五节　热污染及其防治

一、定义

热污染是一种能量污染，是指人类活动危害热环境的现象。若把人为排放的各种温室气体、臭氧层损耗物质、气溶胶颗粒物等所导致直接的或间接的影响全球气候变化的这一特殊危害热环境的现象除外，常见的热污染有：（1）因城市地区人口集中，建筑群、街道等代替了地面的天然覆盖层，工业生产排放热量，大量机动车行驶，大量空调排放热量而形成城市气温高于郊区农村的热岛效应；（2）因热电厂、核电站、炼钢厂等冷却水所造成的水体温度升高，使溶解氧减少，某些毒物毒性提高，鱼类不能繁殖或死亡，某些细菌繁殖，破坏水生生态环境进行而引起水质恶化的水体热污染。

二、特点

热污染即工农业生产和人类生活中排放出的废热造成的环境热化，损害环境质量，进而又影响人类生产、生活的一种增温效应。热污染发生在城市、工厂、火电站、原子能电站等人口稠密和能源消耗大的地区。20 世纪 50 年代以来，随社会生产力的发展，能源消耗迅速增加，在能源转化和消费过程中不仅产生直接危害人类的污染物，而且还产生了对人体无直接危害的 CO_2、水蒸气和热废水等。这些成分排入环境后引起环境增温效应，达到损害环境质量的程度，便成为热污染。热污染一般包括水体热污染和大气热污染。目前，随着人们环境保护意识的日益增强，热污染开始受到公众的重视。

三、产生与危害

1. 产生

随着人口和耗能量的增长，城市排入大气的热量日益增多。按照热力学定律，人类使用的全部能量终将转化为热，传入大气，逸向太空。这样，使地面反射太阳热能的反射率增高，吸收太阳辐射热减少，沿地面空气的热减少，上升气流减弱，阻碍云雨形成，造成局部地区干旱，影响农作物生长。近一个世纪以来，地球大气中的二氧化碳不断增加，气候变暖，冰川积雪融化，使海水水位上升，一些原本十分炎热的城市，变得更热。专家们预测，如按当今的能源消耗的速度计算，每 10 年全球温度会升高 0.1℃ ~ 0.26℃；一个世纪后即为 1.0℃～2.6℃，而两极温度将上升 3℃～7℃，对全球气候会有重大影响。

造成热污染最根本的原因是能源未能被最有效、最合理地利用。随着现代工业的发展和人口的不断增长，环境热污染将日趋严重。然而，人们尚未有用一个量值来规定其污染程度，这表明人们并未对热污染有足够重视。为此，科学家呼吁应尽快制订环境热污染的控制标准，采取行之有效的措施防治热污染。

2. 危害

热污染首当其冲的受害者是水生物，由于水温升高使水中溶解氧减少，水体处于缺氧状态，同时又使水生生物代谢率增高而需要更多的氧，造成一些水生生物在热效力作用下发育受阻或死亡，从而影响环境和生态平衡。此外，河水水温上升给一些致病微生物造成一个人工温床，使它们得以滋生、泛滥，引起疾病流行，危害人类健康。1965 年澳大利亚曾流行过一种脑膜炎，后经科学家证实，其祸根是一种变形原虫，由于发电厂排出的热水使河水温度增高，这种变形原虫在温水中大量滋生，造成水源污染而引起了这次脑膜炎的流行。

四、防治

1. 废热的综合利用

充分利用工业的余热，是减少热污染的最主要措施。生产过程中产生的余热种类繁多，有高温烟气余热、高温产品余热、冷却介质余热和废气废水余热等。这些余热都是可以利用的二次能源。我国每年可利用的工业余热相当于 5000 万吨标煤的发热量。在冶金、发电、化工、建材等行业，通过热交换器利用余热来预热空气、原燃料、干燥产品、生产蒸气、供应热水等。此外还可以调节水田水温，调节港口水温以防止冻结。

对于冷却介质余热的利用方面主要是电厂和水泥厂等冷却水的循环使用，改进冷却方式，减少冷却水排放。

对于压力高、温度高的废气，要通过汽轮机等动力机械直接将热能转为机械能。

2. 加强隔热保温

在工业生产中，有些窑体要加强保温、隔热措施，以降低热损失，如水泥窑筒体用硅酸铝毡、珍珠岩等高效保温材料，既减少热散失，又降低水泥熟料热耗。

3. 寻找新能源

利用水能、风能、地热能、潮汐能和太阳能等新能源，即解决了污染物，又是防止和减少热污染的重要途径。特别是太阳能的利用上，各国都投入大量人力和财力进行研究，取得了一定的效果。

第六节　恶臭污染及其控制

恶臭是指所有刺激人体嗅觉器官、引起不愉快以及损坏生活环境的气体物质。常见的恶臭污染物有氨、三甲胺、硫化氢、甲硫醇、甲硫醚、二甲二硫、二硫化碳和苯乙烯等。

一、来源途径

主要来源于工农业生产部门及人们的生活。例如农牧业生产和加工中产生的粪臭、鱼臭、腐败臭、烂果臭、野菜臭等。石油化工生产过程产生的硫化物、烃类、醛类、酮类、苯类、酚类、胺类以及焦油、沥青蒸气、氨和各种有机溶剂等，以及城市公共设施恶臭。高浓度的恶臭污染物对人体健康有直接的危害。

二、处理技术

1. 三点比较式臭袋法

适用于各类恶臭源以不同形式排放的气体样品和环境空气样品臭气浓度的测定，且不受恶臭物质的种类、范围和浓度的限制。三点比较式臭袋法测定恶臭气体浓度的原理是，先将三只无臭袋中的二只充入无臭空气、另一只则按一定稀释比例充入无臭空气和被测恶臭气体样品供嗅辨员嗅辨，当嗅辨员正确识别有臭气袋后，再逐级进行稀释、嗅辨，直至稀释样品的臭气浓度低于嗅辨员的嗅觉阈值时停止实验。每个样品由若干名嗅辨员同时测定，最后根据嗅辨员的个人阈值和嗅辨小组成员的平均阈值，求得臭气浓度。

2. 气相色谱法

气相色谱法的分离原理是利用要分离的诸组分在流动相（载气）和固定相两相间的分配有差异（即有不同的分配系数），当两相做相对运动时，这些组分在两相间的分配反复进行，从几千次到数百万次，即使组分的分配系数只有微小的差异，随着流动相的移动可以有明显的差距，最后使这些组分得到分离。

本方法以经真空处理的 1L 采气瓶采集无组织排放源恶臭气体或环境空气样品，以聚酯塑料袋采集排气筒内恶臭气体样品（待测物含量较高的气体样品可直接用注射器取样 1 ~ 2ml，注入安装火焰光度检测器（FPD）的气相色谱分析仪。当直接进样体积中待测物绝对量低于仪器检出限时，需将样品进行浓缩在进行分析。在一定浓度范围内，各种待测物含量的对数与色谱峰高的对数成正比）。

第六章　环境监测、环境质量评价和环境规划

第一节　环境监测

一、环境监测

环境监测，是指环境监测机构对环境质量状况进行监视和测定的活动。环境监测是通过对反映环境质量的指标进行监视和测定，以确定环境污染状况和环境质量的高低。环境监测的内容主要包括物理指标的监测、化学指标的监测和生态系统的监测。

环境监测（environmental monitoring），是科学管理环境和环境执法监督的基础，是环境保护必不可少的基础性工作。环境监测的核心目标是提供环境质量现状及变化趋势的数据，判断环境质量，评价当前主要环境问题，为环境管理服务。

二、特点

（一）技术特点

1. 生产性

环境监测的基础产品是监测数据。

2. 综合性

监测手段包括物理、化学、生物化学、生物、生态等一切可以表征环境质量的方法；监测对象包括空气、水体、土壤、固体废物、生物等客体；必须综合考虑和分析才能正确阐明数据的内涵。

3. 连续性

由于环境污染具有时空的多变性特点，只有长期坚持监测，才能从大量的数据中揭示其变化规律，预测其变化趋势。数据越多，预测的准确性才能越高。

4. 追踪性

环境监测是一个复杂的系统，任何一步差错都将影响最终数据的质量。为保证监测结果具有一定的准确性、可比性、代表性和完整性，需要有一个量值追踪体系予以监督。

（二）政府行为属性

“环境监测实质上是一项政府行为”，因此环境监测具备了政府机关及其直属行政事业和科研事业单位的主体要素、行使职权的职能要素和依法实施并产生法律效果行为的法律要素。其政府行为属性体现为以下几个方面：

1. 依法强制性

环境监测部门对污染源的监测、建设项目竣工验收监测、污染事故监测、污染纠纷仲裁监测等都具有法定强制执行的特点。

2. 行为公正性

环境监测为政府环境决策和社会服务提供准确可靠的监测数据。

3. 社会服务性

环境保护是社会公益事业，环境监测具有为改善环境质量服务的职能，是环境保护中的基础性工作。

4. 任务服务性

环境监测具有为环境管理服务的职能，其任务主要是由各级环保局下达。

三、分 类

（一）按监测目的分类

1. 监视性监测（例行监测、常规监测）

包括“监督性监测”（污染物浓度、排放总量、污染趋势）和“环境质量监测”（空气、水质、土壤、噪声等监测），是监测工作的主体，监测站第一位的工作。目的是掌握环境质量状况和污染物来源，评价控制措施的效果，判断环境标准实施的情况和改善环境取得的进展。

2. 特定目的监测（特例监测、应急监测）

（1）污染事故监测：是指污染事故对环境影响的应急监测，这类监测常采用流动监测（车、船等）、简易监测、低空航测、遥感等手段。

（2）纠纷仲裁监测：主要针对污染事故纠纷、环境执法过程中所产生的矛盾进行监测，这类监测应由国家指定的、具有质量认证资质的部门进行，以提供具有法律责任的数据，供执法部门、司法部门仲裁。

（3）考核验证监测：主要指政府目标考核验证监测，包括环境影响评价现状监测、排污许可证制度考核监测、“三同时”项目验收监测、污染治理项目竣工时的验收监测、污染物总量控制监测、城市环境综合整治考核监测。

（4）咨询服务监测：为社会各部门、各单位等提供的咨询服务性监测，如绿色人居环境监测、室内空气监测、环境评价及资源开发保护所需的监测。

3. 研究性监测（科研监测）

针对特定目的科学研究而进行的高层次监测。进行这类监测事先必须制订周密的研究计划，并联合多个部门、多个学科协作共同完成。

（二）按监测介质或对象分类

1. 水质监测

分为水环境质量监测和废水监测，水环境质量监测包括地表水和地下水。监测项目包括理化污染指标和有关生物指标，还包括流速、流量等水文参数。

2. 空气检测

分为空气环境质量监测和污染源监测。空气监测时常需测定风向、风速、气温、气压、湿度等气象参数。

3. 土壤监测

重点监测项目是影响土壤生态平衡的重金属元素、有害非金属元素和残留的有机农药等。

4. 固体废物监测

包括工业废物、卫生保健机构废物、农业废物、放射性固体废物和城市生活垃圾等。主要监测项目是固体废弃物的危险特性和生活垃圾特性，也包括有毒有害物质的组成含量测定和毒理学实验。

5. 生物监测与生物污染监测

生物监测是利用生物对环境污染进行监测。生物污染监测则是利用各种检测手段对生物体内的有毒有害物质进行监测，监测项目主要为重金属元素、有害非金属元素、农药残留和其他有毒化合物。

6. 生态监测

观测和评价生态系统对自然及人为变化所做出的反应，是对各生态系统结构和功能时空格局的度量，着重于生物群落和种群的变化。

7. 物理污染监测

指对造成环境污染的物理因子如噪声、振动、电磁辐射、放射性等进行监测。

（三）按专业部门分类

可分为：气象监测、卫生监测、资源监测等。

此外，又可分为：化学监测、物理监测、生物监测等。

（四）按监测区域分类

1. 厂区监测

是指企、事业单位对本单位内部污染源及总排放口的监测，各单位自设的监测站主要从事这部分工作。

2. 区域监测

指全国或某地区环保部门对水体、大气、海域、流域、风景区、游览区环境的监测。

第二节　环境质量评价

环境质量评价方法是依据一定标准，对特定区域范围的环境质量进行评定和预测的科学方法。它以环境物质的地球化学循环和环境变化的生态反应为理论基础，遵循合理的科学程序，并运用特有的语言和定性、定量表达方式。主要工作程序为：①首先确定评价对象、范围和目的，并据此确定评价精度；②分别进行污染源调查监测评价、环境调查监测评价和环境效应分析；③进行环境质量综合评价；④研究污染规律，建立相应的环境污染数学模型；⑤对环境质量做出判断、评价和预测。一般用环境质量指数（环境质量参数和环境质量标准的复合值）概括地描述和评价环境质量。环境质量指数计算程序为：①根据评价地区环境实际状况选择评价参数；②根据评价目的选择评价标准。③根据环境特征建立环境质量指数系统和数学模型。该法对环境质量具有回顾评价、现状评价和预断评价等多种功能，是环境管理的重要手段之一，并为环境规划和区域环境标准的制定提供依据。

一、工作程序

①首先确定评价对象、范围和目的，并据此确定评价精度。

②分别进行污染源调查监测评价、环境调查监测评价和环境效应分析。

③进行环境质量综合评价。

④研究污染规律，建立相应的环境污染数学模型。

⑤对环境质量做出判断、评价和预测。一般用环境质量指数（环境质量参数和环境质量标准的复合值）概括地描述和评价环境质量。环境质量指数计算程序为：

a. 根据评价地区环境实际状况选择评价参数。

b. 根据评价目的选择评价标准。

c. 根据环境特征建立环境质量指数系统和数学模型。该法对环境质量具有回顾评价、现状评价和预断评价等多种功能，是环境管理的重要手段之一，并为环境规划和区域环境标准的制定提供依据。

二、方法选择标准

选择环境质量评价方法时必须考虑以下三个要素：

①必须确定与这一价值关系有关联的标准或目标函数；

②必须假定一些调节这一价值关系的模型，该模型在合理的置信度下，可以对不同备选方案进行比较；

③建立效用或损失概率分布来判断不确定条件下产生的后果。这三个要素一般地讲不同时考虑，而是按照评价的目的和要求加以选择。例如，在地质灾害评价中要重点考虑第3个要素，因为地质灾害评价所要解决的矛盾是在众多不确定因素下分析这一价值关系变化的可能性。

三、分 类

（一）决定论评价法

所谓决定论评价法是通过对环境因素与评价标准进行判断与比较的过程。使用这种方法，先设定若干评价指标和若干判断标准，然后将各个因子依据各个判断标准，通过直接观察和相互比较对环境质量划分等级，或者按评分的多少排序，从而判断该环境因素的状态。

它包括指数评价法和专家评价法。

（1）指数评价法

指数评价法是最早用于环境质量评价的一种方法。近十几年来，这一方法在环境质量评价中得到了广泛应用，并且有了很大的发展。它具有一定的客观性和比较性，常用于环境质量现状评价中。

（2）专家评价法

专家评价法是一种古老的方法，但至今仍有重要地位。这一方法是将专家们作为索取信息的对象，组织环境科学领域（有时也请其他领域）的专家运用专业方面的经验和理论对环境质量进行评价的方法。它是以评价者的主观判断为基础的一种评价方法，通常以分数或指数等作为评价的尺度进行度量。

（二）经济论评价法

在费用（或支持、投资）与收益的相互比较中可评价人类活动与环境质量之间的关系，这种从经济的角度进行环境评价的方法，称为经济论评价法。经济论评价法是考虑环境质量的经济价值，是以事先拟订好的某一环境质量综合经济指标来评价不同对象。常用的有两种方法：一种是用于一些特定的环境情况所特有的综合指标，如森林资源的经济评价、农业土地经济评价等；另一种是费用—效益分析法，也是目前常用的一种方法，其评价标准是效益必须大于费用。一般来说，经济论评价法，可根据环境质量、经济价值计算的难易程度分为不同的方法。对于有一定依据计量其效益和损失的可采用效益－损失法，而对于那些计算环境质量效益比较难的问题，可采用费用—效益分析法。

（三）模糊综合评价法

环境是一个多因素耦合的复杂动态系统。随着环境质量评价工作的不断深入，需要研究的变量关系也越来越多、越来越错综复杂，其中既有确定的可循环的变化规律，又有不确定的随机变化规律。另外，人们对环境质量的认识也是既有精确的一面，又有模糊的一面。环境质量同时具有的这种精确与模糊、确定与不确定的特性都具有量的特征。

环境质量评价的整个过程中，被评价的对象、评价的方法，甚至评价的主体及其掌握的评价标准都具有不确定性，环境质量评价结论必然存在一定程度的不确定性。任何处理评价中的不确定性因素，不仅关系到评价结论是否全面地反映环境质量的价值，而且还关系到依据评价结论所做的决策是否正确。在环境质量评价中引入模糊评价方法是客观事物的需要，也是主观认识能力的发展。目前，处理不确定性常用概率法。模糊数学的兴起，为精确与模糊的沟通建立了一套数学方法，也为解决环境质量评价中的不确定性开辟了另一个途径。

（四）运筹学评价方法

运筹学评价法是利用数学模型对多因素的变量进行定量动态评价。这种方法理论性强，对于带有不确定因素的环境质量评价来说，能够从本质上逐步逼近，以求出最优解，最适于复杂环境质量系统或区域性评价。目前经常使用的方法有：以图论为工具建立的数学模型－结构模型；以线性理论为基础建立的含有环境因素的投入产出模型；以及目前在环境质量评价工作中处于研究阶段的以控制理论为指导建立的系统动力学模型。

四、建立环节

建立环境质量评价方法主要包括以下几个环节。

1. 正确认识分析环境，选择确定评价参数

评价参数是指能反映评价对象——环境要素性状变化特征的一些污染因子和特征值。评价参数的选择，关系到评价工作的成败。只有选择对评价目的针对性强，代表性好的参数，才有助于做出较客观、正确的评价。因此，选择评价参数时要综合考虑评价目的，监测条件，评价对象的污染性质，污染类型及环境条件等因素，再结合评价设计者的知识和经验进行确定。如莱城市环境质量与癌的相关评价可选择 3，4－苯并芘、联苯胺、氯乙烯、亚硝胺等致癌物作为评价参数。

2. 参数的标准化

为了使量纲不统一的各评价参数间具有可比性。将所有的参数都和它们各自的环境标准进行比较，使它们转换成具有相同环境意义的定量数值，这一过程就叫参数的标准化或

等标化，参数的标准化既解决了各参数间的可比性，又为后面数学模式的建立及评价中数据的处理提供了方便和可能。

3. 确定评价参数的权系数

在环境质量评价中，选定的评价参数对环境质量的影响及对人体健康和生物的危害程度是不同的，应对不同的评价参数赋予不同的权系数。目前确定权系数的方法有模糊数学法、因子分析法和特尔霏法等。

4. 建立环境质量评价数学模式

区域环境质量是由多种环境污染因子共同作用的结果，要对环境质量进行综合性评价，必须将各污染分指数按照一定的数学关系进行叠加，建立一个科学、完整反映环境质量状况的数学模式。

5. 环境质量的分级

即根据环境质量指数及其对应的生态效应划分污染等级，这样污染程度就与环境质量指数值对应起来。

第三节 环境规划

环境规划是人类为使环境与经济和社会协调发展而对自身活动和环境所做的空间和时间上的合理安排。其目的是指导人们进行各项环境保护活动，按既定的目标和措施合理分配排污削减量，约束排污者的行为，改善生态环境，防止资源破坏，保障环境保护活动纳入国民经济和社会发展计划，以最小的投资获取最佳的环境效益，促进环境、经济和社会的可持续发展。

一、概 念

环境规划是指为使环境与社会经济协调发展，把“社会—经济—环境”作为一个复合生态系统，依据社会经济规律、生态规律和地学原理，对其发展变化趋势进行研究而对人类自身活动和环境所做的时间和空间的合理安排。

环境规划（environmental planning）实质上是一种克服人类经济社会活动和环境保护活动盲目性和主观随意性的科学决策活动，是国民经济与社会发展规划的有机组成部分，是环境决策在时间、空间上的具体安排。是对一定时期内环境保护目标和措施所做出的规定。

二、内 涵

1. 环境规划研究对象是“社会－经济－环境”这一大的复合生态系统，它可能指整个国家，也可能指一个区域（城市、省区、流域）；

2. 环境规划的任务在于使该系统协调发展，维护系统良性循环，以谋求系统最佳发展；

3. 环境规划依据社会经济原理、生态原理、地学原理、系统原理和可持续理论，充分体现这一学科的交叉性、边缘性；

4. 环境规划的主要内容是合理安排人类自身活动和环境。其中既包括对人类经济社会活动提出符合环境保护需求的约束要求，还包括对环境保护和建设做出的安排和部署；

5. 环境规划是在一定条件下的优化，它必须符合特定历史时期的技术、经济发展水平和能力。

三、原 则

1. 以生态理论和社会主义经济规律为依据，正确处理开发建设与环境保护的辩证关系；
2. 以经济建设为中心，以经济、社会发展战略思想为指导；
3. 提供合理和优化的环境保护方案，实现经济效益、社会效益、环境效益的统一；
4. 实事求是、因地制宜、突出重点、兼顾一般。

四、目 的

1. 促进环境与经济、社会可持续发展；
2. 保障环境保护活动纳入国民经济和社会发展计划；
3. 合理分配排污消减量、约束排污者的行为；
4. 以最小的投资获取最佳的环境效益；
5. 有效地实现环境科学管理。

五、类 型

1. 按规划期划分

（1）长远环境规划：一般跨越时间为 10 年以上。

（2）中期环境规划：一般跨越时间为 5 ～ 10 年。

（3）年度环境保护计划

2. 按环境与经济的辩证关系划分

（1）经济制约型。

（2）协调型。

（3）环境制约型。

3. 按环境要素划分

（1）大气污染控制规划。

（2）水污染控制规划。

（3）固体废物污染控制规划。

（4）噪声污染控制规划。

4. 按行政区划和管理层次划分

（1）国家环境规划。

（2）省（自治区、直辖市）环境规划。

（3）部门环境规划。

（4）县区环境规划。

（5）农村环境综合整治规划。

（6）自然保护区建设与管理规划。

（7）城市环境综合整治规划。

（8）重点污染源（企业）污染防治规划。

5. 按性质划分

（1）生态规划。

（2）城市\区域\流域规划。

（3）专题规划。

（4）产业发展规划。

（5）战略规划。

六、特 征

（一）整体性

环境规划具有的整体性反映在环境的要素和各个组成部分之间构成一个有机整体，虽然各要素之间也有一定的联系，但各要素自身的环境问题特征和规律则十分突出，有其相对确定的分布结构和相互作用关系，从而各自形成独立的、整体性强和关联度高的体系。

（二）综合性

环境规划的理论基础是“生态经济学”“人类经济学”。涉及环境化学、环境物理学、环境工程学、环境系统工程学、环境经济学和环境法等多门学科。

（三）区域性

环境问题的地域性特征十分明显，因此环境规划必须注重“因地制宜”。所谓地方特色主要体现为排污环境及其污染控制系统的结构不同，主要污染物的特征不同，社会经济发展方向和发展速度不同，控制方案评论指标体系的构成及指标权重不同，各地的技术条件和基础数据条件不同，环境规划的基本原则、规律、程序和方法必须融入地方特征才是有效的。

各地区的环境规划在内容、要求和类型上都不同，具有明显的地区性特点。这是因为各地区的自然环境背景、社会经济状况及发展水平不同，环境管理水平、各地区的主要环境问题也不相同。

（四）动态性

环境规划具有较强的时效性。它的影响因素在不断变化，无论是环境问题（包括现存的和潜在的）还是社会经济条件等都在随时间发生着难以预料的变动。

（五）涉及面广

由于环境规划的复杂性，其涉及的问题多且广泛。制定环境规划仅从单一问题、单一目标和单一措施上考虑是不够的，需要进行全面分析。环境规划的制定和执行设计各行各业和各部门，涉及地区和全体人民的利益。

（六）政策性强

在环境规划的每一个技术环节中，经常会面临从各种可能性中进行选择的问题。完成选择的重要依据和准绳，是现行的有关环境政策、法规、制度、条例和标准。环境规划的过程也是环境政策的分析和应用过程。

七、程 序

环境规划的程序从总体上概括，包括以下 7 部分：

1. 环境调查与评价

环境调查与评价是制定环境规划的基础。

2. 环境预测

环境预测是编制环境规划的先决条件。

3. 环境区划

环境区划是从整体空间观点出发，根据自然环境特点和经济社会发展状况，把特定的空间划分为不同功能的环境单元，研究环境单元环境承载力及环境质量的现状与发展变化趋势，提出不同功能环境单元的环境目标和环境管理对策。

4. 确定环境目标

确定恰当的环境目标是制定环境规划的关键。

5. 环境规划设计

环境规划设计（污染综合防治规划）的内容有：

（1）环境区划及功能分区；

（2）提出污染综合防治方案。

6. 选择环境规划方案

环境规划方案主要是指实现环境目标应采取的措施以及相应的环境投资。

环境规划方案的确定应考虑如下问题：

（1）方案要有鲜明的特点；

（2）确定的方案要结合实际；

（3）综合分析各方案的优缺点，取长补短，最后确定最佳方案；

（4）对比各方案的环境保护投资和三个效益的统一。目标是投资少、效果好，不应片面追求先进技术或过分强调投资。

7. 实施环境规划的支持与保证

其包括制定投资预算、编制年度计划、确保技术支持和强化环境管理。

八、方 法

不同类型的环境规划，规划方法也不尽相同。最优化方法是环境系统分析常用的环境规划技术，也是环境规划普遍采用的方法。

1. 系统分析法

所谓的系统分析方法，就是有目的、有步骤地搜索、分析和决策的过程。

内容要素包括：环境目标、费用和效益、模型、替代方案、最佳方案等。

2. 环境规划决策方法

（1）线性规划

$max\ (min)\ f=cx$

$Ax \leqslant (=,\ \geqslant)\ b$

$xi \geqslant 0$

式中：$x=(x_1,\ x_2,\ \cdots,\ x_n)^T$，由 n 个决策变量构成的向量，即规划问题的备选方案；$c=(c_1,\ c_2,\ \cdots,\ c_n)$，由目标函数中决策变量的系数构成的向量。

A 是由线性规划问题的 m 个约束条件中关于决策变量的系数组成的矩阵。

$b=(b_1,\ b_2,\ \cdots,\ b_m)^T$，由 m 个约束条件中的常数构成的向量。

（2）动态规划。

（3）投入产出分析。

（4）多目标规划。

九、形式内容

1. 污染控制规划

这种规划是针对污染引起的环境问题编制的。主要是对工农业生产、交通运输、城市生活等人类活动对环境造成的污染而规定的防治目标和措施。工业发达国家在一个很长时期内所制定的环境规划多是这种规划。这种规划的内容包括：

①工业污染控制规划。工业排放是环境污染的主要原因。据美国 1968 年统计：87% 的二氧化硫、56% 的颗粒物质、45% 的氮氧化物、15% 的碳氢化合物、11% 的一氧化碳和大部分废水是工业生产部门排放的。因此，控制环境污染首先要控制工业污染。工业污染控制规划的主要内容是：布局规划：按照组织生产和保护环境的要求，划定发展不同工业的不同地区，并且按照环境容量，确定工业的发展规模。技术改造和产品改革规划：推行有利于环境的新技术，规定某些环境指标（如日本推行的废水循环利用率），淘汰有害环境的产品（如禁止生产有机氯农药、含汞农药）。制定工业污染物排放标准：根据不同工业、不同地区，分别规定当前要达到的标准、3 ~ 5 年要达到的标准，以至规定十年要达到的标准。制定排放标准是实现环境目标的基本措施，在规划中占有重要地位。

②城市污染控制规划。环境污染主要集中在城市，控制城市污染是控制整个环境污染的中心环节。城市污染控制规划的主要内容是：布局规划：实行功能分区，按照环境要求和条件，合理部署居民区、游览区、商业区、文教区、工业区和交通运输网络。能源规划：包括推行无污染、少污染燃料，集中供热，实现煤气化，电气化等计划。水源保护和污水处理规划：规定饮用水源的保护措施（如划定水源保护区）；规定污水排放标准；确定污水处理厂建设规划。垃圾处理规划：规定垃圾的收集、处理和利用指标，垃圾的处理方式。对于垃圾的处理，一般由堆积、填埋、焚烧的消极处理，走向积极地综合利用。绿化规划：确定绿化指标，划定绿地，建立苗圃等。

③水域污染控制规划。主要措施是控制污染源。通常的做法有：禁止或限制某些污染物的排入：如日本琵琶湖周围，禁止设立对湖水有影响的工厂，甚至限制居民使用洗涤剂；制定水环境质量标准，并根据这种标准制定工业、交通、城市污水的排放标准，如泰晤士河、莱茵河等流域污染的改善，主要是实行这种标准的结果；大力推行废水净化处理措施，比如排入水域的废水一般要经过二级处理等等。

④农业污染控制规划。主要内容是：防治农药、化肥、污水灌溉造成的污染。如禁止或者严格限制有机氯农药的生产和使用，发展高效低残留的新农药，推行生物防治和综合防治农业病虫害等等。

2. 国民经济整体规划

这种规划就是在国民经济发展规划中相应的安排环境规划。这是在公有制基础上实行的一种计划体系。这种环境规划是遵照有计划、按比例的原则，纳入国民经济和社会发展规划之中，随着国民经济计划的实现达到保护和改善环境的目的。主要做法是：国家向各地区和有关部门提出保护和合理开发自然资源的要求，下达资源利用指标和污染物控制指标。各地区和有关部门把这种要求和指标随着生产和建设计划贯彻到所有执行单位。中国实行的主要是这种规划。东欧一些国家也多采用这类规划。

3. 国土规划

人类社会发展证明，要保持社会经济发展与人口、资源、环境的协调，维护一个适宜于人类的环境，不能只靠消极的“治理”，而要采取积极的“预防”措施。国土规划被认为是预防环境污染和破坏的有效方式。国土规划，就是使国土的开发、利用、治理和保护符合全局利益和长远利益。这种规划确定资源合理开发利用的战略布局，确定生产力配置和人口配置的原则，为国民经济长远规划提供依据。国土规划的内容主要包括：

①区域规划。区域是按照地理位置、自然资源和社会经济发展情况划定的。这是在城市规划的基础上，扩大范围的一种规划。这种规划可以在一个更大范围内统筹安排经济、社会和环境的发展关系，做到合理布局。区域规划的主要内容是：进行区域内各种资源和环境条件的综合评价，确定开发、利用、治理和保护的方针；确定工业发展规模和布点结构布局；确定农业生产布局，促使农、林、牧、副、渔业合理发展；确定城乡居民点的布局，重点是城市和集镇的布局，使人口合理分布；规划动力、交通、水利等公用基础设施；确定保护和改善环境的目标、重点和措施。

②流域规划。这是以合理开发利用水资源为主体的规划。主要内容是：保护植被，控制水土流失；通盘规划流域内工业、农业、渔业、城市和交通运输用水；控制工业、交通废水和生活污水对流域的污染等等。

③专题规划。如沙漠治理规划，植树造林规划，珍贵稀有生物资源保护利用规划等。

在国际上虽然对国土规划评价很高，但真正全面实行的并不多。中国已开始进行这种规划。如京津唐地区规划，以山西为中心的能源和化工基地的经济区规划。

4. 环境规划制定的步骤

①环境调查：进行自然条件、自然资源、环境质量状况、社会和经济发展状况的全面调查，掌握丰富、确切的资料；②环境评价：在调查的基础上，进行综合分析，对环境状况做出正确评价；③环境预测：在环境评价的基础上，对环境发展趋势做出科学预测，以作为制定国民经济和社会发展长远规划的依据。

十、编制程序

1. 总述

由于环境规划种类较多，内容侧重点各不相同，环境规划没有一个固定模式，但其基本内容有许多相近之处，主要为：环境调查与评价、环境预测、环境功能区划、环境规划目标、环境规划方案的设计、环境规划方案的选择和实施环境规划的支持与保证等。下面以环境规划的编制程序为主线对其所包括的具体内容予以介绍。

一般来说，编制环境规划主要是为了解决一定区域范围内的环境问题和保护该区域内的环境质量。无论哪一类环境规划，都是按照一定的规划编制程序进行的。环境规划编制的基本程序主要包括：

2. 编制环境规划的工作计划

由环境规划部门的有关人员，在开展规划工作之前，提出规划编写提纲，并对整个规划工作规划组织和安排，编制各项工作计划。

3. 环境现状调查和评价

这是编制环境规划的基础，通过对区域的环境状况、环境污染与自然生态破坏的调研，找出存在的主要问题，探讨协调经济社会发展与环境保护之间的关系，以便在规划中采取相应的对策。

（1）环境调查

基本内容包括环境特征调查、生态调查、污染源调查、环境质量的调查、环保治理措施效果的调查以及环境管理现状的调查等。

①环境特征调查：主要有自然环境特征调查（如地质地貌，气象条件和水文资料，土壤类型、特征及土地利用情况，生物资源种类形状特征、生态习性，环境背景值等）、社会环境特征调查（如人口数量、密度分布，产业结构和布局，产品种类和产量，经济密度，建筑密度，交通公共设施，产值，农田面积，作物品种和种植面积，灌溉设施，渔牧业等）、经济社会发展规划调查（如规划区内的短、中、长期发展目标，包括国民生产总值，国民收入，工农业生产布局以及人口发展规划，居民住宅建设规划，工农业产品产量，原材料品种及使用量，能源结构，水资源利用等）。

②生态调查：主要有环境自净能力、土地开发利用情况、气象条件、绿地覆盖率、人口密度、经济密度、建设密度、能耗密度等。

③污染源调查：主要包括工业污染源、农业污染源、生活污染源、交通运输污染源、噪声污染源、放射性和电磁辐射污染源等。

④环境质量调查：主要调查对象是环境保护部门及工厂企业历年的监测资料。

⑤环境保护措施的效果调查：主要是对工程措施的削污量效果以及其综合效益进行分析评价。

⑥环境管理现状调查：主要包括环境管理机构、环境保护工作人员业务素质、环境政策法规和标准的实施情况、环境监督的实施情况等。

（2）环境质量评价

环境质量评价即按一定的评价标准和评价方法，对一定区域范围内的环境质量进行定量的描述，以便查明规划区环境质量的历史和现状，确定影响环境质量的主要污染物和主要污染源，掌握规划区环境质量变化规律，预测未来的发展趋势，为规划区的环境规划提供科学依据。环境质量评价的基本内容包括：

①污染源评价：通过调查、监测和分析研究，找出主要污染源和主要污染物以及污染物的排放方式、途径、特点、排放规律和治理措施等。

②环境污染现状评价：根据污染源结果和环境监测数据的分析，评价环境污染的程度。

③环境自净能力的确定。

④对人体健康和生态系统的影响评价。

⑤费用效益分析：调查因污染造成的环境质量下降带来的直接、间接的经济损失，分析治理污染的费用和所得经济效益的关系。

（3）环境预测分析

环境预测是根据预测前后所掌握环境方面的信息资料推断未来，预估环境质量变化和发展趋势。它是环境决策的重要依据，没有科学的环境预测就不会有科学的环境决策，当然也就不会有科学的环境规划。

环境预测的主要内容有：

①污染源预测

污染源预测包括大气污染源预测、废水排放总量及各种污染物总量预测、污染源废渣产生量预测、噪声预测、农业污染源预测等。

②环境污染预测

在预测主要污染物增长的基础上，分别预测环境质量的变化情况。包括大气环境、水环境、土壤环境等环境质量时空变化。

③生态环境预测

生态环境预测包括城市生态环境预测、农业生态环境预测、森林环境预测、草原和沙漠生态环境预测、珍稀濒危物种和自然保护区现状及发展趋势的预测、古迹和风景区的现状及变化趋势预测。

④环境资源破坏和环境污染造成的经济损失预测

（4）确定环境规划目标

确定恰当的环境目标，即明确所要解决的问题及所达到的程度，是制定环境规划的关键。目标太高，环境保护投资多，超过经济负担能力，则环境目标无法实现；目标太低，不能满足人们对环境质量的要求或造成严重的环境问题。因此，在制定环境规划时，确定恰当的环境保护目标是十分重要的。

所谓环境目标是在一定的条件下，决策者对环境质量所想要达到的状况或标准。环境目标一般分为总目标、单项目标、环境指标 3 个层次。总目标是指区域环境质量所要达到的要求或状况；单项目标是依据规划区环境要素和环境特征以及不同环境功能所确定的环境目标；环境指标是体现环境目标的指标体系。

确定环境目标应考虑以下几个问题：

①选择目标要考虑规划区环境特征、性质和功能。

②选择目标要考虑经济、社会和环境效益的统一。

③有利于环境质量的政策。

⑤考虑人们生存发展的基本要求。

⑤环境目标和经济发展目标要同步协调。

进行环境规划方案的设计

环境规划设计是根据国家或地区有关政策和规定、环境问题和环境目标、污染状况和污染物削减量、投资能力和效益等，提出环境区划和功能分区以及污染综合防治方案。主要内容包括：

①拟定环境规划草案

根据环境目标及环境预测结果的分析，结合区域或部门的财力、物力和管理能力的实际情况，为实现规划目标拟定出切实可行的规划方案。可以从各种角度出发拟定若干种满足环境规划目标的规划草案，以备择优。

②优选环境规划草案

环境规划工作人员，在对各种草案进行系统分析和专家论证的基础上，筛选出最佳环境规划草案。环境规划方案的选择是对各种方案权衡利弊，选择环境、经济和社会综合效益高的方案。

③形成环境规划方案

根据实现环境规划目标和完成规划任务的要求，对选出的环境规划草案进行修正、补充和调整，形成最后的环境规划方案。

④环境规划方案的申报与审批

环境规划的申报与审批，是整个环境规划编制过程中的重要环节，是把规划方案变成实施方案的基本途径，也是环境管理中一项重要工作制度。环境规划方案必须按照一定的程序上报各级决策机关，等待审核批准。

⑤环境规划方案的实施

环境规划的实施要比编制环境规划复杂、重要和困难得多。环境规划按照法定程序审批下达后，在环境保护部门的监督管理下，各级政策和有关部门，应根据规划中对本单位提出的任务要求，组织各方面的力量，促使规划付诸实施。

实施环境规划的具体要求和措施，归纳起来有如下几点：

①要把环境规划纳入国民经济和社会发展计划中。

②落实环境保护的资金渠道，提高经济效益。

③编制环境保护年度计划。以环境规划为依据，把规划中所确定的环境保护任务、目标进行层层分解、落实，使之成为可实施的年度计划。

④实行环境保护的目标管理，即把环境规划目标与政府和企业领导人的责任制紧密结合起来。

⑤环境规划应定期进行检查和总结。

第四节 环境保护与可持续发展

一、环境保护的含义

环境保护：环境保护就是指采取行政、经济、科学技术、宣传教育、法律等多方面的措施，保护和改善生活环境与生态环境，合理的利用自然资源，防治污染和其他公害，使之更适合于人类的生存和发展。也就是，人们为维持其存在和发展，研究和解决各种环境问题而进行的各种活动的总称。

二、可持续发展的含义

可持续发展：可持续发展是一种注重长远发展的经济增长模式，最初于 1972 年提出，指既满足代人的需求，又不损害后代人满足其需求的能力。可持续发展是不超越环境系统更新能力的发展，是要求经济发展和自然生态环境相适应的发展。

可持续发展包含两个重要的内涵：一是需要，即满足人类的基本需要和提高生活质量的需要；二是限制，即指人类的发展和需要应以地球上资源的承受能力为限度，通过人类技术的进步和管理活动，对发展进行协调与限制，要对环境满足眼前和将来需要的能力施加限制，以求与自然环境容量相适应。

三、环境保护与可持续发展

加强环境保护，促进可持续发展，我国应采取的措施：

1. 开展环境保护教育

人类的发展应该是人与社会、人与环境、当代人与后代人的协调发展。面对我国生态环境破坏严重的形式，寻求中国环境的可持续发展，需要将保护环境、改善环境结合起来，提高我国资源的利用效率、减轻自然灾害的影响程度，促进国民经济和社会发展步入可持续发展的良性机制，必须摒弃传统的旧观念，建立科学的生态文明光，自觉地使自己的行动符合人与自然的关系，符合可持续发展的原则。开展环境保护教育，提高人们的环境保护意识，正确认识环境及环境问题，使人的行为与环境相协调，是解决环境问题的根本途径。

2. 建立更为完善的环境管理体制和法律机制，明确环境保护为基本国策之一的地位，制定了中国自己的可持续发展战略

要使环境实现可持续发展，首先要将环境保护作为我国的基本国策之一，将环境和经济统筹安排，全面考虑，避免出现盲目发展，制定符合中国国情的可持续发展道路。其次，要建立更为完善的环境管理体制和法律机制，转变经济发展模式，根据经济社会发展水平

和供给的能力，有计划、有重点地进行治理、改善和提高环境质量，并逐步实现人口与环境的和谐发展。

3. 大力发展循环经济，发展环境保护科学技术

发展循环经济，就是走科学技术含量高、经济效益好、资源消耗低、环境污染少、人力资源优势得到充分发挥的新型工业化道路，加快转变不可持续的生产和消费方式。因此，我们要结合产业结构调整，逐步淘汰落后的技术和发展模式，同时树立科学的发展观，增强自主创新能力，大力发展高新技术产业，开发无废、少废、节水、节能的新技术，提高资源、能源的利用率，发展环境保护科学技术，开发符合中国国情的污染治理技术和生态破坏恢复技术。

4. 加强国际合作，共同应对环境问题，促进环境保护和可持续发展

随着经济的发展，各国间的交流日益密切，环境问题是全球共同面临的大问题，各国之间只有相互合作，共同探讨，才能更好地保护环境，促进经济发展与环境保护可持续发展。我国可以借鉴先进国家的经验，更好地促进我国经济与环境的可持续发展。

下篇 生态工程

第一章 概 述

生态工程是指应用生态系统中物质循环原理，结合系统工程的最优化方法设计的分层多级利用物质的生产工艺系统，其目的是将生物群落内不同物种共生、物质与能量多级利用、环境自净和物质循环再生等原理与系统工程的优化方法相结合，达到资源多层次和循环利用的目的。如利用多层结构的森林生态系统增大吸收光能的面积、利用植物吸附和富集某些微量重金属以及利用余热繁殖水生生物等。

第一节 生态工程概述

一、基本介绍

生态工程起源于生态学的发展与应用，有 50 年的历史。20 世纪 60 年代以来，全球面临的主要危机表现为人口激增、资源破坏、能源短缺、环境污染和食物供应不足，表现出不同程度的生态与环境危机。在西方的一些发达国家，这种资源与能源的危机表现得更加明显与突出。现代农业一方面提高了农业生产率与产品供应量，另一方面又造成了各种各样的污染，对土壤、水体、人体健康带来了严重的危害。而在发展中国家，面临着不仅是环境资源问题，还有人口增长，资源不足与遭受破坏的综合作用问题，所有这些问题都进一步孕育、催生了生态工程与技术对解决实际社会与生产中所面临的各种各样的生态危机的作用。

1962 年美国的 H.T.Odum 首先使用了生态工程（Ecological Engineering），提出了生态学应用的新领域：生态工程学。并把它定义为“为了控制生态系统，人类应用来自自然的能源作为辅助能对环境的控制”，管理自然就是生态工程，它是对传统工程的补充，是自然生态系统的一个侧面。80 年代后，生态工程在欧洲及美国逐渐发展起来，并出现了多种认识与解释，并相应提出了生态工程技术，即“在环境管理方面，根据对生态学的深入了解。花最小代价的措施，对环境的损害又是最小的一些技术”。

在我国生态工程的概念提出是由已故的生态学家、生态工程建设先驱马世骏先生在1979年首先倡导的。马世骏先生（1984）给生态工程下的定义为："生态工程是应用生态系统中物种共生与物质循环再生原理，结构与功能协调原则，结合系统分析的最优化方法，设计的促进分层多级利用物质的生产工艺系统"。

在中国面临的生态危机，不单纯是环境污染，而是由于人口激增，环境与资源破坏，能源短缺、食物供应不足等共同而成的综合效应。因此中国的生态工程不但要保护环境与资源，更迫切的要以有限资源为基础，生产出更多的产品，以满足人口与社会的发展需要，并力求达到生态环境效益、经济效益和社会效益的协调统一，改善与维护生态系统，促进包括废物在内的物质良性循环，最终是要获得自然–社会–经济系统的综合高效益。正因为如此，在我国对生态系统的发展与生态工程的建设提出了"整体、协调、再生、良性循环"的理论。生态工程的基础形成了除了以生态学原理为支柱以外，还吸收、渗透与综合了其他许多的应用学科。如农、林、渔、养殖、加工、经济管理，环境工程等多种学科原理、技术与经验，生态工程的目标就是在促进良性循环的前提下，充分发挥物质的生产潜力，防止环境污染，达到经济与生态效益同步发展。

二、原 则

生态工程是从系统思想出发，按照生态学、经济学和工程学的原理，运用现代科学技术成果、现代管理手段和专业技术经验组装起来的，以期获得较高的经济、社会、生态效益的现代农业工程系统，建立生态工程的良好模式必须考虑如下几项原则：

1. 因地制宜

必须因地制宜，根据不同地区的实践情况来确定本地区的生态工程模式。

2. 扩大系统的物质、能量、信息的输入

由于生态系统是一个开放、非平衡的系统，在生态工程的建设中必须扩大系统的物质、能量、信息的输入，加强与外部环境的物质交换，提高生态工程的有序化、增加系统的产出与效率。

3. 密集相交叉的集约经营模式

在生态工程的建设发展中，必须实行劳动、资金、能源、技术密集相交叉的集约经营模式，达到既有高的产出，又能促进系统内各组成成分的互补、互利协调发展。生态工程建设的目标是使人工控制的生态系统具有强大的自然再生产和社会再生产的能力。在生态效益方面要实现生态再生，使自然再生产过程中的资源更新速度大于或等于利用速度，在经济效益方面要实现经济再生，使社会经济再生产过程中的生产总收入大于或等于资产的总支出，保证系统扩大再生产的经济实力不断增强，在社会效益方面要充分满足社会的要求，使产品供应的数量和质量大于或等于社会的基本要求，通过生态工程的建设与生态工程技术的发展使得三大效益能协调增长，实现高效益持续稳定的发展。

三、基本原理

物质循环再生，理论基础：物质循环。意义：可避免环境污染及其对系统稳定性和发展的影响。

物种多样性，理论基础：生态系统的抵抗力稳定性。意义：生物多样性程度可提高系统的抵抗力稳定性，提高系统的生产力。

协调与平衡，理论基础：生物与环境的协调与平衡。意义：生物数量不超过环境承载力，可避免系统的失衡和破坏。

整体性，理论基础：社会—经济—自然复合系统。意义：统一协调各种关系，保障系统的平衡与稳定。

系统学与工程学，a. 理论基础：系统的结构决定功能原理：分布式优于集中式和环式。意义：改善和优化系统的结构以改善功能。b. 理论基础：系统整体性原理：整体大于部分。意义：保持系统很高的生产力。

四、构 成

其结构可以分成为生态核、生态基、生态库等 3 个主要集合。

（1）核心圈。是人类社会，包括组织机构及管理、思想文化，科技教育和政策法令，是核心部分为生态核。

（2）内部环境圈。包括地理环境、生物环境和人工环境，是内部介质，称为生态基。常具有一定的边界和空间位置。

（3）外部环境。称为生态库，包括物质、能量和信息以及资金、人力等。

五、特 点

1. 中国

中国与国外蓬勃发展的生态工程各有自己的特点，中国生态工程有独特的理论和经验，中国生态工程所研究与处理的对象，不仅是自然或人为构造的生态系统，而更多的是社会—经济—自然复合生态系统，这一系统是以人的行为为主导，自然环境为依托，资源流动为命脉，社会体制为经络的半人工生态系统。

2. 国外

国外的生态工程研究与处理的对象一般是按照自然生态系统来对待。如各类湖泊、草原、森林等，在自然生态系统中加入或构造原本没有人为结构，如水利设施与土壤改良等工程。西方生态工程的研究方法的贮备与应用，特别是定量化、数学模型化及其系统组分及机制的分析方面具有自己的特色。

六、意 义

模拟自然生态系统中物质能量转换原理并运用系统工程技术去分析、设计、规划和调整人工生态系统的结构要素、工艺流程、信息反馈关系及控制机构，以获得尽可能大的经济效益和生态效益的一门学科。它是建立在生物工艺、物理工艺及化学工艺基础上的一门系统工艺学。

在生态系统演替过程中，有两种基本功能在起着重要作用：一是通过生物或子系统间相互协调形成的合作共存、互补互惠的共生功能；另一个是以多层营养结构为基础的物质转化、分解、富集和循环再生功能。这两种功能的强弱决定了生态系统的兴衰及其稳定性。生态系统动态过程中，通常包含复杂的物理作用、化学作用和生物作用；其中生物起着传递者、触媒乃至建造者的作用。生物在长期演化和适应过程中，不仅建立了相互依赖和制约的食物链联系，而且由于生活习性的演化形成了明确的分工，分级利用自然提供各种资源。正是由于这种原因，有限的空间内才能养育如此众多的生物种类，并可保持相对稳定状态和物质的持续利用。把自然生态系统中这种高经济效能的结构原理应用到人工生态系统中，设计和改造工农业生产工艺结构，促进系统组分间的再生和共生关系，疏通物质能量流通渠道，开拓资源利用的深度及广度，减少对外部“源”和“汇”的依赖性，促进环境和经济持续稳定发展，是生态工程的基本目标。近年来，我国城乡建设中出现了各种不同类型的生态工程雏形，如：

（1）物质能量的多层利用工程

模拟不同种类生物群落的共生关系，包含分级利用和各取所需的生物结构，如利用秸秆生产食用菌和蚯蚓生态工程设计。秸秆经过糖化过程制成家畜喜食的饲料，再用家畜排泄物及残渣来培养食用菌；生产食用菌后的残余菌床又可用以繁殖蚯蚓，或与无毒有机废物及生活污水混合以生产沼气；最后把利用后的残物返回农田，这样就可以分级地充分利用其中的能量。这种分级利用的工艺不但可生产食用菌和蚯蚓及沼气，还可以充分发挥秸秆的肥效。

（2）桑基鱼塘的水陆交互补偿工程

桑基鱼塘（或蔗基鱼塘）是中国广东农家行之有效的多目标生产措施。桑树通过光合作用生成有机物质桑叶，桑叶饲蚕，生产出蚕蛹及蚕丝（加工工艺中的物质转化），桑树的脱落物蚕沙施用到鱼塘，经过鱼塘内另一食物链过程，转化为鱼。鱼的排泄物及其未被利用的有机物沉积于塘底，经底栖生物分解后可成为桑树的肥料，返回桑基。这种交互补偿水陆物质的方式，广泛适用于沼泽及低湿地区。

（3）工业城市废物再生利用工程

工厂排出的余热，燃料释放的二氧化碳、二氧化硫和氮氧化物以及某些加工工业废液中的重金属，是广泛存在的污染环境的污染物。回收和净化此类物质，是城市建设及工业建设必须重视的社会问题。利用工厂余热（包括气热及水热）作为冬季住房的热源，已在许多城市实行。如能根据热系数，在工厂附近建造不同温梯度的温室，便可利用余热培植各种作物；作物的一部分制成饲料，饲养禽畜；禽畜排泄物施于农田或园林。而环境中林木还可吸收工厂燃料所产生的二氧化碳以及其他一些气态的及存在空中悬浮的废物。这种兼顾生产和环境保护的工艺，当做到基本不排污时，称为无污染工艺；若干这种工艺所构成的工程体系，称为无污染工程。另外，不少种陆生和水生生物可以吸附和富集某些微量金属物质，因而可以用作回收某种微量元素的活性介质。

（4）区域污水多功能的自净系统

在结构复杂的自然生态系统中，往往同时在进行物质的富集与扩散、合成与分解、颉颃与加成等多种调控过程。在正常情况下，自然生态系统内部不易出现由于某种物质过度积累而造成的死亡，这是由于系统内具备自我解毒的机制（微生物）和解毒工艺过程（物理的、化学的作用过程）。即使由于某种物质积累破坏了系统的原来结构，也会出现适应新情况的生物更新。模拟这种复杂功能的工艺体系是今后解决和防止工业污染以及实现废水资源化的有效途径，是系统生态原理在环境保护中的应用，这种生态工程包括相互交错的食物链及三个方向的物质流与能流以及不同性质的输入与输出。

（5）多功能的农工商联合生产体系

把生态系统通过一定的网络结构和自调节功能而实现物质循环不已和生物生生不息的原理，应用到以农产品为原料的加工工业中，使农工业产品（包括副产品）在农工商发展中相互补偿原料，以保持该地区稳定的生产体系，减少废物，防止污染，并改善农村生态环境。农工商联合生产体结构模式应包括农、林、牧、副、渔业等一定范围的居民点设施；农、林、牧、渔、副业等的产品数量和加工工业的范围应与当地人口及计划产值保持相应的比例。此类型的农工商联合生产有机体系可作为现代化农村建设的模式之一。

第二节　林业生态工程

森林是自然界中的一个重要的生态系统。我国是一个森林资源十分丰富的国家，林业作为生态文明建设的主体，在国民经济各部门中发挥着不可替代的基础性作用。然而，由于长时间的木材生产，使得我国的生态环境遭到了一定程度的破坏，虽然近年来实施了植树造林、退耕还林、天保工程等项目，恢复和改善了现有的生态环境，但森林资源和林业发展仍面临着严峻的形势，为此，我们要继续加快实施以追求生态经济最佳平衡为核心目的的林业生态工程，使其所具有的经济、生态、社会效益得到最大限度的发挥。

一、概 述

1. 内涵

林业生态工程是随着林业发展战略转移、国家生态环境工程建设需求而通过继承、交叉形成的一门新的工程。它是根据生态学、生态经济学、系统科学与生态工程原理，针对自然资源环境特征和社会经济发展现状，从生态、环境与区域经济社会可持续发展的角度，进行的以木本植物为主题，并将相应的植物、动物、微生物等生物种群人工匹配结合，进而形成一种稳定而高效的人工复合生态系统的过程。

2. 特点

从林业生态工程的概念中，我们可以看出，林业生态工程的核心就是在对生态理论充分理解的基础之上，根据生态理论，以生态环境改善为目标，通过工程措施即进行系统设计、规划和调控人工生态系统的结构要素、工艺流程、信息反馈关系及控制机构所进行的林业生态建设。此工程旨在坚持土地资源优化组合的原则，通过大力植树造林，全面保护和科学经营现有森林，合理调整森林的分布格局和功能结构，来充分发挥森林改善生态环境、抵御自然灾害的生态功能。

3. 内容

林业生态工程包括以下内容：我国林业生态工程的总体布局与规划，六大林业生态工程的基本情况与特点，我国主要生态环境问题与空间分布，生态环境工程建设面临的问题与林业生态工程发展战略，立地划分与适地适树，不同区域山丘区环境、资源、水土流失及土地利用特点，树种选择与林分组成，整地与造林方法，合理密度与密度控制，幼林抚育、防护林的林分定向培育，以山系、水网、流域等为单元的生态防护体系的构成与特点，水土保持、水源涵养、农林复合、农田林网、河岸道路防护、灾害地植被恢复、海岸防护等防护林的配置与构建技术，干旱、盐碱、风沙、干瘠、钙积层等技术问题。

二、我国林业生态工程的建设

我国林业生态建设是从新中国成立后开始的，1978 年“三北”防护林工程的实施，标志着我国林业生态工程进入了大规模的建设时期。几十年来，随着此工程的不断成熟与完善，使得我国的生态环境得到进一步改善，并构筑起覆盖普及、布局合理、功能齐全的林业生态体系，亦为经济社会的发展起到了积极的促进和推动作用。然而，从工程实施的过程与结果分析，目前，我国林业生态工程建设仍存在诸多不尽人意的问题，如当前的经济发展核算方式不能有效激励政府部门投资和管理林业生态工程，林业生态工程尚未形成科学的工程建设管理体系，缺少科学的统筹规划，工程的质量控制、进度控制、资金控制等缺少有效的制度保障，工程所涉及部门之间缺少有效的协调，等等，这些问题的存在，成为制约我国林业生态工程建设的瓶颈。为此，我们在赋予林业重要地位的同时，应通过各种有效措施和手段来进一步推进林业生态工程的发展。

三、指导思想

“十一五”期间，我国林业生态建设取得了令人瞩目的成绩，这也为“十二五”的建设奠定了基础。为了实现党的十七大所提出的目标要求——“到 2020 年全面建设小康社会目标实现之时，我们这个历史悠久的文明古国和发展中社会主义大国将建成生态环境良好的国家”，在实施林业生态工程建设过程中，我们要做到“三个坚持”：第一，坚持“按客观规律办事”，即在遵循自然规律和经济规律的基础上，从我国的国情、林情出发，统筹规划、突出重点、因地制宜；第二，坚持“预防为主、综合治理”，即要做到建设与管理、保护与治理、兴利与除害并重、并举，以此实现提高人民生活质量、改善生态环境、经济社会可持续发展的建设目标；第三，坚持“生态建设产业化、产业发展生态化”，即将增加资源总量、优化资源结构、提高林分质量和加强资源保护作为工作重点，把林业生态建设与区域经济发展紧密结合起来。

四、发展思路

1. 加大投入，多渠道筹措建设资金

一要以政府投入为主，多渠道、多层次、多方位地吸引社会力量筹措林业生态建设资金，引导有关单位和个人积极投资、共同建设林业生态工程；二要在税收、信贷、服务等方面实行倾斜，对一些重大项目应给予直接投资或资金补助、贷款贴息或税收优惠等方面支持；三要进一步提高地方公益林补偿标准，扩大公益林补偿面积，鼓励各类投资主体向林业生态建设投资。

2. 突出重点，以大工程带动大发展

第一，大力加强丘陵岗地植被恢复工程、沿海防护林，突出黄土丘陵区水土保持林和沙化土地封禁保护区建设等；第二，继续实施好退耕还林、天然林保护、“三北”防护林、风沙源治理等林业重点生态工程，提高建设水平，确保建设质量；第三，进一步加强城市绿地系统建设，城乡接合部要大力发展环城绿化带、郊野公园、隔离林带，农村牧区要重点构筑村庄绿化、农田林网和发展庭院林业。

3. 科技引导，强化工程的技术含量

第一，要重点开展困难立地造林技术、植被恢复技术，并加快低质低效林改造，做好国家森林抚育试点；第二，围绕林业良种壮苗选育、中幼林抚育、速生丰产林建设、森林病虫害防治、森林防火、综合利用、多种经营等开展科学研究和科技攻关；第三，侧重种群选择及种群匹配工程，并考虑种群之间在生长时间、节律上的搭配，生态工程的工程措施应侧重生态环境重建中必须采取的技术。

第三节　生态环境问题与林业生态工程的作用

一、生态环境的概念

生态环境（ecological environment）就是“由生态关系组成的环境”的简称，是指与人类密切相关的，影响人类生活和生产活动的各种自然（包括人工干预下形成的第二自然）力量（物质和能量）或作用的总和。

生态环境是指影响人类生存与发展的水资源、土地资源、生物资源以及气候资源数量与质量的总称，是关系到社会和经济持续发展的复合生态系统。生态环境问题是指人类为其自身生存和发展，在利用和改造自然的过程中，对自然环境破坏和污染所产生的危害人类生存的各种负反馈效应。

生态是指生物（原核生物、原生生物、动物、真菌、植物五大类）之间和生物与周围环境之间的相互联系、相互作用。当代环境概念泛指地理环境，是围绕人类的自然现象总体，可分为自然环境、经济环境和社会文化环境。当代环境科学是研究环境及其与人类的相互关系的综合性科学。生态与环境虽然是两个相对独立的概念，但两者又紧密联系、“水乳交融”、相互交织，因而出现了“生态环境”这个新概念。它是指生物及其生存繁衍的各种自然因素、条件的总和，是一个大系统，是由生态系统和环境系统中的各个“元素”共同组成。生态环境与自然环境在含义上十分相近，有时人们将其混用，但严格说来，生态环境并不等同于自然环境。自然环境的外延比较广，各种天然因素的总体都可以说是自然环境，但只有具有一定生态关系构成的系统整体才能称为生态环境。仅有非生物因素组成的整体，虽然可以称为自然环境，但并不能叫作生态环境。

二、我国的生态环境问题

（一）我国生态环境问题现状

生态环境的可持续发展与社会经济发展息息相关，良好的生态环境系统既是人类赖以生存的环境，也是人类发展的源泉。随着我国经济的发展，人民生活水平日益提高的同时，我国也面临着越来越严重的生态环境问题。在我国当前的生态问题突出表现在：

（1）国土资源安全方面。国土是一个民族、一个国家赖以生存的最基本条件。国土资源的多少和优劣是决定一个国家安全程度的重要因素，对于一个人口众多的发展中大国来说，尤其重要。我国虽然地大物博，国土面积全球第三，但是我国森林人均占有量是世界最低的国家之一，据测算，按目前的砍伐速度，我国可采林将在短短 7 年内被砍完，我国草地面积正在逐年减少，草地质量也在明显下降，并且还在以每年 2 万平方公里的速度扩展。我国湿地资源占世界湿地面积 10%，但已有近 40% 的湿地受到中度和严重威胁。

其他生态系统也退化严重，造成生态功能下降，生态平衡失调，已对国土安全构成严重的威胁，因此，我国国土资源安全问题非常严重。

（2）水资源安全问题。我国水资源占世界水资源总量的8%，但人均水资源占有量仅为世界平均水平的1/4。我国可利用水资源为8000 ~ 9000亿立方米，现在一年的用水总量达到5600亿立方米，预计到2030年全国用水总量将达到8000亿立方米，接近我国可用水资源的极限。现有水资源浪费、污染严重，河流污染由局部发展到整体，由城市发展到乡村，由地表发展到地下，我国主要河流普遍污染，七大水系有1/3以上河段达不到饮用水标准。我国水资源安全问题已经向国人敲响了警钟。

（3）空气污染。空气中有害物质以及颗粒粉尘不断增加，严重威胁着人们的健康，特别是北方地区，大面积出现雾霾情况。空气污染主要来源于工业废气排放、生活炉灶与采暖锅炉、交通工具尾气等。工业生产排放到大气中的污染物种类繁多，有烟尘、硫的氧化物、氮的氧化物、有机化合物、卤化物、碳化合物等。居民民用生活使用炉灶、采暖锅炉等需要消耗大量煤炭，煤炭燃烧过程中会释放大量有害物质，污染空气。交通工具，如汽车、火车、飞机、轮船等烧煤或石油，产生的尾气也直接对空气造成了污染。

（4）农村生态环境污染问题。包括农业生产污染、农村生活污染、农村工业污染三个方面。农业生产污染：化学物质污染问题突出，农民大量地使用化肥、农药，用量远超发达国家的单位面积使用量。而且由于利用方式不科学，导致化肥的利用率很低，残留的化肥造成地下水污染和土壤板结。农村生活污染：近年来，随着农村经济和生活水平的改善，大量的生活垃圾产生，但是由于农村基本上没有专门处理垃圾的设施。因此，大量的垃圾丢弃在河流或野地里，严重危害着生活环境，对水体和土壤造成很大的污染。农村工业污染：随着城市对环境保护力度的加大，加上企业考虑用地成本等因素，不少城区的企业开始迁址农村，但是这些企业并不关注排放物的处理问题，严重污染了农村环境。

（二）生态环境问题原因

造成生态破坏的原因是多方面的，既有历史的因素，也有现实的因素；既有自然的因素，也有人为的原因，但是人为因素更为主要的作用。

（三）原生环境问题

这是由自然环境的自身变化引起的，没有或很少有人为因素参与。如西北地区干旱、多风、土壤风蚀强烈；南方多暴雨，广大丘陵山区易发生水土流失。这是经过较长自然蕴蓄过程后发生的，主要受自然力操纵。

（四）次生环境问题

（1）社会主义初级阶段的国情

中国特色社会主义建设过程中出现生态问题，可以说是社会主义初级阶段“原始积累”不可逾越的过程。外国资本主义国家在原始积累的时候，将生态问题转嫁给殖民地，而我国在该阶段，只能自己消化。

（2）工业化压力

我国工业化起步时间晚，发展起点低，又面临赶超发达国家的繁重任务，不仅以资本高投入支持经济高速增长，而且以资源高消费、环境高代价换取经济繁荣。重视近利，失之远谋，重视经济，忽视生态，短期性经济行为为生态环境带来长期性、积累性后果。

（3）人口压力

我国是世界上人口最多的国家，且具有农村人口多，新增人口多、人口老龄化速度加快，人口分布不均衡等特点。这成为我国现代化进程的最大障碍，又成为我国生态环境的最大压力。迫于生存，人们毁林开荒，围湖造田，乱采滥挖，破坏植被，众多人口的不合理活动超过了大自然许多支持系统的支付能力、输出能力和承载力。

（4）发展思想的偏差

由于认识的历史局限性，长期以来，未能正确处理社会、经济和环境三者的关系，可持续发展的思想未能贯彻实施。在处理发展与生态保护问题时，往往不能正确处理长期利益与短期利益、局部利益与全局利益的关系。在自然资源的开发利用上，一直采取的是“重用轻养”，只开发、不保护的态度。与此同时，“自然资源取之不尽，用之不竭”的错误观念派生的“资源低价，环境无价”的经济政策，助长了以牺牲环境为代价的发展思想和掠夺式地开发资源的盲目行为，都给生态环境带来了严重的破坏。

（5）粗放型的经济发展模式

粗放型的经济发展模式造成资源浪费的同时，也带来了严重生态破坏。农业生产普遍采用大水漫灌，过量使用化肥、农药，造成了水资源的浪费和污染。矿产资源开采的回收率很低，损失浪费严重。铁路、公路等建设，大量开山取石、铺路搭桥中，由于管理和运作不善，造成新的水土流失。

（6）政府与执法部门生态保护工作不足

我国目前还没有建立起完整的全国性的生态环境检测网络，不能对环境现状做出客观全面的评价。一些部门单位监督不力、执法不严，使许多环境破坏现象屡禁不止，加剧生态退化。同时，对生态环境的保护和建设投入严重不足，一些产业在税收和政策方面缺乏国家支持，41% 保护区未建立管理机构，广大的农村地区基础设施严重滞后。并且，生态环境保护的法律体系仍不健全，相关法律法规及标准还不完善。

三、林业生态工程的作用

1. 对促进林业发展的导向作用

林业生态文化体系建设对现代林业建设和改革具有导向和引领作用。因此，生态文化体系建设对现代林业改革与发展具有导向作用，有什么样的生态文化，就有什么样的林业发展观；只有倡导人与自然和谐发展的生态文化，才会有全面、协调、可持续的现代林业发展观。

2. 对促进林业发展的凝聚作用

如果说文化是一种极强的凝聚力量，属于精神范畴。那么林业生态文化作为一种“黏合剂”，可以把社会中各个方面的因素、各个层面的力量和各个层次的人们吸引并团结在一起，对助推林业发展、改革和建设产生一种凝聚力和向心力，凝聚各层面的力量，为现代林业的改革和发展提供动多元素动力。

3. 对促进林业发展的激励作用

林业生态文化将生态文明的价值观念普适化，调动各个层面的精神力量，充分发挥他们的巨大潜力，持之以恒、潜移默化地提高全社会的生态建设与保护意识，使林业文化与历史文化、道德、自然文化、物态文化衔接和融合，满足人类的精神需要，激励他们最大化的推动和保证林业的改革建设与发展，并从中得到精神上的愉悦和物质上的收获。林业作为生态建设的主体，安全的重要保障，同时它也是人类与自然和谐发展的绿色纽带，它还担负着林产品供给和改善生态的双重使命。因此加强林业生态建设具有十分重要的现实意义。大力发展和繁荣林业生态文化，必将为中国林业改革与发展提供强大的动力和支撑，加速我国现代化林业建设步伐。以发展的眼光看，林业生态建设的相关人员一定要努力做好林业生态建设工作，使我国人民的生产生活、健康、生存环境再上新台阶。

第二章　林业生态工程的理论基础

第一节　生态系统

一、概 述

生态系统简称ECO，是ecosystem的缩写，指在自然界的一定的空间内，生物与环境构成的统一整体，在这个统一整体中，生物与环境之间相互影响、相互制约，并在一定时期内处于相对稳定的动态平衡状态。生态系统的范围可大可小，相互交错，太阳系就是一个生态系统，太阳就像一台发动机，源源不断给太阳系提供能量。地球最大的生态系统是生物圈；最为复杂的生态系统是热带雨林生态系统，人类主要生活在以城市和农田为主的人工生态系统中。生态系统是开放系统，为了维系自身的稳定，生态系统需要不断输入能量，否则就有崩溃的危险；许多基础物质在生态系统中不断循环，其中碳循环与全球温室效应密切相关，生态系统是生态学领域的一个主要结构和功能单位，属于生态学研究的最高层次。

（一）理论

1. 早期

随着生态学的发展，生态学家认为生物与环境是不可侵害的整体，以致后来欧德姆（E.P.Odum）认为应把生物与环境看作一个整体来研究，定义生态学是“研究生态系统结构与功能的科学”，研究一定区域内生物的种类、数量、生物量、生活史和空间分布；环境因素对生物的作用及生物对环境的反作用；生态系统中能量流动和物质循环的规律等，他的这一理论对大学生态学教学和研究有很大的影响，他本人因此而荣获美国生态学的最高荣誉——泰勒生态学奖，也是首次提出生态系统概念的人。

2. 发展

1935年，英国生态学家，亚瑟·乔治·坦斯利爵士（Sir Arthur George Tansley）受丹麦植物学家尤金纽斯·瓦尔明（Eugenius Warming）的影响，明确提出生态系统的概念。认为：“（原文）But the fundmental conception is，as it seems to me，the whole system （in the sense of pHysics），including not only the organism–complex，but also the while complex of pHysical factors forming what we call the envirment，with which they form one pHysical system....These ecosystems，as we may call them，are of the most various kinds and sizes.They form one category of the multitudinous pHysical systems of the universe，which range from the universe as a whole down to the atom.（Tansley A G.The use and abuse of vegetational concepts and terms.Ecology，1935，16（3）：284-307.P 299）”（但是对我来讲，基础概念是整个系统（从物理学中的意义来说），包括了有机体的复杂组成，以及我们称之为环境的物理要素的复杂组成，以这些复杂组成共同形成一个物理的系统。我们可以称其为生态系统，这些生态系统具有最为多种的种类和大小。他们形成了宇宙中多种多样的物理系统中的一种类型，而物理系统从宇宙整体到原子的范围。）坦斯利对生态系统的组成进行了深入的考察，为生态系统下了精确的定义。

1940 年，美国生态学家 R.L. 林德曼（R.L.Lindeman）在对赛达伯格湖（Cedar Bog Lake）进行定量分析后发现了生态系统在能量流动上的基本特点：

（1）能量在生态系统中的传递不可逆转；

（2）能量传递的过程中逐级递减，传递率为 10% ~ 20%。

这也就是著名的林德曼定律。

二、发展史

1. 早期历史

早在古代，中国的哲学家就阐发了“天地与我并生，而万物与我为一”（《庄子·齐物论》）的重要的生态哲学思想，其中以老子和庄子为代表的道家学派对人与自然的关系进行了深入探讨。这一时期，人与生态系统的矛盾并不突出。

2. 19 世纪中期

最早倡导人与自然和谐共处的是新英格兰作家，亨利·戴维·梭罗（Henry David Thoreau）在其 1849 年出版的著作《瓦尔登湖》中，梭罗对当时正在美国兴起的资本主义经济和旧日田园牧歌式生活的远去表示痛心。（梭罗第 1 页、30 ~ 34 页）梭罗在康科德四乡的生活中，对本土生物做了详细的考察，以艺术的笔调记录在《瓦尔登湖》一书中。为此，梭罗被后人称为“生态文学批评的始祖”。（梭罗第 1 ~ 4 页）

3. 20 世纪晚期

1962 年，美国海洋生物学家蕾切尔·卡逊（Rachel Carson），发表震惊世界的生态学著作《寂静的春天》，提出了农药 DDT 造成的生态公害与环境保护问题，唤起了公众对环保事业的关注。1964 年，先驱卡逊去世，化工巨头孟山都化学公司颇有针对性地出版了《荒凉的年代》一书，对环保主义者进行攻击，书中描述了 DDT 等杀虫剂被禁止使用后，各种昆虫大肆传播疾病，导致大众死伤无数的“惨剧”。1970 年 4 月 22 日，美国哈佛大学学生丹尼斯·海斯（Dennis Hayes）发起并组织保护环境活动，得到了环保组织的热烈响应，全美各地约 2000 万人参加了这场声势浩大的游行集会，旨在唤起人们对环境的保护意识，促使美国政府采取了一些治理环境污染的措施。后来，这项活动得到了联合国的首肯。至此，每年4月22日便被确定为“世界地球日”。1972年，瑞典斯德哥尔摩召开了“人类环境大会”并于5月5日签订了《斯德哥尔摩人类环境宣言》，这是保护环境的一个划时代的历史文献，是世界上第一个维护和改善环境的纲领性文件，宣言中，各签署国达成了七条基本共识；此外，会议还通过了将每年的6月5日作为“世界环境日”的建议。会议把生物圈的保护列为国际法之中，成为国际谈判的基础，而且，第三世界国家成为保护世界环境的重要力量，使环境保护成为全球的一致行动，并得到各国政府的承认与支持。在会议的建议下，成立了联合国环境规划署，总部设在肯尼亚首都内罗毕。1982年5月10日至18日，为了纪念联合国人类环境会议10周年，促使世界环境的好转，国际社会成员国在规划署总部内罗毕召开了人类环境特别会议，并通过了《内罗毕宣言》。在充分肯定了《斯德哥尔摩人类环境宣言》的基础上，针对世界环境出现的新问题，提出了一些各国应共同遵守的新的原则。《内罗毕宣言》指出了进行环境管理和评价的必要性，和环境、发展、人口与资源之间紧密而复杂的相互关系。宣言指出：“（原文）只有采取一种综合的并在区域内做到统一的办法，才能使环境无害化和社会经济持续发展。”1987年，以挪威前首相格罗·布莱姆·布伦特兰夫人（Gro Harlem Brundtland）为主席的联合国环境与发展委员会（WCED）在给联合国的报告《我们共同的未来》（Our Common Future）中提出了“可持续发展（Sustainable development）”的设想：“（原文）Sustainable development is development that meets the needs of the present without compromising the ability of future generations to meet their own needs。（可持续发展指既满足当代人需求，又不影响后代人的发展能力。）”

1992年6月3日至4日，“联合国环境与发展大会”在巴西里约热内卢举行。183个国家的代表团和联合国及其下属机构70个国际组织的代表出席了会议，其中，102位国家元首或政府首脑亲自与会。这次会议中1987年提出的“可持续发展战略”得到了与会国的普遍赞同。会议通过了《里约环境与发展宣言》（rio declaration）又称《地球宪章》（earth charter），这是一个有关环境与发展方面国家和国际行动的指导性文件。全文纲领27条确定了可持续发展的观点，第一次在承认发展中国家拥有发展权力的同时，制定了环境与发展相结合的方针。然而，条款中“到2000年，生物农药用量要占农药的60%”这一号召，因为生物农药性价比的问题，至今仍是一纸空文。

这次会议还通过了为各国领导人提供下一世纪在环境问题上战略行动的文件《联合国可持续发展二十一世纪议程》《关于森林问题的原则声明》《气候变化框架公约》与《生物多样性公约》。《联合国气候变化框架公约》计划将大气中温室气体浓度稳定在不对气候系统造成危害的水平。非政府环保组织通过了《消费和生活方式公约》，认为商品生产的日益增多，引起自然资源的迅速枯竭，造成生态体系的破坏、物种的灭绝、水质污染、大气污染、垃圾堆积。因此，新的经济模式应当是大力发展满足居民基本需求的生产，禁止为少数人服务的奢侈品的生产，降低世界消费水平，减少不必要的浪费。

三、组成成分

生态系统的组成成分：非生物的物质和能量、生产者、消费者、分解者。其中生产者为主要成分。不同的生态系统有：森林生态系统、草原生态系统、海洋生态系统、淡水生态系统（分为湖泊生态系统、池塘生态系统、河流生态系统等）、农田生态系统、冻原生态系统、湿地生态系统、城市生态系统。其中，无机环境是一个生态系统的基础，其条件的好坏直接决定生态系统的复杂程度和其中生物群落的丰富度；生物群落反作用于无机环境，生物群落在生态系统中既在适应环境，也在改变着周边环境的面貌，各种基础物质将生物群落与无机环境紧密联系在一起，而生物群落的初生演替甚至可以把一片荒凉的裸地变为水草丰美的绿洲。生态系统各个成分的紧密联系，这使生态系统成为具有一定功能的有机整体。

生物与环境是一个不可分割的整体，我们把这个整体叫生态系统。

1. 无机环境

无机环境是生态系统的非生物组成部分，包含阳光以及其他所有构成生态系统的基础物质：水、无机盐、空气、有机质、岩石等。阳光是绝大多数生态系统直接的能量来源，水、空气、无机盐与有机质都是生物不可或缺的物质基础。

2. 生物群落

主条目：生物群落

生产者（producer）

生产者在生物学分类上主要是各种绿色植物，也包括化能合成细菌与光合细菌，它们都是自养生物，植物与光合细菌利用太阳能进行光合作用合成有机物，化能合成细菌利用某些物质氧化还原反应释放的能量合成有机物，比如，硝化细菌通过将氨氧化为硝酸盐的方式利用化学能合成有机物。

生产者在生物群落中起基础性作用，它们将无机环境中的能量同化，同化量就是输入生态系统的总能量，维系着整个生态系统的稳定，其中，各种绿色植物还能为各种生物提供栖息、繁殖的场所。生产者是生态系统的主要成分。

生产者是连接无机环境和生物群落的桥梁。

分解者（decomposer）

分解者又称“还原者”它们是一类异养生物，以各种细菌（寄生的细菌属于消费者，腐生的细菌是分解者）和真菌为主，也包含屎壳郎、蚯蚓等腐生动物。

分解者可以将生态系统中的各种无生命的复杂有机质（尸体、粪便等）分解成水、二氧化碳、铵盐等可以被生产者重新利用的物质，完成物质的循环，因此分解者、生产者与无机环境就可以构成一个简单的生态系统。分解者是生态系统的必要成分。

分解者是连接生物群落和无机环境的桥梁。

消费者（consumer）

消费者指以动植物为食的异养生物，消费者的范围非常广，包括了几乎所有动物和部分微生物（主要有真细菌），它们通过捕食和寄生关系在生态系统中传递能量，其中，以生产者为食的消费者被称为初级消费者，以初级消费者为食的被称为次级消费者，其后还有三级消费者与四级消费者，同一种消费者在一个复杂的生态系统中可能充当多个级别，杂食性动物尤为如此，它们可能既吃植物（充当初级消费者）又吃各种食草动物（充当次级消费者），有的生物所充当的消费者级别还会随季节而变化。

一个生态系统只需生产者和分解者就可以维持运作，数量众多的消费者在生态系统中起加快能量流动和物质循环的作用，可以看成是一种“催化剂”。

四、基本结构

1. 时间结构

生态系统随时间的变动结构也发生变化。一般有 3 个时间长度量，一是长时间度量，以生态系统进化为主要内容；二是中等时间度量，以群落演替为主要内容；三是短时间度量。

2. 营养结构

生态系统各要素之间最本质的联系是通过营养来实现的，食物链和食物网构成了物种间的营养关系。

五、分 类

生态系统类型众多，一般可分为自然生态系统和人工生态系统。自然生态系统还可进一步分为水域生态系统和陆地生态系统。人工生态系统则可以分为农田、城市等生态系统。

（一）自然

1. 陆地生态系统

（1）热带雨林（Tropicalrainforest）

分布：赤道南北纬 5 ~ 10 度以内的热带气候地区（热带辐合带）。

特点：动植物种类繁多，群落结构复杂，种群密度长期处于稳定。据不完全统计，热带雨林拥有全球 40 ~ 75% 的物种。

植物：高大乔木为主。

动物：丰富度极高，大多数为树栖或攀爬型。

（2）针叶林（Temperate coniferous forest）

分布：寒温带及中、低纬度亚高山地区

植物：冷杉，云杉，红松

（3）热带草原（Grassland（Temperate orTropical））

分布：干旱地区。

特点：年降水量少，群落结构简单，受降雨影响大；不同季节或年份种群密度和群落结构常发生剧烈变化，景观差异大。

（4）荒漠（desert（Hot or Cold））

分布：南北纬 15° ~ 50° 之间的地带。

特点：终年少雨或无雨，年降水

量一般少于250mm，降水为阵性，愈向荒漠中心愈少。气温、地温的日较差和年较差大，多晴天，日照时间长。风沙活动频繁，地表干燥，裸露，沙砾易被吹扬，常形成沙暴，冬季更多。荒漠中在水源较充足地区会出现绿洲，具有独特的生态环境。

（5）冻原（tundra）

分布：欧亚大陆和北美北部边缘地区，包括寒温带和温带的山地与高原。

特点：冬季漫长而严寒，夏季温凉短暂，最暖月平均气温不超过 14℃。年降水 200 ~ 300mm。

2. 水域生态系统

（1）湿地（wetland）

分布：大部分地区

种类：沼泽、泥炭地、河流、湖泊、红树林、水库、池塘、沿海滩涂、深度小于 6m 的浅海。

生态价值：可作为生活、工农业用水的水源；补充地下水；水禽的栖息地，鱼类的育肥场所。

（2）海洋（sea）

分布：太平洋、大西洋、印度洋、北冰洋。

特点：生物群落受光照、温度、盐度等非生物因素影响较大。

生物：浮游生物、大型藻类、鱼类、海生哺乳动物、其他无脊椎动物。

分布：河流、湖泊、池塘等。

作用：淡水生态系统不仅是人类资源的宝库，而且是重要的环境因素，具有调节气候，净化污染及保护生物多样性等功能。

生物：藻类、鱼类、淡水哺乳动物以及其他节肢动物等无脊椎动物。

生态系统的类型比较：

森林、草原、海洋和湿地等自然生态系统比较。

类型	森林生态系统	草原生态系统	海洋生态系统	湿地生态系统
分布特点	湿润或较湿润地区	干旱地区，降雨量很少	整个海洋	沼泽地、泥炭地、河流、湖泊、红树林、沿海滩涂及低于6m的浅海水域
物种	繁多	较多	繁多	较多
主要动物	营树栖和攀缘生活，如犀鸟、避役、树蛙、松鼠、貂等	有挖洞或快速奔跑特性，两栖类和水生动物少见	水生动物，从单细胞的原生动物到个体最大的鲸	水禽、鱼类，如丹顶鹤、天鹅及各种淡水鱼类
主要植物	高大乔木	草本	微小浮游植物	芦苇
群落结构	复杂	较复杂	复杂	较复杂
种群和群落动态	长期相对稳定	常剧烈变化	长期相对稳定	周期性变化
限制因素	一定的生存空间	水，其次为温度和阳光	阳光、温度、盐度、深度	温度
主要效益	人类资源库；改善生态环境；生物圈中能量流动和物质循环的主体	提供大量的肉、奶和毛皮；调节气候，防风固沙	维持生物圈中碳氧平衡和水循环；调节全球气候；提供各种丰富资源	生活和工农业用水的直接来源；多雨或河流多水时可蓄积，调节流量和控制洪水，干旱时可释放储存的水补充地表径流和地下水，缓解旱情；消除污染；提供丰富的生物资源
保护措施	退耕还林，合理采伐，防虫防火	防止过度放牧，防虫防鼠	防止过度捕捞及环境污染	加入“湿地公约”、建立重要湿地

（二）人工

人工生态系统有一些十分鲜明的特点：动植物种类稀少，人的作用十分明显，对自然生态系统存在依赖和干扰。人工生态系统也可以看成是自然生态系统与人类社会的经济系统复合而成的复杂生态系统。

1. 农田（farmland）

分布：农垦地区。

生物：农作物为主，昆虫，鸟类，杂草，被废弃后，农田生态系统将发生次生演替，成为自然生态系统。

2. 城市（city）

分布：世界各地。

特点：除人工生态系统的共同特点外，城市兰态系统以化石燃料为直接的能量来源，开放度高。

六、生态功能

（一）能量流动

能量流动指生态系统中能量输入、传递、转化和丧失的过程。能量流动是生态系统的重要功能，在生态系统中，生物与环境，生物与生物间的密切联系，可以通过能量流动来实现。能量流动两大特点：1. 能量流动是单向的；2. 能量逐级递减。

1. 过程

①能量的输入

生态系统的能量来自太阳能，太阳能以光能的形式被生产者固定下来后，就开始了在生态系统中的传递，被生产者固定的能量只占太阳能的很小一部分，下表给出太阳能的主要流向：

项目	反射	吸收	水循环	风、潮汐	光合作用
所占比例	30%	46%	23%	0.2%	0.8%

然而，光合作用仅仅是 0.8% 的能量也有惊人的数目：3.8 × 10^25 焦 / 秒。在生产者将太阳能固定后，能量就以化学能的形式在生态系统中传递。

②能量的传递与散失

能量在生态系统中的传递是不可逆的，而且逐级递减，递减率为 10% ~ 20%。能量传递的主要途径是食物链与食物网，这构成了营养关系，传递到每个营养级时，同化能量的去向为：未利用（用于今后繁殖、生长）、代谢消耗（呼吸作用，排泄）、被下一营养级利用（最高营养级除外）。

2. 营养关系

主条目：食物链、食物网、营养级。

生态系统中，生产者与消费者通过捕食、寄生等关系构成的相互联系被称作食物链；多条食物链相互交错就形成了食物网。食物链（网）是生态系统中能量传递的重要形式，其中，生产者被称为第一营养级，初级消费者被称为第二营养级，以此类推。由于能量有限，一条食物链的营养级一般不超过五个。

3. 生态金字塔

生态金字塔是以面积表示特定内容，按营养级自下而上排列形成的图示，因其往往呈现金字塔状，故名。常用的有三种：能量金字塔、生物量金字塔、生物数量金字塔。

①能量金字塔（energypyramid）

含义：将单位时间内各营养级所得能量的数量值用面积表示，由低到高绘制成图，即为能量金字塔。

特点：能量金字塔永远正立，因为生态系统进行能量传递是遵守林德曼定律，每个营养级的能量都是上一个营养级能量的 10% ～ 20%。

②生物量金字塔（biomasspyramid）

含义：将每个营养级现存生物的有机物质量用面积表示，由低到高绘制成图，即为生物量金字。

特点：与能量金字塔基本吻合，因为营养级所获得的能量与其有机物质的同化量正相关。

③生物数量金字塔（Eltonian pyramid）

含义：将每个营养级现存个体数量用面积表示，由低到高绘制成图，即为生物数量金字塔。

特点：形状多样，并不总是正立。例如，几百只昆虫和数只鸟可以同时生活在一棵树上，出现“下小上大”的现象。

（二）物质循环

主条目：生物地球化学循环

生态系统的能量流动推动着各种物质在生物群落与无机环境间循环。这里的物质包括组成生物体的基础元素：碳、氮、硫、磷，以及以 DDT 为代表的，能长时间稳定存在的有毒物质；这里的生态系统也并非家门口的一个小水池，而是整个生物圈，其原因是气态循环和水体循环具有全球性，一个例子是 2008 年 5 月，科学家曾在南极企鹅的皮下脂肪内检测到了脂溶性的农药 DDT，这些 DDT 就是通过全球性的生物地球化学循环，从遥远的文明社会进入企鹅体内的。

1. 按循环途径分类

（1）气体型循环（gaseous cycles）

元素以气态的形式在大气中循环即为气体型循环，又称“气态循环”，气态循环把大气和海洋紧密连接起来，具有全球性。碳 – 氧循环和氮循环以气态循环为主。

（2）水循环（water cycle）

水循环是指大自然的水通过蒸发，植物蒸腾，水汽输送，降水，地表径流，下渗，地下径流等环节，在水圈，大气圈，岩石圈，生物圈中进行连续运动的过程。水循环是生态系统的重要过程，是所有物质进行循环的必要条件

（3）沉积型循环（sedimentary cycles）

沉积型循环发生在岩石圈，元素以沉积物的形式通过岩石的风化作用和沉积物本身的分解作用转变成生态系统可用的物质，沉积循环是缓慢的、非全球性的、不显著的循环。沉积循环以硫、磷、碘为代表，还包括硅以及碱金属元素。

2. 常见物质的循环

（1）碳循环（carbon cycle）

碳元素是构成生命的基础，碳循环是生态系统中十分重要的循环，其循环主要是以二氧化碳的形式随大气环流在全球范围流动。碳－氧循环的主要流程为（可参见右图）：

①大气圈→生物群落

植物通过光合作用将大气中的二氧化碳同化为有机物。

消费者通过食物链获得植物生产的含碳有机物。

植物与动物在获得含碳有机物的同时，有一部分通过呼吸作用回到大气中。动植物的遗体和排泄物中含有大量的碳，这些产物是下一环节的重点。

②生物群落→岩石圈、大气圈

植物与动物的一部分遗体和排泄物被微生物分解成二氧化碳，回到大气。

另一部分遗体和排泄物在长时间的地质演化中形成石油、煤等化石燃料。

分解生成的二氧化碳回到大气中开始新的循环；化石燃料将长期深埋地下，进行下一环节。

③岩石圈→大气圈

一部分化石燃料被细菌（比如嗜甲烷菌）分解生成二氧化碳回到大气。

另一部分化石燃料被人类开采利用，经过一系列转化，最终形成二氧化碳。

④大气与海洋的二氧化碳交换

大气中的二氧化碳会溶解在海水中形成碳酸氢根离子，这些离子经过生物作用将形成碳酸盐，碳酸盐也会分解形成二氧化碳。

整个碳循环过程二氧化碳的固定速度与生成速度保持平衡，大致相等，但随着现代工业的快速发展，人类大量开采化石燃料，极大地加快了二氧化碳的生成速度，打破了碳循环的速率平衡，导致大气中二氧化碳浓度迅速增长，这是引起温室效应的重要原因。

（2）氮循环（nitrogen cycle）

氮气占空气 78% 的体积，因而氮循环是十分普遍的，氮是植物生长所必需的元素，氮循环对各种植物包括农作物而言，是十分重要的。氮循环的主要流程为：

①氮的固定

氮气是十分稳定的气体单质，氮的固定指的就是通过自然或人工方法，将氮气固定为其他可利用的化合物的过程，这一过程主要有三条途径：

在闪电的时候，空气中的氮气与氧气在高压电的作用下会生成一氧化氮，之后一氧化氮经过一系列变化，最终形成硝酸盐；

氮气 + 氧气→一氧化氮→二氧化氮（四氧化二氮）→硝酸→硝酸盐。硝酸盐是可以被植物吸收的含氮化合物，氮元素随后开始在岩石圈循环；

根瘤菌、自生固氮菌能将氮气固定生成氨气，这些氨气最终被植物利用，在生物群落开始循环。

自 1918 年弗里茨·哈勃（Fritz Haber）发明人工固氮方法以来，人类对氮循环施加了重要影响，人们将氮气固定为氨气，最终制成各种化肥投放到农田中，开始在岩石圈循环。

②微生物循环

氮被固定后，土壤中的各种微生物可以通过化能合成作用参与循环。

硝化细菌（Nitrifying bacteria）能将土壤中的铵根（氨气）氧化形成硝酸盐。

反硝化细菌（Denitrifying bacteria）能将硝酸盐还原成氮气。

反硝化细菌还原生成的氮气重新回到大气开始新的循环，这是一条最简单的循环路线。如果进入岩石圈的氮没有被微生物分解，而是被植物的根系吸收进而被植株同化，那么这些氮还将经历另一个过程。

③生物群落→岩石圈

植物将土壤中的含氮化合物同化为自身的有机物（通常是蛋白质），氮元素就会在生物群落中循环。

植物吸收并同化土壤中的含氮化合物。

初级消费者通过摄取植物体，将氮同化为自身的营养物，更高级的消费者通过捕食其他消费者获得这些氮。

植物、动物的氮最终通过排泄物和尸体回到岩石圈，这些氮大部分被分解者分解生成硝酸盐和铵盐。

少部分动植物尸体形成石油等化石燃料。

经过生物群落循环后的硝酸盐和铵盐可能再次被植物根系吸收，但循环多次后，这批化合物最终全部进入硝化细菌和反硝化细菌组成的基本循环中，完成循环。

⑤化石燃料的分解

石油等化石燃料最终被微生物分解或被人类利用，氮元素也随之生成氮气回到大气中，历时最长的一条氮循环途径完成。

（3）硫循环（sulfur cycle）

硫是生物原生质体的重要组分，是合成蛋白质的必须元素，因而硫循环也是生态系统的基础循环。硫循环明显的特点是，它有一个长期的沉积阶段和一个较短的气体型循环阶段，因为含硫的化合物中，既包括硫酸钡、硫酸铅、硫化铜等难溶的盐类；也有气态的二氧化硫和硫化氢。硫循环的主要过程为：

①硫的释放

多种生物地球化学过程可将硫释放到大气中：

火山喷发可以带出大量的硫化氢气体。

硫化细菌（thiobacillus）通过化能合成作用形成硫化物，释放化合物的种类因硫化细菌的种类而有不同。

海水飞沫形成的气溶胶。

岩体风化，该途径产生的硫酸盐将进入水中．这一过程释放的硫占释放总量的 50% 左右。

大部分硫将进入水体。火山喷发等途径形成的气态含硫化合物将随降雨进入土壤和水体，但大部分的硫直接进入海洋，并在海里永远沉积无法连续循环。只有少部分在生物群落循环。

②岩石圈、水圈→生物群落

和氮循环类似，植物根系吸收硫酸盐，硫元素就开始在生物群落循环，最后由尸体和排泄物脱离，大部分此类物质被分解者分解，少部分形成化石燃料。

③重新沉积

分解者将含硫有机物分解为硫酸盐和硫化物后，这些硫化物将按①过程重新开始循环。

（4）磷循环（pHospHorus cycle）

磷是植物生长的必须元素，由于磷根本没有气态化合物，所以磷循环是典型的沉积循环，自然界的磷主要存在于各种沉积物中，通过风化进入水体，在生物群落循环，最后大部分进入海洋沉积，虽然部分海鸟的粪便可以将磷重新带回陆地（瑙鲁岛上存在大量的此类鸟粪），但大部分磷还是永久性地留在了海底的沉积物中无法继续循环。

①有害物质循环

主条目：生物富集

人类在改造自然的过程中，不可避免地会向生态系统排放有毒有害物质，这些物质会在生态系统中循环，并通过富集作用积累在食物链最顶端的生物上（最顶端的生物往往是人）。生物的富集作用指的是：生物个体或处于同一营养级的许多生物种群，从周围环境中吸收并积累某种元素或难分解的化合物，导致生物体内该物质的平衡浓度超过环境中浓度的现象。有毒有害物质的生物富集曾引起包括水俣病、痛痛病在内的多起生态公害事件。

生物富集对自然界的其他生物也有重要影响，例如美国的国鸟白头海雕就曾受到 DDT 生物富集的影响，1952 年 ~ 1957 年间，已经有鸟类爱好者观察到白头海雕的出生率在下降，随后的研究则表明，高浓度的 DDT 会导致白头海雕的卵壳变软以致无法承受自身的重量而碎裂。直到 1972 年 11 月 31 日美国环境保护署（Environmental Protection Agency .EPA）正式全面禁止使用 DDT，白头海雕的数量才开始恢复。

②信息传递

主条目：生物信息传递

A. 物理信息（pHysical information）

物理信息指通过物理过程传递的信息，它可以来自无机环境 / 也可以来自生物群落，主要有：声、光、温度、湿度、磁力、机械振动等。眼、耳、皮肤等器官能接受物理信息并进行处理。植物开花属于物理信息。

B. 化学信息（chemical information）

许多化学物质能够参信息传递，包括：生物碱、有机酸及代谢产物等，鼻及其他特殊器官能够接受化学信息。

C. 行为信息（behavior information）

行为信息可以在同种和一种生物间传递。行为信息多种多样，例如蜜蜂的“圆圈舞”以及鸟类的“求偶炫耀”。

（5）作用

生态系统中生物的活动离不开信息的作用，信息在生态系统中的作用主要表现在

①生命活动的正常进行。

A. 许多植物（莴苣、茄子、烟草等）的种子必须接受某种波长的光信息才能萌发。

B. 蚜虫等昆虫的翅膀只有在特定的光照条件下才能产生。

C. 光信息对各种生物的生物钟构成重大影响。

D. 正常的起居、捕食活动离不开光、气味、声音等各种信息的作用。

②种群的繁衍

A. 光信息对植物的开花时间有重要影响。

B. 性外激素在各种动物繁殖的季节起重要作用。

C. 鸟类进行繁殖活动的时间与日照长短有关。

③调节生物的种间关系，以维持生态系统的稳定

A. 在草原上，当草原返青时，“绿色”为食草动物提供了可以采食的信息。

B. 森林中，狼能够依据兔子留下的气味去猎捕后者，兔子也能依据狼的气味或行为特征躲避猎捕。

七、作 用

能降低自然灾害风险

布鲁塞尔发布的 2012 年度《世界风险报告》称，人类发展已经“使得潜在风险大幅增加”。报告还说，我们需要进行大量的科学研究，以帮助我们了解自然生态系统、降低风险和防止各种灾害。

报告举例说，珊瑚礁以及东南亚滨海红树林等生态系统的消失，降低了防护洪水和风暴潮的能力；巴基斯坦长期的乱砍滥伐致使土壤流失、洪水肆虐、频发山体滑坡等地

质灾害。因此报告警告说，如果人类未来的发展依然如此“差劲”，那么更多人口将面临灾害困境。

不过报告同时也描绘了另一幅画面。如果可持续发展与生态系统保护携手共进，就能够将降低灾害风险与环境、社会经济发展目标联系起来。

有证据表明，完整的生态系统能够显著降低灾害风险，但“政界和学界极少对此”予以关注。报告援引加勒比海地区国家恢复珊瑚礁的例子说，这种生态系统恢复就降低了这些国家经受暴风雨灾害的风险。

德国发展援助联盟（Alliance Development Works）主席彼得·穆克（Peter Mucke）认为：“应该将减灾的‘绿色解决方案’纳入国际就发展问题进行的磋商议题之中。”我们需要“确定哪些地方的生态系统保护和恢复工作提供了较好的降低风险解决方案”，同时，我们还需要更好的数据，并且将各地的研究整合到国际的灾害预防规划当中。

穆克还说：“新的《世界风险报告》为我们提供了一幅生动的图景，描绘了环境破坏如何在全球范围内正逐渐构成对人类的直接威胁。”全世界越来越多的人正面临洪水、干旱、地震和飓风，从 2002 年到 2011 年，发生了逾 4000 次灾害，受灾人口达 100 万，造成的损失几近 2 万亿美元，而 2011 年是灾害高峰。

该报告的“世界风险指数”采用了“世界灾害指数”的 28 个指标，对 173 个国家的灾害风险进行了评级，由此得出一个发生风险的综合指数，其中包括了自然灾害风险以及应对和适应灾害的能力不足等因素。

中美洲、大洋洲、撒哈拉沙漠南部以及东南亚是风险最大的地区，那里面临着自然灾害的高风险、急剧的气候变化，而社会状况又十分脆弱。在面临最大自然灾害风险的 15 个国家中，有 8 个是岛国，其中大多数分布在东南亚和太平洋地区。由于靠近海洋，这些国家尤其要面对飓风、洪水和海平面升高的风险。

美国“自然保护协会”的研究人员克里斯蒂娜·谢泼德（Christine Shepard）说，这 15 个高风险国家都位于热带和沿海地区，但这些国家也都同时拥有能够降低灾害风险的沿海生态系统。

八、生产系统

生态系统健康与服务功能产品生产系统主要实现生态系统评价参数的生产功能，主要包括植被指数、叶面积指数、草场状况、辐射计算、地表温度、比辐射率、地表蒸腾与蒸散量以及生态系统生产力等参数的计算，并结合上述参数及相关模型方法实现草场承载力评价功能。系统同时提供地图制作功能，将本系统生产的产品或其他系统产品制作专题图并输出为图片或打印输出。本系统相关健康与服务功能产品的生产，为生态系统健康度评价提供数据基础。

1. 文件操作

本模块主要实现地图文档的管理，包括新建地图文档、打开地图文档，对地图文档的保存和另存操作；以及打开和导出影像功能。

2. 产品制作

（1）植被指数。

（2）叶面积指数。

（3）草场状况。

（4）辐射计算。

（5）地表温度 LUT。

（6）比辐射率。

（7）地表反照率。

（8）地表蒸散与蒸散量。

（9）生态系统生产力。

（10）草场承载力评价。

3. 地图制作

系统提供了模板进行产品制作；用户也可以通过插入文本、图例、比例尺、格网和指北针等自定义模板，并可以对图层颜色定义，进行地图输出。系统提供两种窗口：地图窗口和打印窗口；通过地图窗口放大缩小选择需要输出的视图，在“图层控制”中选择需要输出的图层；选择“打印窗口”，当前的地图窗口的视图将被输出为专题图，通过系统模板或自定义模板输出专题图。在“打印窗口”状态，模板编辑工具将以快捷菜单方式在地图操作窗口，方便用户操作。

九、生态价值

（一）主条目：生态价值、生物多样性、生态系统多样性

1. 生态价值是区别于劳动价值的一种价值

指的是空气、水、土地、生物等具有的价值，生态价值是自然物质生产过程创造的。它是“自然 – 社会”系统的共同财富。无机环境的价值是显而易见的，它是人类生存和发展的基础，而随着日益严重的环境问题，生物多样性的价值也逐渐被人类发现。

2. 生物多样性

生物多样性指的是一定范围内动物、植物、微生物有规律地结合所构成稳定的生态综合体。这种多样包括：物种多样性、遗传与变异多样性、生态系统多样性。

3. 生态系统多样性是指不同生境、生物群体以及生物圈生态过程的总和

它表现为生态系统结构多样性以及生态过程的复杂性和多变性。保护生态系统多样性尤为重要，因为无论是物种多样性还是遗传多样性．都是寓于生态系统多样性之中，生态系统多样性保护直接影响物种多样性及其基因多样性。

4. 潜在价值

潜在价值指的是人类尚不清楚的价值。

5. 直接价值

直接价值包括对人类的医药、仿生、文艺、旅游等非实用意义的价值。

6. 间接价值

间接价值亦称“生态功能”，指的是对生态环境起稳定调节作用的功能，常见的有：湿地生态系统的蓄洪防旱功能、森林和草原防止水土流失的功能。生物多样性的间接价值远大于直接价值。

（二）稳定性

作为一个独立运转的开放系统，生态系统有一定的稳定性，生态系统的稳定性指的是生态系统所具有的保持或恢复自身结构和功能相对稳定的能力，生态系统稳定性的内在原因是生态系统的自我调节（稳态与环境第 109 页）。生态系统处于稳定状态时就被称为达到了生态平衡。

1. 生态平衡

主条目：生态平衡

生态平衡是一种动态平衡，是生态系统内部长期适应的结果，即生态系统的结构和功能处于相对稳定的状态，其特征为：

（1）能量与物质的输入和输出基本相等，保持平衡；

（2）生物群落内种类和数量保持相对稳定；

（3）生产者、消费者、分解者组成完整的营养结构；

（4）具有典型的食物链与符合规律的金字塔形营养级；

（5）生物个体数、生物量、生产力维持恒定。

2. 生态自我调节

生态系统保持自身稳定的能力被称为生态系统的自我调节能力。生态系统自我调节能力的强弱是多方因素共同作用体现的。一般地：成分多样、能量流动和物质循环途径复杂的生态系统自我调节能力强；反之，结构与成分单一的生态系统自我调节能力就相对更弱。热带雨林生态系统有着最为多样的成分和生态途径，因而也是最为稳定和复杂的生态系统，北极苔原生态系统由于仅地衣一种生产者，因而十分脆弱，被破坏后想要

恢复便需花费很大代价。

3. 负反馈调节（negative feedback）

负反馈调节是生态系统自我调节的基础，它在生态系统中普遍存在的一种抑制性调节机制，例如，在草原生态系统中，食草动物瞪羚的数量增加，会引起其天敌猎豹数量的增加和草数量的下降，两者共同作用引起瞪羚种群数量下降，维持了生态系统中瞪羚数量的稳定。

4. 正反馈调节

与负反馈调节相反，正反馈调节是一种促进性调节机制，它能打破生态系统的稳定性，通常作用小于负反馈调节，但在特定条件下，二者的主次关系也会发生转化，赤潮的爆发就是此类例子。

5. 抵抗力稳定性（resistance stability）

生态系统抵抗外界干扰的能力即抵抗力稳定性，抵抗力稳定性与生态自我调节能力正相关。抵抗力稳定性强的生态系统有较强的自我调节能力，生态平衡不易被打破。

6. 恢复力稳定性（resilience stability）

恢复力稳定性指的是生态系统已经被破坏后，在原地恢复到原来状态的能力。恢复力稳定性与生态系统的自我调节能力的关系是微妙的，过于复杂的生态系统（比如热带雨林）的恢复力稳定性并不高，原因是其复杂的结构需要很长的时间来重建，而自我调节能力过低的生态系统（比如冻原和荒漠）几乎没有恢复力稳定性，且抵抗力稳定性也很低；只有调节能力适中的生态系统有较高的恢复力稳定性，草原的恢复力稳定性就是比较高的。

7. 人类的影响

人类对生态系统施加了强有力的影响，自工业革命以来，人类对生态系统进行了前所未有的破坏，而 20 世纪 60 年代后，对生态系统的重建与恢复已经成为一个重要问题，总之，人类活动深刻影响了生态系统的运转。

8. 破坏

（1）对植被的破坏

①伐木业在引入大型作业机器后，工作效率迅速提高，这是植被破坏的重要原因。

②有些地区由于长期以木柴为燃料，长年累月导致了植被的严重破坏，黄土高原就是一个例子。

③有些国家在战争中释放能引起植物死亡的毒剂，美军在越战中就曾使用“橙剂”，导致越南地区大面积树木死亡。

（2）对食物链与食物网的破坏

①物种入侵。

②大规模捕杀。

（3）对无机环境的污染。

9. 重建与改进

主条目：恢复生态学、生态工程。

生态系统在遭到破坏后对其进行恢复需要运用恢复生态学原理。恢复生态学是研究生态整合性的恢复和管理过程的科学，生态整合性包括生物多样性、生态过程和结构、区域及历史情况、可持续的社会实践等广泛的范围。恢复生态学的目标是重建某一区域历史上曾有的生物群落，并将其生态功能恢复到受干扰前的状态。

对生态系统进行重建关键是恢复其自我调节能力与生物的适应性，主要依靠生态系统自身的恢复能力，辅以人工的物质与能量投入，并进行生态工程的办法进行生态恢复。

第二节　生态环境脆弱带

在生态系统中，凡处于两种或两种以上的物质体系、能量体系、结构体系、功能体系之间所形成的“界面”，以及围绕该界面向外延伸的“过渡带”的空间域，即称为生态环境脆弱带。

生态环境脆弱带是指生物链简单、易断裂、容易发生生态破坏、系统恢复力和抵抗力较差的地区。

一般生态环境脆弱带分布在地表植被覆盖率低、动物物种少的地区，或不同群落的过渡带，或人类影响较大的区域。

在我国脆弱带：如西部干旱缺水的草原和沙漠地区，湖泊周围，山地与平原的交接带。河流沿岸受人类影像深刻的区域，以及浅海域等。

界面“脆弱”的基本特征，可以表达如下：

1. 可被代替的概率大，竞争的程度高。

2. 可以恢复原状的机会小。

3. 抗干扰的能力弱，对于改变界面状态的外力，只具相对低的阻抗。

4. 界面变化速度快，空间移动能力强。

5. 非线性的集中表达区，非连续性的集中显示区，突变的产生区，生物多样性的出现区。

在生态环境中，可划分为如下几种脆弱带类型：城乡交接带、干湿交替带、农牧交错带、水陆交界带、森林边缘带、沙漠边缘带、梯度联结带。

第三节　水土保持林

水土保持林是为防止、减少水土流失而营建的防护林。是水土保持林业技术措施的主要组成部分。主要作用表现在：调节降水和地表径流。通过林中乔、灌木林冠层对天然降水的截留，改变降落在林地上的降水形式，削弱降雨强度和其冲击地面的能量。通过增加地表覆盖物的形式减少雨水对地表物质的侵蚀。可以改善地表物质组成。改善微生物环境。最终改善小气候。

一、概念

水土保持林是在水土流失地区，以调节地表径流、防治土壤侵蚀、减少河流、水库泥沙淤积等为主要目的，并提供一定林副产品的天然林和人工林。水土保持林是防护林的一个林种，它又可分为水源涵养林、坡面防蚀林、沟道防护林、梯田地坎造林、池塘水库防护林等，这些林种在流域内形成水土保持林体系，是综合治理措施的重要组成部分。

二、历史

南宋嘉定年间（1208 ～ 1224 年）魏岘所著《四明它山水利备览·自序》较系统地阐述森林的水土保持作用及其改善河川水文条件等。明代刘天和提出“沿河六柳”（即卧柳、编柳、浸柳、深柳、低柳、高柳），巧妙地利用林木，特别是活柳调节洪峰顶溜归槽的特殊功能以治河保堤，至今仍不失为有效措施。山区人民群众所以历来对村庄和住宅前后的“照山”和“靠山”倍加爱护，主要是由于他们认识到这是森林保持水土在生活上的重大作用。至于在生产上广泛采用人工造林和封山育林等方法，以护坡、保土、护田、护路、保护水利设施（渠道、水塘、水库、水工建筑物等），防护河川，防止滑坡、山崩、泥石流等，在中国的一些水土流失地区，都有着长期的历史传统。水土保持作为现代科学的分支于 20 世纪 20 年代在中国出现时，水土保持学科的先驱者即在山东崂山、山西五台山等地研究森林的水土保持效用。1934 年陕西省林务局在渭河沿岸冲积滩地，采用柳树、白杨、白榆、臭椿等进行造林，并创设了天水县林场、宝鸡县林场等若干处。此后，在沟道治理中应用各种活柳谷坊、沿河保滩中应用“柳篱挂淤”等生物工程，以及水库周围防护林、梯田地坎的护坡林等水土保持措施，也得到不断地完善与推广。1949 年以来，中国大力开展水土保持工作，根据水土流失发生、发展规律，以及长期以来积累的经验，提出水土保持工作必须按流域、水系实行小流域（面积一般在 30 平方公里以上）综合治理。其中包括：山区土地合理利用规划；各种生产用地上有利于水土保持的技术措施和经营管理措施；必要的坡面、沟道和河川的水土保持工程措施，以及相应的生物措施等。随着山区生产建设和水土保持工作的开展，水土保持林在小流域综合治理中，得到更为广泛的推广与应用。70 年代末中国开始兴建的“三北”防护林体系工程中，水土保持林是重要的组成林种。

三、各国现状

日本近百年来，一些石质山地也结合工程措施，营造人工林以防止耕地（主要是水田）被水冲沙压和减免山洪、泥石流的为害。欧洲一些国家如联邦德国、意大利、奥地利等紧密结合荒溪（小流域）综合治理，采用工程措施和人工造林相结合的方法在防治山区水土流失方面取得良好的效果。在美国、澳大利亚、新西兰等国以经营农业，牧业为主的一些水土流失地区，农田、牧场的水土保持工作也以营造人工林作为主要的措施。

四、防护作用

主要是控制水土流失，即水力土壤侵蚀，也包括重力侵蚀及所形成的泥石流。在治理上，首先要防止加速侵蚀。配置水土保持林的地段和其邻近的各种生产用地，由于林分的存在及其形成的森林环境的影响，发挥着明显的水土保持作用。主要表现在：

1. 调节地表径流

配置在流域集水区，或其他用地上坡的水土保持林，借助于组成林分乔、灌木林冠层对降水的截留，改变落在林地上的降水量和降水强度，从而有利于减少雨滴对地表的直接打击能量，延缓降水渗透和径流形成的时间。林地上形成的松软的死地被物层，包括枯枝落叶层和苔藓地衣等低等植物层，及其下的发育良好的森林土壤，具有大的地表粗糙度、高的水容量和高的渗透系数，发挥着很好的调节径流作用。这样，一方面可以达到控制坡面径流泥沙的目的，另一方面有利于改善下坡其他生产用地的土壤水文条件。

2. 固持土壤

根据各种生产用地或设施特定的防护需要，如陡坎固持土体，防止滑坡、崩塌，以及防冲护岸、缓流挂淤等，通过专门配置形成一定结构的水土保持林，依靠林分群体乔、灌木树种浓密的地上部分及其强大的根系，以调节径流和机械固持土壤。至于林木生长过程中生物排水等功能，也有着良好的稳固土壤的作用。水土保持林和必要的坡面工程、护岸护滩、固沟护坝等工程相结合，往往可以取得良好的效果。

3. 改善局部小气候

通过水土保持林在各种生产用地上及其邻近地段的配置，发挥着改善局部小气候条件（如气流运动、气温、湿度、蒸发蒸腾等）的作用，从而使这些生产用地处于相对良好的生物气候环境之中。

五、营造特点

表现在树林配置和营造技术两个方面。

六、配 置

水土保持的综合治理一般以小流域为基本单元。水土保持林的配置，根据不同地形和不同防护要求，以及配置形式和防护特点，可细分为分水岭地带防护林、护坡林、护牧林、梯田地坎防护林、沟道防蚀林、山地池塘水库周围防护林和山地河川护岸护滩林等。不同的水土保持林种可因地制宜、因害设防地采取（林）带、片、网等不同形式。在一个水土保持综合治理的小流域范围内，要注意各个水土保持林种间在其防护作用和其配置方面的互相配合、协调和补充，还要注意与水土保持工程设施相结合，从流域的整体上注意保护和培育现有的天然林，使之与人工营造的各个水土保持林种相结合，同时又注意流域治理中水土保持林的合理、均匀地分布和林地覆被率问题。

七、营造技术

由于大多数水土流失地区的生物气候条件和造林地土壤条件都较差，水土保持林的营造和经营上有如下特点：选择抗性强和适应性强的灌木树种，同时注意采用适当的混交方式。在规划施工时注意造林地的蓄水保土坡面工程，如小平条、鱼鳞坑、反坡梯田等（见造林整地）。可采用各种造林方法，以及人工促进更新（见森林更新）和封山育林等。造林的初植密度宜稍大，以利提前郁闭。

第四节　水源涵养林

水源涵养林，是指以调节、改善、水源流量和水质的一种防护林。也称水源林。涵养水源、改善水文状况、调节区域水分循环、防止河流、湖泊、水库淤塞，以及保护可饮水水源为主要目的的森林、林木和灌木林。主要分布在河川上游的水源地区，对于调节径流，防止水、旱灾害，合理开发、利用水资源具有重要意义。

一、简 介

水源涵养林，用于控制河流源头水土流失，调节洪水枯水流量，具有良好的林分结构和林下地被物层的天然林和人工林。水源涵养林通过对降水的吸收调节等作用，变地表径流为壤中流和地下径流，起到显著的水源涵养作用。为了更好地发挥这种功能，流域内森林需均匀分布，合理配置，并达到一定的森林覆盖率和采用合理的经营管理技术措施。

二、作 用

森林的形成、发展和衰退与水分循环有着密切的关系。森林既是水分的消耗者，又起着林地水分再分配、调节、储蓄和改变水分循环系统的作用。

1. 调节坡面径流

调节坡面径流，削减河川汛期径流量。一般在降雨强度超过土壤渗透速度时，即使土壤未达饱和状态，也会因降雨来不及渗透而产生超渗坡面径流；而当土壤达到饱和状态后，其渗透速度降低，即使降雨强度不大，也会形成坡面径流，称过饱和坡面径流。但森林土壤则因具有良好的结构和植物腐根造成的孔洞，渗透快、蓄水量大，一般不会产生上述两种径流；即使在特大暴雨情况下形成坂面径流，其流速也比无林地大大降低。在积雪地区，因森林土壤冻结深度较小，林内融雪期较长，在林内因融雪形成的坡面径流也减小。森林对坡面径流的良好调节作用，可使河川汛期径流量和洪峰起伏量减小，从而减免洪水灾害。

2. 调节地下径流

调节地下径流，增加河川枯水期径流量。中国受亚洲太平洋季风影响，雨季和旱季降水量悬殊，因而河川径流有明显的丰水期和枯水期。但在森林覆被率较高的流域，丰水期径流量占 30 ~ 50%，枯水期径流量也可占到 20% 左右。森林增加河川枯水期径流量的主要原因是把大量降水渗透到土壤层或岩层中并形成地下径流。在一般情况下，坡面径流只要几十分钟至几小时即可进入河川，而地下径流则需要几天、几十天甚至更长的时间缓缓进入河川，因此可使河川径流量在年内分配比较均匀。提高了水资源利用系数。

3. 水土保持功能

水源林可调节坡面径流，削减河川汛期径流量。

一般在降雨强度超过土壤渗透速度时，即使土壤未达饱和状态，也会因降雨来不及渗透而产生超渗坡面径流；而当土壤达到饱和状态后，其渗透速度降低，即使降雨强度不大，也会形成坡面径流，称过饱和坡面径流。但森林土壤则因具有良好的结构和植物腐根造成的孔洞，渗透快、蓄水量大，一般不会产生上述两种径流；即使在特大暴雨情况下形成坡面径流，其流速也比无林地大大降低。在积雪地区，因森林土壤冻结深度较小，林内融雪期较长，在林内因融雪形成的坡面径流也减小。森林对坡面径流的良好调节作用，可使河川汛期径流量和洪峰起伏量减小，从而减免洪水灾害。结构良好的森林植被可以减少水土流失量 90% 以上。

4. 滞洪和蓄洪功能

河川径流中泥沙含量的多少与水土流失相关。水源林一方面对坡面径流具有分散、阻滞和过滤等作用；另一方面其庞大的根系层对土壤有网结、固持作用。在合理布局情况下，还能吸收由林外进入林内的坡面径流并把泥沙沉积在林区。

降水时，由于林冠层、枯枝落叶层和森林土壤的生物物理作用，对雨水截留、吸持渗入、蒸发，减小了地表径流量和径流速度，增加了土壤拦蓄量，将地表径流转化为地下径流，从而起到了滞洪和减少洪峰流量的作用。

5. 枯水期的水源调节功能

中国受亚洲太平洋季风影响，雨季和旱季降水量悬殊，因而河川径流有明显的丰水期和枯水期。但在森林覆被率较高的流域，丰水期径流量占 30 ~ 50%，枯水期径流量也可占到 20% 左右。森林能涵养水源主要表现在对水的截留、吸收和下渗，在时空上对降水进行再分配，减少无效水，增加有效水。水源涵养林的土壤吸收林内降水并加以贮存，对河川水量补给起积极的调节作用。随着森林覆盖率的增加，减少了地表径流，增加了地下径流，使得河川在枯水期也不断有补给水源，增加了干旱季节河流的流量，使河水流量保持相对稳定。森林凋落物的腐烂分解，改善了林地土壤的透水通气状况。因而，森林土壤具有较强的水分渗透力。有林地的地下径流一般比裸露的大。

6. 改善和净化水质

造成水体污染的因素主要是非点源污染，即在降水径流的淋洗和冲刷下，泥沙与其所携带的有害物质随径流迁移到水库、湖泊或江河，导致水质浑浊恶化。水源涵养林能有效地防止水资源的物理、化学和生物的污染，减少进入水体的泥沙。降水通过林冠沿树干流下时，林冠下的枯枝落叶层对水中的污染物进行过滤、净化，所以最后由河溪流出的水的化学成分发生了变化。

7. 调节气候

森林通过光合作用可吸收二氧化碳，释放氧气，同时吸收有害气体及滞尘，起到清洁空气的作用。森林植物释放的氧气量比其他植物高 9 ~ 14 倍，占全球总量的 54%，同时通过光合作用贮存了大量的碳源，故森林在地球大气平衡中的地位相当重要。林木通过抗御大风可以减风消灾。另一方面森林对降水也有一定的影响。多数研究者认为森林有增水的效果。森林增水是由于造林后改变了下垫面状况，从而使近地面的小气候变化而引起的。

8. 保护野生动物

由于水源涵养林给生物种群创造了生活和繁衍的条件，使种类繁多的野生动物得以生存，所以水源涵养林本身也是动物的良好栖息地。

三、营造技术

包括树种选择、林地配置、经营管理等内容。

1. 树种选择和混交

在适地适树原则指导下，水源涵养林的造林树种应具备根量多、根域广、林冠层郁闭度高（复层林比单层林好）、林内枯枝落叶丰富等特点。因此，最好营造针阔混交林，其中除主要树种外，要考虑合适的伴生树种和灌木，以形成混交复层林结构。同时选择一定比例深根性树种，加强土壤固持能力。在立地条件差的地方、可考虑以对土壤具有改良作用的豆科树种作先锋树种；在条件好的地方，则要用速生树种作为主要造林树种。

2. 林地配置与整地方法

在不同气候条件下取不同的配置方法。在降水量多、洪水为害大的河流上游，宜在整个水源地区全面营造水源林。在因融雪造成洪水灾害的水源地区，水源林只宜在分水岭和山坡上部配置，使山坡下半部处于裸露状态，这样春天下半部的雪首先融化流走，上半部林内积雪再融化就不致造成洪灾。为了增加整个流域的水资源总量，一般不在干旱半干旱地区的坡脚和沟谷中造林，因为这些部位的森林能把汇集到沟谷中的水分重新蒸腾到大气中去，减少径流量。总之，水源涵养林要因时、因地、因害设置。水源林的造林整地方法与其他林种无重大区别。在中国南方低山丘陵区降雨量大，要在造林整地时采用竹节沟整地造林；西北黄土区降雨量少，一般用反坡梯田（见梯田）整地造林；华北石山区采用“水平条”整地造林。在有条件的水源地区，也可采用封山育林或飞机播种造林等方式。

3. 经营管理

水源林在幼林阶段要特别注意封禁，保护好林内死地被物层，以促进养分循环和改善表层土壤结构，利于微生物、土壤动物（如蚯蚓）的繁殖，尽快发挥森林的水源涵养作用。当水源林达到成熟年龄后，要严禁大面积皆伐，一般应进行弱度择伐。重要水源区要禁止任何方式的采伐。

第五节　农田防护林

为改善农田小气候和保证农作物丰产、稳产而营造的防护林。由于呈带状，又称农田防护林带；林带相互衔接组成网状，也称农田林网。在林带影响下，其周围一定范围内形成特殊的小气候环境，能降低风速，调节温度，增加大气湿度和土壤湿度，拦截地表径流，调节地下水位。

一、简 介

农田防护林是防护林体系的主要林种之一，是指将一定宽度、结构、

走向、间距的林带栽植在农田田块四周，通过林带对气流、温度、水分、土壤等环境因子的影响，来改善农田小气候，减轻和防御各种农业自然灾害，创造有利于农作物生长发育的环境，以保证农业生产稳产、高产，并能对人民生活提供多种效益的一种人工林。

农田防护林带由主林带和副林带按照一定的距离纵横交错构成格状，即防护林网。主林带用于防止主要害风，林带和风向垂直时防护效果最好。但根据休具体条件，允许林带与垂直风向有一定偏离，偏离角不得超过30°，否则防护效果将明显下降。副林带与主林带相垂直，用于防止次要害风，增强主林带的防护效果。农田防护林带还可与路旁、渠旁绿化相结合，构成林网体系。

二、发展概况

在平原地区营造防护林始于 19 世纪初，苏格兰最早在滨海地区营造海岸防护林；以后，苏联和美国等国家有计划、大规模地营造农田防护林。中国营造农田防护林有 100 多年的历史，大致分 3 个阶段：①以防止风沙为目的兼顾烧柴用材的农民自发营造阶段；②以全面改善农田小气候为主要目的的国家或集体有计划、大规模营造阶段；③以改造旧有农业生态系统为目的，实行综合治理，建立农田防护林综合体系阶段，这时出现一个地区或几个地区连片的方田网格。

三、结 构

因林带宽度，行数，乔、灌木树种搭配和造林密度而有差异，并表现为透光度与透风系数的变化。透光度，又称疏透度，是林带纵断面的透光面积与其纵断面的总面积的比值。确定的方法是站在距林带 30 ~ 40 米处，目测林带纵断面的透光面积占总面积的比值。透风系数是林带背风面离林缘 1 米处林带高度范围内的平均风速与空旷地相应高度处的平均风速的比值。确定的方法是实测林带背风面距林带 1 米的林冠顶部、林冠中部和距地表 1 米高处的风速，并算出平均值；然后实测空旷地区相应 3 个高度的风速，并算出平均值。最后用下式算出二者的比值。

式中 K 为透风系数，v_1、v_2、v_3 为林带背风林缘处各高度处的平均风速，u_1、u_2、u_3 为空旷区相应的 3 个高度处的平均风速。因透光度和透风系数不同，林带结构可分 3 种：

1. 紧密结构

带幅较宽，栽植密度较大，一般由乔、灌木组成。生叶期间从林冠到地面，上下层都密不透光。透光度为零或几等于零，透风系数在 0.3 以下。在林带背风面近距离处的防护效果大。在相当于树高 5 倍（5H）的范围内，风速为原来的 25%，10H 范围内为 37%，到 20H 范围，则达 54%。由于紧密结构的林带内和背风林缘附近，有一静风区，容易导致林带内及四周林缘积沙，一般不适用于风沙区。

2. 疏透结构

带幅较前者窄，行数也较少。一般由乔木组成两侧或仅一侧的边行，配置一行灌木，或不配置灌木，但乔木枝下高较低。最适宜的透光度为 0.3 ~ 0.4，透风系数为 0.3 ~ 0.5。其防护效果，在 5H 范围内风速为旷野的 26%，10H 范围内为 31%、20H 范围内为 46%。其防护效果大于紧密结构，防护距离小于通风结构，适用于风沙区。

3. 通风结构

林带幅度、行数、栽植密度，都少于前两者。一般为乔木组成而不配置灌木。林冠层有均匀透光孔隙，下层只有树干，因此形成许多通风孔道，林带内风速大于无林旷野，到背风林缘附近开始扩散，风速稍低，但仍近于旷野风速，易造成林带内及林缘附近处的风蚀。生叶期的透光度为 0.4 ～ 0.6，透风系数大于 0.5。其防护效果在 5H 范围内为原来风速的 29%，10H 范围内为 39%，20H 范围内为 44%，30H 范围内始达 56%。防护距离最远。适用于风速不大的灌溉区，或风害不严重的壤土农田或无台风侵袭的水网区。

四、防护距离

在迎风面防护距离一般为 5 ～ 10 倍树高，背风面为 30 ～ 50 倍树高。林带在背风面使有害风速降为无害风速的距离，称为林带的有效防护距离，林带的配置应以有效防护距离为依据。

五、防护效益

（1）改善小气候。主要是通过对气流结构和风速的影响，使风速在有效防护距离内与空旷农地相比，平均降低 20% ～ 30%。风速降低后，其他气象要素的改善使土壤水分蒸发减少 20% ～ 30%，土壤含水量增加 1% ～ 4%，空气相对湿度提高 5% ～ 10%，缩小昼夜和季节气温变幅，形成有利于农作物生长发育的小气候。

（2）增加农作物产量。一般谷类作物增产 20% ～ 30%，瓜类和蔬菜增产 50% ～ 70%。在风沙、干旱灾害严重的地区和年份，林带的增产效果更为显著。

（3）降低地下水水位。农田防护林可以降低地下水水位，改良土壤，提供一定的林副产品，还可以美化环境和净化空气。

六、营造技术

1. 林带设置

农田防护林宜与农田基本建设同时规划，以求一致。平原农区的田块多为长方形或正方形，道路则和排灌渠与农田相结合而设置。据此，林带宜栽植在呈网状分布的渠边、路边和田边的空隙地上，构成纵横连亘的农田林网。每块农田都由四条林带所围绕，以降低或防御来自任何方向的害风。

2. 网格大小

因带距大小而有不同，而带距又受树种、高生长和害风的制约。一般土壤疏松且风蚀严重的农田，或受台风袭击的耕地，主带距可为 150 米，副带距约 300 米，网格约 4.5 公顷。有一般风害的壤土或沙壤土农区，主带距可为 200 ～ 250 米，副带距可为 400 米左右，网格约 8 ～ 10 公顷。风害不大的水网区或灌溉区，主带距可为 250 米，副带距 400 ～ 500 米，网格约 10 ～ 15 公顷。因高生长和害风情况而有不同。

3. 树种选择

宜选择高生长迅速、抗性强、防护作用及经济价值和收益都较大的乡土树种，或符合上述条件而经过引种试验、证实适生于当地的外来树种。可采取树种混交，如针、阔叶树种混交，常绿与落叶树种混交，乔木与灌木树种混交，经济树与用材树混交等。采用带状、块状或行状混交方式。

4. 造林密度

一般根据各树种的生长情况，及其所需的正常营养面积而定。如单行林带的乔木，初植株距 2 米。双行林带株行距 3×1 米或 4×1 米。3 行或 3 行以上林带株行距 2×2 米或 3×2 米。视当地的气候、土壤等环境条件和树种生物学特性而异。

5. 抚育管理

在新植林带内需除草、灌水和适当施肥。幼林带郁闭后进行必要的抚育。但修枝不可过度，应使枝下高约占全树高的 1/4 左右，成年林带树木的枝下高不宜超过 4 ~ 5 米。间伐要注意去劣存优、去弱留强、去小留大的原则，勿使林木突然过稀。幼林带发现缺株或濒于死亡的受害木时应及时补植。

第三章　林业生态工程的技术

第一节　水土流失防治

水土流失是指由于自然或人为因素的影响、雨水不能就地消纳、顺势下流、冲刷土壤，造成水分和土壤同时流失的现象。主要原因是地面坡度大、土地利用不当、地面植被遭破坏、耕作技术不合理、土质松散、滥伐森林、过度放牧等。水土流失的危害主要表现在：土壤耕作层被侵蚀、破坏，使土地肥力日趋衰竭；淤塞河流、渠道、水库，降低水利工程效益，甚至导致水旱灾害发生，严重影响工农业生产；水土流失对山区农业生产及下游河道带来严重威胁。

一、概 述

水土流失（water and soil loss）是指“在水力、重力、风力等外营力作用下，水土资源和土地生产力的破坏和损失，包括土地表层侵蚀和水土损失，亦称水土损失。”——（《中国水利百科全书·第一卷》，《中国大百科全书·水利卷》，《水土保持学》王礼先中国林业出版社 2005）

1981 年科学出版社《简明水利水电词典》提出，水土流失指“地表土壤及母质、岩石受到水力、风力、重力和冻融等外力的作用，使之受到各种破坏和移动、堆积过程以及水本身的损失现象。这是广义的水土流失。狭义的水土流失是特指水力侵蚀现象。”

这与前面讲的土壤侵蚀有点相似，所以人们常将“水土流失”与“土壤侵蚀”两词等同起来使用。

根据中国第二次水土流失遥感调查，20 世纪 80 年代末，中国水土流失面积 356 万 km^2，其中：水蚀面积：165 万 km^2，风蚀面积：191 万 km^2，在水蚀、风蚀面积中，水蚀风蚀交错区水土流失面积 26 万 km^2。

在 165 万 km^2 的水蚀面积中，轻度 83 万 km^2，中度 55 万 km^2，强度 18 万 km^2，极强 6 万 km^2，剧烈 3 万 km^2。

在 191 万 km^2 风蚀面积中，轻度 79 万 km^2，中度 25 万 km^2，强度 25 万 km^2，极强 27 万 km^2，剧烈 35 万 km^2。

冻融侵蚀面积 125 万 km^2（是 1990 年的遥感调查数据），没有统计在中国公布的水土流失面积当中。

1991 年中国国务院颁布《水土保持法》，为中国第一部专业水保技术法规，为中国水保工作者长期无法律依靠画上了句号。

2005 年中国水利部在中国范围内开展了为期一年的水土流失与生态安全科学考察。

我国是世界上水土流失最为严重的国家之一，水土流失面广量大。据第一次全国水利普查成果，我国现有水土流失面积 294.91 万平方公里。严重的水土流失，是我国生态恶化的集中反映，威胁国家生态安全、饮水安全、防洪安全和粮食安全，制约山地和丘陵区，影响全面小康社会建设进程。

党中央、国务院历来高度重视水土保持工作。目前，全国水土保持措施保存面积已达到 107 万平方公里，累计综合治理小流域 7 万多条，实施封育保护 80 多万平方公里。1991 年《水土保持法》颁布实施以来，全国累计有 38 万个生产建设项目制定并实施了水土保持方案，防治水土流失面积超过 15 万平方公里。

不过，水土保持作为我国生态文明建设的重要组成部分，其发展水平与全面建成小康社会，以及城镇化、信息化、农业现代化和绿色化等一系列新要求还不能完全适应，与广大人民群众对提高生态环境质量的新期待还有一定差距，水土流失依然是我国当前面临的重大生态环境问题。

二、类 型

根据产生水土流失的“动力”，分布最广泛的水土流失可分为水力侵蚀、重力侵蚀和风力侵蚀三种类型。

1. 水力侵蚀分布最广泛，在山区、丘陵区和一切有坡度的地面，暴雨时都会产生水力侵蚀。它的特点是以地面的水为动力冲走土壤。例如：黄土高原。

2. 重力侵蚀主要分布在山区、丘陵区的沟壑和陡坡上，在陡坡和沟的两岸沟壁，其中一部分下部被水流淘空，由于土壤及其成土母质自身的重力作用，不能继续保留在原来的位置，分散地或成片地塌落。

3. 风力侵蚀主要分布在中国西北、华北和东北的沙漠、沙地和丘陵盖沙地区，其次是东南沿海沙地，再次是河南、安徽、江苏几省的“黄泛区”（历史上由于黄河决口改道带出泥沙形成）。它的特点是由于风力扬起沙粒，离开原来的位置，随风飘浮到另外的地方降落。例如：河西走廊和黄土高原。

另外还可以分为冻融侵蚀、冰川侵蚀、混合侵蚀、风力侵蚀、植物侵蚀和化学侵蚀。

三、形 成

中国是个多山国家，山地面积占国土面积的 2/3；又是世界上黄土分布最广的国家。山地丘陵和黄土地区地形起伏。黄土或松散的风化壳在缺乏植被保护情况下极易发生侵蚀。大部分地区属于季风气候，降水量集中，雨季的降水量常达年降水量的 60% ~ 80%，且多暴雨。易于发生水土流失的地质地貌条件和气候条件是造成中国发生水土流失的主要原因。

中国人口多，对粮食、民用燃料等需求大，所以在生产力水平不高的情况下，人们对土地实行掠夺性开垦，片面强调粮食产量，忽视了因地制宜的农林牧综合发展，把只适合林，牧业利用的土地也辟为农田，破坏了生态环境。大量开垦陡坡，以至陡坡越开越贫，越贫越垦，生态系统恶性循环；滥砍滥伐森林，甚至乱挖树根、草坪，树木锐减，使地表裸露，这些都加重了水土流失。另外，一些基本建设也不符合水土保持要求，例如，不合理的修筑公路、建厂、挖煤、采石等，破坏了植被，使边坡稳定性降低，引起滑坡、塌方、泥石流等严重的地质灾害。

1. 自然因素

主要有气候、降雨、地面物质组成和植被四个方面。

①地形：沟谷发育，陡坡；地面坡度越陡，地表径流的流速越快，对土壤的冲刷侵蚀力就越强。坡面越长，汇集地表径流量越多，冲刷力也越强。

②降雨。产生水土流失的降雨，一般是强度较大的暴雨，降雨强度超过土壤入渗强度才会产生地表（超渗）径流，造成对地表的冲刷侵蚀。

③地面物质组成。

④植被。达到一定郁闭度的林草植被有保护土壤不被侵蚀的作用。郁闭度越高，保持水土的越强。

2. 人为因素

人类对土地不合理的利用、破坏了地面植被和稳定的地形，以致造成严重的水土流失。

①植被的破坏。

②不合理的耕作制度。

③开矿。

四、危 害

严重的水土流失，造成耕地面积减少、土壤肥力下降、农作物产量降低，人地矛盾突出。当地农民群众为了生存，不得不大量开垦坡地，广种薄收，形成了“越穷越垦、越垦越穷”的恶性循环，使生态环境不断恶化，制约了经济发展，加剧了贫困。国家“八七”扶贫计划中，黄土高原地区贫困县有 126 个，占全国贫困县总数的 21.3%，贫困人口 2300 万人，占全国贫困人口的 28.8%。经过多年的扶贫攻坚，目前仍有近 1000 万贫困人口，是我国贫困人口集中分布的地区之一。严重的水土流失也造成该区交通不便、人畜饮水困难，严重制约区域经济社会的可持续发展。

水土流失的危害性很大，主要有以下几个方面：

1. 使土地生产力下降甚至丧失：中国水土流失面积已扩大到 150 万平方公里，约占中国的 1/6，每年流失土壤 50 亿吨。土壤中流失的氮、磷、钾肥估计达 4000 万吨，与中国当前一年的化肥施用量相当，折合经济损失达 24 亿元。长江、黄河两大水系每年流失的泥沙量达 26 亿吨。其中含有的肥料，约为年产量 50 万吨的化肥厂的总量。难怪有人说黄河流走的不是泥沙，而是中华民族的“血液”，如此大片肥沃的土壤和氮、磷、钾肥料被冲走了，必然造成土地生产力的下降甚至完全丧失。

2. 淤积河道、湖泊、水库：浙江省虽然水土流失较轻，可是省内有 8 条水系的河床普遍增高了 0.2 ~ 0.1 米，内河航行里程当前比 60 年代减少了 1000 公里。比如 1958 年以前，从嵊县城到曹娥江可通行 10 吨载重量的木船。由于河床淤沙太多，如今已被迫停航，原来的水资源变成沙资源，航建公司变成“黄沙”公司。

湖南省洞庭湖由于风沙太多，每年有 1400 多公顷沙洲露出水面。湖水面积由 1954 年的 3915 平方公里到 1978 年已缩减到 2740 平方公里。更为严重的是洞庭湖水面已高出湖周陆地 3 米，这就丧失了它应承担的长江的分洪作用。这是一个十分严重的问题。

四川省的嘉陵江、涪江、沱江等几条流域水土流失也十分严重，约 20% 以上的泥沙淤积于水库。据有关专家预测，照此下去，再过 50 年，长江流域的一些水库都要淤平或者成为泥沙库。

3. 污染水质影响生态平衡：当前，中国一个突出的问题是江、河湖（水库）水质的严重污染。水土流失则是水质污染的一个重要原因。长江水质正在遭受污染就是典型例子。

由此可见，水土流失的危害性不仅很大，而且还具有长期效应。问题的严重性必须充分估计到。

五、治理与开发

1. 化学处理

应用阴离子聚丙烯酰胺（PAM）防治水土流失，已成为国际普遍采用的化学处理措施。2003 年美国水土保持报道了美国印第安纳州 D.C.Flangan 等人应用模拟降雨装置，在多干扰农田中，进行了施用 PAM 防治水土流失的试验研究，取得了在雨量充沛地区施用 PAM 防治水土流失的试验成果。第 1 次暴雨事件后，20kg/hm^2 PAM 能使农用粉沙壤土的土壤固体颗粒淋失量减少 60%，还能减缓 60L/min 高强度流水的冲刷侵蚀。在易严重侵蚀的地区用 PAM 处理后的土壤能有效控制侵蚀。对初始干土模拟降雨研究发现，在 69mm/h 降雨中，用 80kg/hm^2 PAM 可使粉沙壤土堤减少 86% 的地表径流和 99% 的土壤流失。在表土，用 PAM 液雾喷施风干的土壤比直接用干 PAM 颗粒处理的土壤更能及时有效地控制侵蚀。相信，此项研究对中国应用 PAM 防治水土流失的试验研究，有一定的借鉴作用。

2. 综合治理

原则：调整土地利用结构，治理与开发相结合。

具体：

（1）压缩农业用地，重点抓好川地、塬地、坝地、缓坡梯田的建设，充分挖掘水资源，采用现代农业技术措施，提高土地生产率，逐步建成旱涝保收，高产稳产的基本农田（基本前提）。

（2）扩大林草种植面积；

（3）改善天然草场的植被，超载过牧的地方应适当压缩牲畜数量，提高牲畜质量，实行轮封轮牧；

（4）复垦回填。

实践：小流域综合治理

重点：保持水土，开发利用水土资源，建立有机高效的农林牧业生产体系。

方针：保塬，护坡，固沟

模式：工程措施（打坝建库，平整土地，修建基本农田，抽引水灌溉）。

3. 生物措施

农业技术措施（深耕改土，科学施肥，选育良种，地膜覆盖，轮作复种）。

4. 防治现状

目前，全国水土保持措施保存面积已达到 107 万平方公里，累计综合治理小流域 7 万多条，实施封育保护 80 多万平方公里。1991 年《中华人民共和国水土保持法》颁布实施以来，全国累计有 38 万个生产建设项目制定并实施了水土保持方案，防治水土流失面积超过 15 万平方公里。

2015 年，全国共完成水土流失综合防治面积 7.4 万平方千米；其中，综合治理面积 5.4 万平方千米，实施生态修复面积 2 万平方千米，实施坡改梯 400 万亩，建设生态清洁型小流域 300 多条。2015 年，全国新增水土流失治理面积 5.4 万平方公里，新增实施水土流失地区封育保护面积 2.0 万平方公里。

2015 年 12 月发布的《全国水土保持规划（2015–2030 年）》提出，近期目标是：到 2020 年，基本建成与我国经济社会发展相适应的水土流失综合防治体系。全国新增水土流失治理面积 32 万平方公里，其中新增水蚀治理面积 29 万平方公里，年均减少土壤流失量 8 亿吨。远期目标：到 2030 年，建成与我国经济社会发展相适应的水土流失综合防治体系，全国新增水土流失治理面积 94 万平方公里，其中新增水蚀治理面积 86 万平方公里，年均减少土壤流失量 15 亿吨。

六、防治措施

应用阴离子聚丙烯酰胺（PAM）防治水土流失，已成为国际普遍采用的化学处理措施。2003 年美国水土保持报道了美国印第安纳州 D.C.Flangan 等人应用模拟降雨装置，在多干扰农田中，进行了施用 PAM 防治水土流失的试验研究，取得了在雨量充沛地区施用 PAM 防治水土流失的试验成果。第 1 次暴雨事件后，20kg/hm^2 PAM 能使农用粉沙壤土的土壤固体颗粒淋失量减少 60%，还能减缓 60 L/min 高强度流水的冲刷侵蚀。在易严重侵蚀的地区用 PAM 处理后的土壤能有效控制侵蚀。对初始干土模拟降雨研究发现，在 69mm/h 降雨中，用 80 kg/hm^2 PAM 可使粉沙壤土堤减少 86% 的地表径流和 99% 的土壤流失。在表土，用 PAM 液雾喷施风干的土壤比直接用干 PAM 颗粒处理的土壤更能及时有效地控制侵蚀。相信，此项研究对中国应用 PAM 防治水土流失的试验研究，有一定的借鉴作用。

第二节　自然资源综合利用

一、自然资源

自然资源就是自然界赋予或前人留下的，可直接或间接用于满足人类需要的所有有形之物与无形之物。资源可分为自然资源与经济资源，能满足人类需要的整个自然界都是自然资源，它包括空气水土地、森林、草原、野生生物、各种矿物和能源等。自然资源为人类提供生存、发展和享受的物质与空间。社会的发展和科学技术的进步，需要开发和利用越来越多的自然资源。

（一）自然资源特征

①数量的有限性。指资源的数量，与人类社会不断增长的需求相矛盾，故必须强调资源的合理开发利用与保护；

②分布的不平衡性。指存在数量或质量上的显著地域差异；某些可再生资源的分布具有明显的地域分异规律；不可再生的矿产资源分布具有地质规律。

③资源间的联系性。每个地区的自然资源要素彼此有生态上的联系，形成一个整体，故必须强调综合研究与综合开发利用。

④利用的发展性。指人类对自然资源的利用范围和利用途径将进一步拓展或对自然资源的利用率不断提高。

（二）自然资源内含

自然资源的内涵，随时代而变化，随社会生产力的提高和科学技术的进步而扩展。按自然资源的增殖性能，可分为：

1. 可再生

这类资源可反复利用，如气候资源（太阳辐射、风）、水资源、地热资源（地热与温泉）、水力、海潮。

2. 可更新

这类资源可生长，其更新速度受自身繁殖能力和自然环境条件的制约，如生物资源，为能生长繁殖的有生命的有机体，其更新速度取决于自身繁殖能力和外界环境条件，应有计划、有限制地加以开发利用。

3. 不可再生

包括地质资源和半地质资源。前者如矿产资源中的金属矿、非金属矿、核燃料、化石燃料等，其成矿周期往往以数百万年计；后者如土壤资源，其形成周期虽较矿产资源短，但与消费速度相比，也是十分缓慢的。对这类自然资源，应尽可能综合利用，注意节约，避免浪费和破坏。这类资源形成周期漫长或不可再生。

（三）自然资源分类

1. 生物资源

生物资源是在当前的社会经济技术条件下人类可以利用与可能利用的生物，包括动植物资源和微生物资源等。生物资源具有再生机能，如利用合理，并进行科学的抚育管理，不仅能生长不已，而且能按人类意志，进行繁殖更生；若不合理利用，不仅会引起其数量和质量下降，甚至可能导致灭种。在生物资源信息栏目中，设有动物资源信息，植物资源信息，微生物资源信息，自然保护区与生物多样性信息等子栏目。

植物资源是在当前的社会经济技术条件下人类可以利用与可能利用的植物，包括陆地、湖泊、海洋中的一般植物和一些珍稀濒危植物。植物资源既是人类所需的食物的主要来源，还能为人类提供各种纤维素和药品、在人类生活、工业、农业和医药上具有广泛的用途。

中国幅员广阔，地形复杂，气候多样，植被种类丰富，分布错综复杂。在东部季风区，有热带雨林，热带季雨林，中、南亚热带常绿阔叶林，北亚热带落叶阔叶常绿阔叶混交林，温带落叶阔叶林，寒温带针叶林，以及亚高山针叶林、温带森林草原等植被类型。在西北部和青藏高原地区，有干草原、半荒漠草原灌丛、干荒漠草原灌丛、高原寒漠、高山草原草甸灌丛等植被类型。植物种类多，据统计，有种子植物 300 科、2980 个属、24600 个种。其中被子植物 2946 属（占世界被子植物总属的 23.6%）。比较古老的植物，约占世界总属的 62%。有些植物，如水杉、银杏等，世界上其他地区现代已经绝灭，都是残存于中国的“活化石”。种子植物兼有寒、温、热三带的植物，种类比全欧洲多得多。此外，还有丰富多彩的栽培植物。从用途来说，有用材林木 1000 多种，药用植物 4000 多种，果品植物 300 多种，纤维植物 500 多种，淀粉植物 300 多种，油脂植物 600 多种，蔬菜植物也不下 80 余种，成为世界上植物资源最丰富的国家之一。

动物资源是在当前的社会经济技术条件下人类可以利用与可能利用的动物，包括陆地、湖泊、海洋中的一般动物和一些珍稀濒危动物。动物资源既是人类所需的优良蛋白质的来源，还能为人类提供皮毛、畜力、纤维素和特种药品、在人类生活、工业、农业和医药上具有广泛的用途。

中国是世界上动物资源最为丰富的国家之一。据统计，全国陆栖脊椎动物约有 2070 种，占世界陆栖脊椎动物的 9.8%。其中鸟类 1170 多种、兽类 400 多种、两栖类 184 种，分别占世界同类动物的 13.5%、11.3% 和 7.3%。在西起喜马拉雅山—横断山北部—秦岭山脉—伏牛山—淮河与长江间一线以北地区，以温带、寒温带动物群为主，属古北界，线南地区以热带性动物为主，属东洋界。其实，由于东部地区地势平坦，西部横断山南北走向，两界动物相互渗透混杂的现象比较明显。

微生物资源是在当前的社会经济技术条件下人类可以利用与可能利用的以菌类为主的微生物，所提供的物质，在人类生活和工业、农业、医药诸方面能发挥特殊的作用。

生物多样性是生物及其与环境形成的生态复合体以及与此相关的各种生态过程的总和，由遗传（基因）多样性，物种多样性和生态系统多样性等部分组成。遗传（基因）多样性是指生物体内决定性状的遗传因子及其组合的多样性。物种多样性是生物多样性在物种上的表现形式，可分为区域物种多样性和群落物种（生态）多样性。生态系统多样性是指生物圈内生境、生物群落和生态过程的多样性。遗传（基因）多样性和物种多样性是生物多样性研究的基础，生态系统多样性是生物多样性研究的重点。

2. 农业资源

农业资源是农业自然资源和农业经济资源的总称。农业自然资源含农业生产可以利用的自然环境要素，如土地资源、水资源、气候资源和生物资源等。农业经济资源是指直接或间接对农业生产发挥作用的社会经济因素和社会生产成果，如农业人口和劳动力的数量和质量、农业技术装备、包括交通运输、通信、文教和卫生等农业基础设施等。本栏目重点是给出农业自然资源。

3. 森林资源

森林资源是林地及其所生长的森林有机体的总称。这里以林木资源为主，还包括林下植物、野生动物、土壤微生物等资源。林地包括乔木林地、疏林地、灌木林地、林中空地、采伐迹地、火烧迹地、苗圃地和国家规划宜林地。森林可以更新，属于再生的自然资源。反映森林资源数量的主要指标是森林面积和森林蓄积量。森林资源是地球上最重要的资源之一，是生物多样化的基础，它不仅能够为生产和生活提供多种宝贵的木材和原材料，能够为人类经济生活提供多种食品，更重要的是森林能够调节气候、保持水土、防止和减轻旱涝、风沙、冰雹等自然灾害；还有净化空气、消除噪音等功能；同时森林还是天然的动植物园，哺育着各种飞禽走兽和生长着多种珍贵林木和药材。

4. 国土资源

国土资源有广义与狭义之分：广义的国土资源是指一个主权国家管辖的含领土、领海、领空、大陆架及专属经济区在内的资源（自然资源、人力资源和其他社会经济资源）的总称；狭义国土资源是指一个主权国家管辖范围内的自然资源。国土资源具有整体性、区域性、有限性和变动性等特点。国土资源一般包含土地资源和矿产资源两个方面。

土地资源是在目前的社会经济技术条件下可以被人类利用的土地，是一个由地形、气候、土壤、植被、岩石和水文等因素组成的自然综合体，也是人类过去和现在生产劳动的产物。因此，土地资源既具有自然属性，也具有社会属性，是“财富之母”。土地资源的分类有多种方法，在我国较普遍的是采用地形分类和土地利用类型分类：

（1）按地形，土地资源可分为高原、山地、丘陵、平原、盆地。这种分类展示了土地利用的自然基础。一般而言，山地宜发展林牧业，平原、盆地宜发展耕作业。

（2）按土地利用类型，土地资源可分为已利用土地枣耕地、林地、草地、工矿交通居民点用地等；宜开发利用土地枣宜垦荒地、宜林荒地。宜牧荒地、沼泽滩涂水域等；暂时难利用土地枣戈壁、沙漠、高寒山地等。这种分类着眼于土地的开发、利用，着重研究土地利用所带来的社会效益、经济效益和生态环境效益。评价已利用土地资源的方式、生产潜力，调查分析宜利用土地资源的数量、质量、分布以及进一步开发利用的方向途径，查明目前暂不能利用土地资源的数量、分布，探讨今后改造利用的可能性，对深入挖掘土地资源的生产潜力，合理安排生产布局，提供基本的科学依据。

中国土地资源有四个基本特点：绝对数量大，人均占有少；类型复杂多样，耕地比重小；利用情况复杂，生产力地区差异明显；地区分布不均，保护和开发问题突出。

①绝对数量大，人均占有少

中国国土面积 960 万平方公里，海域面积 473 万平方公里。国土面积，居世界第 3 位，但按人均占土地资源论，在面积位居世界前 12 位的国家中，中国居第 11 位。按利用类型区分的中国各类土地资源也都具有绝对数量大、人均占有量少的特点。

②类型复杂多样，耕地比重小

中国地形、气候十分复杂，土地类型复杂多样，为农、林、牧、副、渔多种经营和全面发展提供了有利条件。但也要看到，有些土地类型难以开发利用。例如，中国沙质荒漠、戈壁合占国土总面积的 12% 以上，改造、利用的难度很大。而对中国农业生产至关重要的耕地，所占的比重仅 10% 多些。

③利用情况复杂，生产力地区差异明显

土地资源的开发利用是一个长期的历史过程。由于中国自然条件的复杂性和各地历史发展过程的特殊性，中国土地资源利用的情况极为复杂。例如，在广阔的东北平原上，汉民族多利用耕地种植高粱、玉米等杂粮，而朝鲜族则多种植水稻。山东的农民种植花生经验丰富，产量较高，河南、湖北的农民则种植芝麻且收益较好。在相近的自然条件下，太湖流域、珠江三角洲、四川盆地的部分地区就形成了全国性的桑蚕饲养中心等等。

不同的利用方式，土地资源开发的程度也会有所不同，土地的生产力水平会有明显差别。例如，在同样的亚热带山区，经营茶园、果园、经济林木会有较高的经济效益和社会效益，而任凭林木自然生长，无计划地加以砍伐，不仅经济效益较低，而且还会使土地资源遭受破坏。

④分布不均，保护和开发问题突出

这里所说的分布不均，主要指两个方面：其一，具体土地资源类型分布不均。如有限的耕地主要集中在中国东部季风区的平原地区，草原资源多分布在内蒙古高原的东部等。其二，人均占有土地资源分布不均。

不同地区的土地资源，面临着不同的问题。中国林地少，森林资源不足。可是，在东北林区力争采育平衡的同时，西南林区却面临重大、林木资源浪费的问题。中国广阔的草原资源利用不充分，畜牧业生产水平不高，然而，在局部草原又面临过度放牧、草场退化的问题。

矿产资源指经过地质成矿作用而形成的，埋藏于地下或出露于地表，并具有开发利用价值的矿物或有用元素的集合体。矿产资源属于非可再生资源，其储量是有限的。目前世界已知的矿产有 160 多种，其中 80 多种应用较广泛。按其特点和用途，通常分为金属矿产、非金属矿产和能源矿产三大类。

中国幅员广大，地质条件多样，矿产资源丰富，矿产 171 种。已探明储量的有 157 种。其中钨、锑、稀土、钼、钒和钛等的探明储量居世界首位。煤、铁、铅锌、铜、银、汞、锡、镍、磷灰石、石棉等的储量均居世界前列。

中国矿产资源分布的主要特点是，地区分布不均匀。如铁主要分布于辽宁、冀东和川西，西北很少；煤主要分布在华北、西北、东北和西南区，其中山西、内蒙古、新疆等省区最集中，而东南沿海各省则很少。这种分布不均匀的状况，使一些矿产具有相当的集中，如钨矿，在 19 个省区均有分布，储量主要集中在湘东南、赣南、粤北、闽西和桂东—桂中，虽有利于大规模开采，但也给运输带来了很大压力。为使分布不均的资源在全国范围内有效地调配使用，就需要加强交通运输建设。

5. 海洋资源

海洋资源是海洋生物、海洋能源、海洋矿产及海洋化学资源等的总称。海洋生物资源以鱼虾为主，在环境保护和提供人类食物方面具有极其重要的作用。海洋能源包括海底石油、天然气、潮汐能、波浪能以及海流发电、海水温差发电等，远景发展尚包括海水中铀和重水的能源开发。海洋矿产资源包括海底的锰结核及海岸带的重砂矿中的钛、锆等。海洋化学资源包括从海水中提取淡水和各种化学元素（溴、镁、钾等）及盐等。海洋资源的开发较之陆地复杂，技术要求高，投资亦较大，但有些资源的数量却较之陆地多几十倍甚至几千倍，因此，在人类资源的消耗量愈来愈大，而许多陆地资源的储量日益减少的情况下，开发海洋资源具有很重要的经济价值和战略意义。

6. 气象资源

气候资源是在目前社会经济技术条件下人类可以利用的太阳辐射所带来的光、热资源以及大气降水、空气流动（风力）等。气候资源对人类的生产和生活有很大影响，既具有可长期可用性，又具有强烈的地域差异性。

7. 能源资源

能源资源是在目前社会经济技术条件下可为人类提供的大量能量的物质和自然过程，包括煤炭、石油、天然气、风、流水、海流、波浪、草木燃料及太阳辐射、电力等。能源资源，不仅是人类的生产和生活中不可缺少的物质，也是经济发展的物质基础，和可持续发展关系极其密切。

（1）按其形成和来源分类：

①来自太阳辐射的能量，如：太阳能、煤、石油、天然气、水能、风能、生物能等。

②来自地球内部的能量，如：核能、地热能。

③天体引力能，如：潮汐能。

（2）按开发利用状况分类：

①常规能源，如：煤、石油、天然气、水能、生物能。

②新能源，如：核能、地热、海洋能、太阳能、旱期、风能。

（3）按属性分类：

①可再生能源，如：太阳能、地热、水能、风能、生物能、海洋能。

②非可再生能源，如：煤、石油、天然气、核能。

（4）按转换传递过程分类：

①一次能源，直接来自自然界的能源。如：煤、石油、天然气、水能、风能、核能、海洋能、生物能。

②二次能源，如：沼气、汽油、柴油、焦炭、煤气、蒸汽、火电、水电、核电、太阳能发电、潮汐发电、波浪发电等。

8. 水资源

水资源是自然界中可以流态、固态、气态三态同时共存的一种资源，为在目前社会经济技术条件下可为人类利用和可能利用的一部分水源，如浅层地下水、湖泊水、土壤水、大气水和河川水等。

河流和湖泊是中国主要的淡水资源，鄱阳湖、洞庭湖、太湖、洪泽湖、巢湖是中国的五大淡水湖。因此，河湖的分布、水量的大小，直接影响着各地人民的生活和生产。中国人均径流量为 2200m^3，是世界人均径流量的 24.7%。各大河的流域中，以珠江流域人均水资源最多，人均径流量约 4000m^3。长江流域稍高于全国平均数，约为 2300 ~ 2500m^3。海滦河流域是全国水资源最紧张的地区，人均径流量不足 250m^3。

中国水资源的分布情况是南多北少，而耕地的分布却是南少北多。比如，中国小麦、棉花的集中产区——华北平原，耕地面积约占全国的 40%，而水资源只占全国的 6% 左右。水、土资源配合欠佳的状况，进一步加剧了中国北方地区缺水的程度。

中国水能资源蕴藏量达 6.8 亿千瓦，居世界第一位。70% 分布在西南四省、市和西藏自治区，其中以长江水系为最多，其次为雅鲁藏布江水系。黄河水系和珠江水系也有较大的水能蕴藏量。目前，已开发利用的地区，集中在长江、黄河和珠江的上游。

9. 从数量变化的角度分类

（1）耗竭性自然资源。它以一定量蕴藏在一定的地点，并且随着人们的使用渐减少，直至最后消耗殆尽。矿藏资源就是一种典型的耗竭性自然资源。

（2）稳定性自然资源。它具有固定性和数量稳定性的特征。如土地资源。

（3）流动性自然资源，也称再生性资源。这种资源总是以一定的速率不断再生，同时又以一定的速率不断消失，如阳光、水（水域资源除外）、森林等。

流动性自然资源又可以分为两小类：一是恒定的流动性自然资源。它们在某一时点的资源总员总是保持不变，如阳光资源和水能资源等；二是变动的流动性自然资源。它们在某一时点的资源总量会由于人们的开发使用而发生变化，如森林资源和水体资源等。

（四）自然资源性质

自然资源具有两重性，既是人类生存和发展的基础，又是环境要素。

已经被利用的自然物质和能量称为“资源”，将来可能被利用的物质和能量称为“潜在资源”。

按照自然资源的分布量和被人类利用时间的长短，自然资源可分为有限资源和无限资源两大类，其中有限资源又可分为可更新资源和不可更新资源。

自然资源泛指存在于自然界、能为人类利用的自然条件（自然环境要素）。联合国环境规划署定义为：在一定的时间、地点条件下，能够产生经济价值，以提高人类当前和未来福利的自然环境因素和条件。通常包括矿物资源、土地资源、水资源、气候资源与生物资源等。它同人类社会有着密切联系；既是人类赖以生存的重要基础，又是社会生产的原料、燃料来源和生产布局的必要条件与场所。自然资源仅为相对概念，随社会生产力水平的提高与科学技术进步，部分自然条件可转换为自然资源。如随海水淡化技术的进步，在干旱地区，部分海水和咸湖水有可能成为淡水的来源。

（五）自然资源特点

1. 区域性

指资源分布的不平衡，存在数量或质量上的显著地域差异，并有其特殊分布规律。

2. 多用性

大部分资源都具有多种功能和用途。

3. 社会性

人类通过生产活动，把自然资源加工成有价值的物质财富，从而使自然资源具有广泛的社会属性。

二、生物资源的利用

（一）保护生物资源的意义

（1）维持生物圈的正常功能。

（2）减轻对自然生态系统的干扰，维持生态平衡。

（3）保留更多的遗传基因库，造福子孙。

（4）提供人类赖以生存的物质基础。

（二）生物资源的现状

1. 生物资源的现状有待进一步调查

有着丰富的生物资源，它构成了人们赖以生存的物质基础，但目前人们对生物资源的了解还不够。

在已发现的资源生物中，人们对它们的生物学特性，营养成分等还了解得不够深入。许多生物的有效成分还没有确定，这方面都阻碍了生物资源的利用。

我国生物资源虽然丰富，但利用率很低，特别是在生物产品的深加工和综合利用方面水平更低。如在维管植物中，被研究过的不到 15%，已经确定化学成分的只有 8%，真正被利用的种类不过 2%。又如，我国可供造纸的纤维织物种类丰富，但真正开发的很少。油料植物中含油量在 30 ~ 50% 的种类有几百种，但多数未被利用。因此，植物资源的开发和利用的潜力巨大，前景十分广阔，但还需要对资源生物做进一步的调查。

2. 资源生物已经受到严重威胁

我国的生物资源虽然丰富，但近年来的资源量急剧下降，有些物种已经灭绝，或成为稀有和濒危种。

3. 资源生物种类和数量减少

特别是 18 世纪以来，人类由农业文明跨入工业文明，伴随工业的发展和人口的急剧增长，人类对自然界的索取急剧增加，加上环境污染，使全世界范围内的生物种类和数量遭到了严重破坏，并以惊人的速度减少。

（1）栖息地的丧失和片段化。

（2）掠夺式的过度利用。

（3）环境污染。

（4）农业和林业的品种单一化。

（5）外来种的引入。

（6）全球气候变化。

（三）生物资源的保护对策

我国是世界上生物资源最丰富的国家之一。是世界 8 个作物起源中心之一，在漫长的农牧业发展过程中，培育和驯化了大量经济性状优良的作物、果树、家禽、家畜物种和数以万计的品种。因此，的生物资源在世界生物资源中占有重要地位，保护好的生物资源不仅对社会经济持续发展，对子孙后代具有重要意义，而且对全球的环境保护和促进人类社会进步也会产生深远的影响。

1. 开展生物资源的本地调查

2. 建立自然保护区

3. 加强资源生物的引种和驯化

4. 建立和完善保护生物资源的法律法规

（四）生物资源的开发利用的现状

1. 存在过度开发和利用现象

从目前来看，对野生生物资源的利用普遍存在破坏大于更新这个问题。对野生生物的利用水平大多仍停留在野生采挖、捕猎的自然经济状态。

2. 对生物资源的开发能力不足

我国生物资源利用的现状是初级产品多、低层次开发多、单一利用明显。任何一种生物资源都有多种用途，而目前的利用往往只针对一种用途低度开发。因此，需要大力加强综合开发利用的深层次研究，提高生物资源综合利用的整体水平。

（五）生物资源的开发利用的原则

1. 制定生物资源开发利用规划

合理开发生物资源必须遵循有计划、适度开发的原则，处理好利用与保护之间的关系。

2. 树立综合利用生物资源的观念

对生物资源的利用，必须抛弃过去那种单一利用的方式，树立综合利用的新观念。随着社会经济持续快速发展和科技进步，我国经济实力迅速提高，人们对生物资源开发利用的认识水平也在不断提高，这为生物综合利用，建立物种经营、全面发展的多元型经济结构提供了物质保证和科学理论支持。同时，人们对生物资源产品的多方面、不同层次的巨大社会需求，给生物资源的开发提供了广阔的市场，使生物资源综合利用成为可能。

3. 提高生物资源综合利用的技术和能力

目前我国对生物资源的利用普遍存在着综合利用水平低的问题，造成资源浪费、效益低下、产品的结构单一、产品科技含量不高等现象。造成我国生物资源综合利用水平低的一个主要原因，是生物资源综合利用技术水平不高和综合利用能力不足。森林资源综合利用技术和能力低表现得最为突出。目前我国对采伐和加工剩余物，而对采伐和加工余物的工业利用率只有 15‰，这与世界林业发达国家的利用率相比有较大差距。此外，非木材林产品利用规模小、水平低的问题也十分突出。因此，迅速提高我国生物资源综合利用技术和能力，是提高我国生物资源综合利用水平和效益的关键。

4. 提高生物资源产品的科技含量

要提高我国生物资源综合利用技术、离不开科技投入。

5. 加快生物资源基地建设．走产业化、规模化、一体化经营之路

为满足生物资源产业巨大的原材料需要，各地方应重视生物资源基地建设，以稳定资源的供给。同时，生物资源加工利用应走产业化、规模化和一体化经营之路。不断提高生物资源集约经营和科学管理水平，以实现生物资源利用最佳综合效益。

6. 加强保护

长期以来，人们对生物资源无计划、掠夺式的开发利用，不仅使生物资源数量减少质量下降，而且导致许多生物处于濒危状态，甚至灭绝。一些地区的自然环境恶化和生态危机已经显现，若不及时采取有效的措施改善生态环境，生物及人类自身的自下而上将面临巨大的威胁。从生物资源可持续利用及人类社会可持续发展角度看，生物资源保护刻不容缓。

三、旅游资源利用

旅游资源利用是指旅游资源在一定时间内实际接待的旅游者人数与所能容纳接待的旅游者人数的比较，任何旅游资源，都要受到本身条件与本身以外有关条件的限制，在一定时间内旅游资源所能容纳的旅游者人数，都有一个限度。根据各种条件测算出来的能容纳的旅游者最高人数，称为旅游资源最高容纳能力。旅游资源的利用情况，实际上是指对旅游资源容纳能力的利用情况。确定旅游资源容纳能力，由于考虑的条件不同，就有旅游资源本身容纳能力与旅游资源综合容纳能力之分。旅游资源本身容纳能力，是指只考虑旅游资源本身条件后所确定的容纳能力，不同的旅游资源，其本身容纳能力也有所不同，有的计算方法较简单，有的计算方法就比较复杂。旅游资源综合容纳能力，是指既考虑旅游资源本身条件，又考虑与有关的各方面条件后所确定的容纳能力。即是考虑游览点本身容纳能力外，还要考虑通往游览点的交通工具的运输能力，设在游览点附近的餐馆、饮食品商店的接待能力等。经把各方接待能力综合平衡后，确有实现可能的容纳能力。衡量旅游资源容纳能力在实际中被利用的程度，可把一定时间内实际接待的旅游者人数与其容纳能力作比较，获得旅游资源实际利用情况的比率，其计算公式如下：

旅游资源容纳能力利用程度 = 报告期实际接待人数 / 报告期容纳接待人数 ×100%。这个指标计算结果，对超过 100% 时，说明旅游资源的利用超过承受力，这对旅游资源和旅游者都不利。低于 100% 时，说明旅游资源未被充分利用。

四、能源利用方式

（一）太阳能资源利用

太阳能的能源是来自地球外部天体的能源（主要是太阳能），是太阳中的氢原子核在超高温时聚变释放的巨大能量，人类所需能量的绝大部分都直接或间接地来自太阳。我们生活所需的煤炭、石油、天然气等化石燃料都是因为各种植物通过光合作用把太阳能转变成化学能在植物体内贮存下来后，再由埋在地下的动植物经过漫长的地质年代形成。它们实质上是由古代生物固定下来的太阳能。此外，水能、风能、波浪能、海流能等也都是由太阳能转换来的。

中国太阳能资源非常丰富，理论储量达每年 17000 亿吨标准煤。太阳能资源开发利用的潜力非常广阔。中国地处北半球，南北距离和东西距离都在 5000 公里以上。在中国广阔的土地上，有着丰富的太阳能资源。大多数地区年平均日辐射量在每平方米 4 千瓦时以上，西藏日辐射量最高达每平方米 7 千瓦时。年日照时数大于 2000 小时。与同纬度的其他国家相比，与美国相近，比欧洲、日本优越得多，因而有巨大的开发潜能。

1. 太阳能集热器

太阳能集热器的定义是：吸收太阳辐射并将产生的热能传递到传热介质的装置。这短短的定义却包含了丰富的含义：第一：太阳能集热器是一种装置；第二：太阳能集热器可以吸收太阳辐射；第三：太阳能集热器可以产生热能；第四：太阳能集热器可以将热能传递到传热介质。

太阳能集热器虽然不是直接面向消费者的终端产品，但是太阳能集热器是组成各种太阳能热利用系统的关键部件。无论是太阳能热水器、太阳灶、主动式太阳房、太阳能温室还是太阳能干燥、太阳能工业加热、太阳能热发电等都离不开太阳能集热器，都是以太阳能集热器作为系统的动力或者核心部件的 .

太阳能的热利用中，关键是将太阳的辐射能转换为热能。由于太阳能比较分散，必须设法把它集中起来，所以，集热器是各种利用太阳能装置的关键部分。由于用途不同，集热器及其匹配的系统类型分为许多种，名称也不同，如用于炊事的太阳灶、用于产生热水的太阳能热水器、用于干燥物品的太阳能干燥器、用于熔炼金属的太阳能熔炉，以及太阳房、太阳能热电站、太阳能海水淡化器等等。太阳能热水器装置通常包括太阳能集热器、储水箱、管道及抽水泵其他部件。另外在冬天需要热交换器和膨胀槽以及发电装置以备电厂不能供电之需。太阳能集热器（solar collector）在太阳能集热系统中，接受太阳辐射并向传热工质传递热量的装置。按传热工质可分为液体集热器和空气集热器。按采光方式可分为聚光型集热器和吸热型集热器两种。另外还有一种真空集热器：一个好的太阳能集热器应该能用 20 ～ 30 年。自从大约 1980 年以来所制作的集热器更应维持 40 ～ 50 年且很少进行维修。

早期最广泛的太阳能应用即用于将水加热，现今全世界已有数百万太阳能热水装置。

太阳能热水系统主要元件包括收集器、储存装置及循环管路三部分。此外，可能还有辅助的能源装置（如电热器等）以供应无日照时使用，另外尚可能有强制循环用的水，以控制水位或控制电动部分或温度的装置以及接到负载的管路等。

2. 太阳能发电

利用太阳能发电有两大类型：一类是太阳光发电；另一类是太阳热发电。

太阳能光发电是将太阳能直接转变成电能的一种发电方式。它包括光伏发电、光化学发电、光感应发电和光生物发电四种形式，在光化学发电中有电化学光伏电池、光电解电池和光催化电池。

太阳能热发电是先将太阳能转化为热能，再将热能转化成电能，它有两种转化方式。一种是将太阳热能直接转化成电能，如半导体或金属材料的温差发电，真空器件中的热电子和热电离子发电，碱金属热电转换，以及磁流体发电等。另一种方式是将太阳热能通过热机（如汽轮机）带动发电机发电，与常规热力发电类似，只不过是其热能不是来自燃料，而是来自太阳能。

光伏发电是根据光生伏打效应原理，利用太阳电池将太阳光能直接转化为电能。不论是独立使用还是并网发电，光伏发电系统主要由太阳电池板（组件）、控制器和逆变器三大部分组成，它们主要由电子元器件构成，不涉及机械部件，所以，光伏发电设备极为精炼，可靠稳定寿命长、安装维护简便。理论上讲，光伏发电技术可以用于任何需要电源的场合，上至航天器，下至家用电源，大到兆瓦级电站，小到玩具，光伏电源可以无处不在。

3. 太阳能制冷

它是利用光伏转换装置将太阳能转化成电能后，再用于驱动半导体制冷系统或常规压缩式制冷系统实现制冷的方法，即光电半导体制冷和光电压缩式制冷。这种制冷方式的前提是将太阳能转换为电能，其关键是光电转换技术，必须采用光电转换接收器，即光电池，它的工作原理是光伏效应。

太阳能半导体制冷。太阳能半导体制冷是利用太阳能电池产生的电能来供给半导体制冷装置，实现热能传递的特殊制冷方式。半导体制冷的理论基础是固体的热电效应，即当直流电通过两种不同导电材料构成的回路时，结点上将产生吸热或放热现象。如何改进材料的性能，寻找更为理想的材料，成了太阳能半导体制冷的重要问题。太阳能半导体制冷在国防、科研、医疗卫生等领域广泛地用作电子器件、仪表的冷却器，或用在低温测仪、器械中，或制作小型恒温器等。目前太阳能半导体制冷装置的效率还比较低，COP 一般约 0.2 ~ 0.3，远低于压缩式制冷。

光电压缩式制冷。光电压缩式制冷过程首先利用光伏转换装置将太阳能转化成电能，制冷的过程是常规压缩式制冷。光电压缩式制冷的优点是可采用技术成熟且效率高的压缩式制冷技术便可以方便地获取冷量。光电压缩式制冷系统在日照好又缺少电力设施的一些国家和地区已得到应用，如非洲国家用于生活和药品冷藏。但其成本比常规制冷循环高约

3 ~ 4 倍。随着光伏转换装置效率的提高和成本的降低，光电式太阳能制冷产品将有广阔的发展前景。

（二）风能资源利用

1. 风力发电

利用风力发电已越来越成为风能利用的主要形式，受到世界各国的高度重视，而且发展速度最快。风力发电通常有三种运行方式：一是独立运行方式，通常是一台小型风力发电机向一户或几户提供电力，它用蓄电池蓄能，以保证无风时的用电；二是风力发电与其他发电方式（如柴油机发电）相结合，向一个单位或一个村庄或一个海岛供电；三是风力发电并入常规电网运行，向大电网提供电力；常常是一处风场安装几十台甚至几百台风力发电机，这是风力发电的主要发展方向。

风力发电的优越性可归纳为三点：第一，建造风力发电场的费用低廉，比水力发电厂、火力发电厂或核电站的建造费用低得多；第二，不需火力发电所需的煤、油等燃料或核电站所需的核材料即可产生电力，除常规保养外，没有其他任何消耗；第三，风力是一种洁净的自然能源，没有煤电、油电与核电所伴生的环境污染问题。

2. 风帆助航

风能最早的利用方式是“风帆行舟”。埃及尼罗河上的风帆船、中国的木帆船，都有两三千年的历史记载。唐代有“乘风破浪会有时，直挂云帆济沧海”诗句，可见那时风帆船已广泛用于江河航运。最辉煌的风帆时代是中国的明代，14 世纪初叶中国航海家郑和七下西洋，庞大的风帆船队功不可没。

在机动船舶发展的今天，为节约燃油和提高航速，古老的风帆助航也得到了发展。航运大国日本已在万吨级货船上采用电脑控制的风帆助航，节油率达 15%。

3. 风力提水

1000 多年前，中国人首先发明了风车，用它来提水、磨面，替代繁重的人力劳动。风力提水自古至今一直得到较普遍的应用。20 世纪下半时，为解决农村、牧场的生活、灌溉和牲畜用水以及为了节约能源，风力提水机有了很大的发展。现代风力提水机根据用途分为两类：一类是高扬程小流量的风力提水机，它与活塞泵相配，提取深井地下水，主要用于草原、牧区，为人畜提供饮水；另一类是低扬程大流量的风力提水机，它与螺旋泵相配，提取河水、湖水或海水，主要用于农田灌溉、水产养殖或制盐。

4. 风力致热

随着生活水平的提高，家庭用热能的需要越来越大，特别是在高纬度的欧洲、北美取暖、烧水是耗能大户。为解决家庭及低品位工业热能的需要，风力致热有了较大的发展。

“风力致热”是将风能转换成热能。目前有三种转换方法。一是风力机发电，再将电能通过电阻丝发热，变成热能。虽然电能转换成热能的效率是 100%，但风能转换成电能的效率却很低，因此从能量利用的角度看，这种方法是不可取的。二是由风力机将风能转换成空气压缩能，再转换成热能，即由风力机带动一离心压缩机，对空气进行绝热压缩而放出热能。三是将风力机直接转换成热能。显然第三种方法致热效率最高。风力机直接转换热能也有多种方法。最简单的是搅拌液体致热，即风力机带动搅拌器转动，从而使液体（水或油）变热。“液体挤压致热”是用风力机带动液压泵，使液体加压后再从狭小的阻尼小孔中高速喷出而使工作液体加热。此外还有固体摩擦致热和涡电流致热等方法。

我国利用风能的历史较为久远，风能的利用途径多样，主要有风力助燃、风力航海、风力灌溉等利用途径。其中，就风力灌溉而言，我国国土面积辽阔，南北之间气候变化较明显，利用风力灌溉方法不同。东南沿海、辽东半岛及海上岛均等地区风能资源及地表水源丰富，主要通过借助风力设施抽提地表水进行农业灌溉。与沿海地区不同，西部风能资源丰富地区主要包括内蒙古、甘肃以及黄河冲积平原等周边地区，而这些地区地下水资源丰富，主要通过风力助力设施抽提地下水作为食用水及农业灌溉用水。

近年来，由于传统燃料价格上涨，工程师们尝试发展其他更好的方法利用风力。风力虽不很稳定，但是比其他动力资源要来得便利，因为；风向自由、清洁、不会产生不良的副作用，例如，产生有毒的废物等。而且风可以推陈出新、供应不断，这是由于太阳照射局部的地球表面，使大气压力因地球表面的温差而异，已知空气因压力差而流动；所以只要有太阳的照射，风就会不断地吹。

但事实又是，在低碳发展、绿色发展的需求和环境保护呼声日益高涨的关头，作为清洁能源的风电还被大规模弃用。

中国气象局风能太阳能资源中心副主任杨振斌解释说：“风电具有随机性、间歇性、波动性特点，而电网的安全稳定运行要求电源稳定、可控。一旦天气在较短的时间内由大风转为小风、甚至静风，而其他的电源又无法在相应的时间内补充上来，就给电网稳定运行带来困难，影响电力系统的安全性。”风电行业人士将风电比作任性的孩子，“需要它发电时，可能一下没风了。不需要那么多时，刮得起劲”。如果风机无法承受系统电压的波动，或是电网发生了故障，就容易导致脱网。脱网则会威胁整个电网的安全，甚至可能造成电网瘫痪。所以，目前并网和消纳难的问题成为风电发展的主要制约因素。发展可再生的清洁能源，是国家“十二五”规划的重要内容。因此，为了更加合理地发展风电这种清洁能源，合理调度风电并网是重要问题。

开发风电对环境来讲，利大于弊。由于大量的风能资源处于戈壁滩、大草原和沿海滩涂地区，给开发带来不便，但依靠后方力量的支援一定能够克服。此外，虽然风电建设要占用大面积的土地，旋转的风机叶片可能产生噪声污染等，但在荒凉地区开发风电，对社会和环境影响非常少，不占用基本农田，不存在与民争地的矛盾。因此，在这些地区的大风口建设风电，不仅可以利用荒地清洁生产电力，还可以削弱风速，减少冬春季节的扬沙浮尘天气。

（三）水能资源利用

随着现代社会经济的发展和水利科学技术的进步，人类对于水能资源开发利用的程度越来越高，调配水资源、利用水能、开发水利的强度越来越大。水能是一种可再生资源，是清洁能源，是指水体的动能、势能和压力能等能量资源。广义的水能资源包括河流水能、潮汐水能、波浪能、海流能等能量资源；狭义的水能资源指河流的水能资源。是常规能源，一次能源。水能资源最显著的特点是可再生、无污染。开发水能对江河的综合治理和综合利用具有积极作用，对促进国民经济发展，改善能源消费结构，缓和由于消耗煤炭、石油资源所带来的环境污染具有重要意义，因此世界各国都把开发水能放在能源发展战略的优先地位。

从水能利用的角度看，水能利用是一项巨大的系统工程，是和水资源的综合利用联系在一起的。水资源的利用就是要充分合理地利用江河水域的地上和地下水源，以获得最高的综合效益。水能利用是一项系统工程，其任务是根据国民经济发展的需要和水资源条件，在河流规划和电力系统规划的基础上，拟订出最优的水心愿利用方案。而河流规划的主要任务是通过对河流自然条件、流域社会经济情况的勘察、探测和分析研究，提出河流的水电开发方案。因此，我们也可看到水力发电在水能利用中的重要作用。

水力发电是将水能直接转换成电能。水力发电的基本原理就是利用水力（具有水头）推动水力机械（水轮机）转动，将水能转变为机械能，如果在水轮机上接上另一种机械（发电机）随着水轮机转动便可发出电来，这时机械能又转变为电能。水力发电在某种意义上讲是水的势能变成机械能，又变成电能的转换过程。

就我国具体情况而言，我国河流众多，径流丰沛、落差巨大，蕴藏着非常丰富的水能资源。据统计，中国河流水能资源蕴藏量 6.76 亿 kW，年发电量 59200 亿 kWh；可能开发水能资源的装机容量 3.78 亿 kW，年发电量 19200 亿 kWh。不论是水能资源蕴藏量，还是可能开发的水能资源，中国在世界各国中均居第一位。我国水能蕴藏量居世界第一，可能开发量居世界首位，但以国土面积平均，每平方公里的可能开发容量，我国仅居世界第 11 位，瑞士居第一。以人口平均，我国的位次更低，挪威居世界第一。我国可开发的水能资源约占世界总量的 15%，人均资源量只占世界平均值的 70% 左右。

我国水能资源有以下几个特点：（1）资源丰富，但分布不均。中国水能资源西多东少，大部分集中于西部和中部。在全国可能开发水能资源中，东部的华东、东北、华北三大区共仅占 6.8%，中南地区占 15.5%，西北地区占 9.9%，西南地区占 67.8%，其中，除西藏，四川、云、贵三省占全国的 50.7%；（2）大型电站比重大，且分布集中。各省（区）单站装机 10 兆瓦以上的大型水电站有 200 多座，其装机容量和年发电量占总数的 80% 左右，而且，70% 以上的大型电站集中分布在西南四省；（3）我国水电在一次能源生产消费中的比例较低，到 2005 年底按水电年发电量计算，我国尚不足总量的 7%，远低于发达国家的水平（加拿大大于 25%，挪威 50%，日本 40%）；（4）中国气候受季风影响，降水和径流在年内分配不均，夏秋季4 ~ 5个月的径流量占全年的60 ~ 70%，冬季径流量很少，因而水电站的季节性电能较多。为了有效利用水能资源和较好地满足用电要求，最好建水库调节径流。中国地少人多，建水库往往受淹没损失的限制，而在深山峡谷河流中建水库，虽可减少淹没损失，但需建高坝，工程较艰巨；（5）中国大部分河流，特别是中下游，往往有防洪、灌溉、航运、供水、水产、旅游等综合利用要求。在水能开发时需要全部规划，使整个国民经济得到最大的综合经济效益和社会效益。中国河流众多，水系庞大而复杂。从北到南主要有黑龙江水系、松花江水系、鸭绿江水系、辽河水系、海滦河水系、黄河水系、淮河水系、长江水系、珠江水系、东南沿海及岛屿水系等；西南有澜沧江、怒江、雅鲁藏布江等国际河流水系；西北有额尔齐斯河、伊犁河水系，还有塔里木河及新疆、甘肃、内蒙古、青海等内陆水系。

由此可以看出，我国水能利用的潜力很大，在水能资源富集地区，已规划建设若干个大水电基地。由于水电工程一般是综合开发利用项目，除发电外，兼有防洪、灌溉、供水、航运、养殖、旅游等社会效益，因此优先开发水能资源仍是我国，乃至世界能源政策的主要目标。但从中国水能资源的特点出发，小水电成为中国发展水能的一个重要选择。

小水电是指容量为12 ~ 0.5MW的小水电站，容量小于0.5MW的水电站又称农村小水电，运行寿命长，坚固耐用，价格稳定，并且水资源是可再生的。对于用电规模较小的边远地区来说，所有这些优点使水力电站成为最具有吸引力的选择对象。中国有丰富的水力资源，可开发量达3.78亿kW，其中小水电开发量0.75亿kW。小水电资源分布也很广泛，在全国2166个县（市）中有1573个县有可开发小水电资源，其中可开发量在10 ~ 30MW的县有470个，30 ~ 100MW的县有500个，超过100MW的县有134个。鉴于中国小水电发展的成就，1986年中国在杭州建立了亚太小水电研究培训中心；1998年联合国开发计划署（UNDP）又正式把国际小水电中心设在中国。这表明中国的小水电已从中国走向世界。

中国小水电取得了令人骄傲的成绩，这一点毋庸置疑。但同时我国在大型水利工程建设方面也取得了举世瞩目的成绩。最典型的例子就是三峡水利工程的实施。

长江流域因其丰富的水资源和水能资源、日益成为现代水利开发的重点。新中国成立以来，一直在酝酿、最终付诸实施的三峡工程就是其中的典例。素有“四百里天然立体画廊”之称的长江三峡位于长江上游，西起四川奉节白帝城，东到湖北宜昌南津关，全长192公里，由瞿塘峡、巫峡、西陵峡以及三座峡之间的香溪宽谷和大宁河宽谷所组成。1991年荣登“中国旅游胜地四十佳”榜首，1995年被评为“中国十大风景名胜”之一。在此修建的三峡水利枢纽工程也以十个“世界之最”闻名于世：（1）三峡水库总库容393亿立方米，防洪库容221.5亿立方米，水库调洪可消减洪峰流量达每秒2.7–3.3万立方米，能有效控制长江上游洪水，保护长江中下游荆江地区1500万人口、2300万亩土地，是世界上防洪效益最为显著的水利工程；（2）三峡水电站总装机1820万千瓦，年发电量846.8亿千瓦时，是世界上最大的电站；（3）三峡大坝坝轴线全长2309.47米，泄流坝段长483米，水电站机组 70 万千瓦 ×26 台，双线 5 级船闸＋升船机，无论单项、总体都是世界上建筑规模最大的水利工程；（4）三峡工程主体建筑物土石方挖填量约 1.34 亿立方米，混凝土浇筑量 2794 万立方米，钢筋制安 46.30 万吨，金结制安 25.65 万吨，是世界上工程量最大的水利工程；（5）三峡工程 2000 年混凝土浇筑量为 548.17 万立方米，月浇筑量最高达 55 万立方米，创造了混凝土浇筑的世界纪录，是世界上施工难度最大的水利工程；（6）三峡工程截流流量 9010 立方米 / 秒，施工导流最大洪峰流量 79000 立方米 / 秒，是施工期流量最大的水利工程；（7）三峡工程泄洪闸最大泄洪能力 10.25 万立方米 / 秒，是世界上泄洪能力最大的泄洪闸；（8）三峡工程的双线五级、总水头 113 米的船闸，是世界上级数最多、总水头最高的内河船闸；（9）三峡工程升船机的有效尺寸为 120×18×3.5 米，最大升程 113 米，船箱带水重量达 11800 吨，过船吨位 3000 吨，是世界上规模最大、难度最高的升船机；（10）三峡工程水库动态移民最终可达 113 万，是世界上水库移民最多、工作也最为艰巨的移民建设工程。

综合起来，三峡水利枢纽具有防洪、发电、航运、供水等巨大综合利用效益。三峡工程地处我国腹地，与华北、华中、华南、华东、川东的电力负荷中心相距都在 500 公里至 1000 公里之间。三峡机组并网发电，将促进西电东送和形成全国电力联网。三峡电力将对我国电力格局产生积极影响。三峡电站全部投产后年发电量将达 847 亿千瓦时，加上葛洲坝电站，总装机容量超过 2000 万千瓦。其强大的动力供应可以缓解华中、华东、广东及川渝电网电力供应紧张局面，促进当地国民经济的发展。在枯水期，其强大的调峰能力也将为电网的安全稳定和经济运行创造有利条件。此外，三峡电站的建成投产，极大地促进了全国联网的步伐。国家电网公司以三峡投产送电为契机，大力推进西电东送、南北互供、全国联网，实现国家电网在更大的范围内进行电力资源的优化配置。届时，以三峡电站为核心，向东、西、南、北四个方向辐射，形成以北、中、南三大送电通道为主体、南北网间多点互联、纵向通道联系较为紧密的全国互联电网格局。这标志着全国联网工程进入一个新的阶段。三峡工程发电可增加西电东送容量，扩大电力市场竞争区域，促进电力竞争市场的形成。随着三峡电站向华中、华东和广东送电容量的增加，加大了全国西电东送的力度。到 2010 年，三峡送华中电力 800 万千瓦，将占华中电力负荷的 7.3%；送广东电力 300 万千瓦，将占广东省电力负荷的 5.5%。三峡电力送入后将直接参与当地区域电力市场的竞争，扩大了电力市场竞争区域，有利于全国电力竞争市场的形成。三峡工程将为全中国人民造福。

（四）地热能利用

1. 地热能的产生及分布

离地球表面 5000 米深，15℃以上的岩石和液体的总含热量，据推算约为 14.5×1025 焦耳，约相当于 4948 万亿吨标准煤的热量。地热来源主要是地球内部长寿命放射性同位素热核反应产生的热能。按照其储存形式，地热资源可分为蒸汽型、热水型、地压型、干热岩型和熔岩型5大类。

地热资源按温度的划分。中国一般把高于150℃的称为高温地热，主要用于发电。低于此温度的叫中低温地热，通常直接用于采暖、工农业加温、水产养殖及医疗和洗浴等。截止1990年底，世界地热资源开发利用于发电的总装机容量为588万千瓦，地热水的中低温直接利用约相当于1137万千瓦。

地热能集中分布在构造板块边缘一带，该区域也是火山和地震多发区。如果热量提取的速度不超过补充的速度，那么地热能便是可再生的。地热能在世界很多地区应用相当广泛。

据美国地热资源委员会1990年的调查，世界上18个国家有地热发电，总装机容量5827.55兆瓦，装机容量在100兆瓦以上的国家有美国、菲律宾、墨西哥、意大利、新西兰、日本和印尼。我国的地热资源也很丰富，但开发利用程度很低。主要分布在云南、西藏、河北等省区。

2. 地热能的利用现状

近年来，国际能源署（TFA）牵头制定了世界地热能技术路线图，政府间气候变化组织（IPCC）牵头编写了地热能特别报告。国际能源署领导了世界地热能技术路线图的制定，自2010年开始制定.并于2011年正式发布。TEA的路线图内容包括：全球地热资源的潜力，至2050年的地热能愿景，地热能开发利用技术现状，不同时间节点上的发展目标和相应的行动方案、配套政策措施等内容。这个路线图仅涉及了水热型和干热型地热能的发电与直接利用。另外一项工作是由政府间气候变化组织完成的地热能特别报告（IPCC SRREN）。该报告涉及的地热能类型更多，与IEA的路线图不同的是，它对于浅层地热能也给出了发展愿景。

此外，中国科学院组织编制了中国能源技术路线图，其中包括地热能部分。中国地球物理学会地热专业委员会也多次组织国内相关专家研讨地热能发展战略。路线图的制定实际上是一次科技界与企业界对于能源发展取得共识的机会与表达的平台，对于技术与产业发展，对于政府能源政策的制定具有一定支撑作用。本文在借鉴国外地热能发展战略研究与技术路线图制定方法的基础上，结合多次讨论中形成的认识，探讨中国地热能技术与产业发展的路线图。

3. 地热能的开发与利用方式

（1）地热采暖。

利用地热水采暖不烧煤、无污染，可昼夜供热水，可保持室温恒定舒适。地热采暖虽初投资较高，但总成本只相当于燃油锅炉供暖的四分之一，不仅节省能源、运输、占地等，又大大改善了大气环境，经济效益和社会效益十分明显，是一种比较理想的采暖能源。地热采暖在我国北方城镇也很有发展前途。北京、天津、辽宁、陕西等省市的采暖面积逐年增多，已具一定规模。天津已开采到80℃以上的热水，据不完全统计，天津目前共有地热井 184 眼，供暖面积 863 万 h，利用地热水供生活热水达 4176 万户，近百万市民通过各种渠道享用着地热资源带来的便利。北京地热供暖目前已发展到数十家，供暖面积已超过 40 万 m^2，供暖方式已由单一的直接供暖向间接供暖（利用换热器）、地板式采暖以及热泵技术配合其他能源的调峰技术供暖等多种方式发展。

（2）地热在农副业方面的应用。

地热水也广泛应用于农副业生产。北京、河北等地用热水灌溉农田，调节水温，用 30 ~ 40℃的地热水种植水稻，以解决春寒时的早稻烂秧问题。温室种植所需热源温度不高，在有地热资源的地方，发展温室种植是促进该地区农业发展的方法之一。例如北京已建特种蔬菜温室 20 多 hm^2。此外，昆明市利用地热水发展甲鱼养殖。从其饲养结果看，每公顷水面养殖甲鱼的利润是池塘养鱼的 40 倍，且具有周期短、资金周转快和利润高的优点。

（3）应用于医疗保健、娱乐和旅游。

北京地区的地热水属于中低温热矿水，富含锂、氟、氡、偏硼酸和偏硅酸等多种矿物质，有一定的医疗和保健作用。经常用热矿水进行洗浴，对高血压、冠心病、心脑血管、风湿病、皮肤病等有一定疗效。热矿水入室，会提高居民的生活质量。此外，依托温泉浴疗，可以开发游泳馆、嬉水乐园、疗养中心、温泉饭店和温泉度假村等一系列娱乐旅游项目。

4. 地热能发电

由于热水和蒸汽的温度、压力以及它们的水、汽品质的不同，地热发电的方式也不同。常用的地热发电方式有以下几种：

（1）直接蒸汽法。从地热井取出的高温蒸汽，首先经过净化分离器，脱除井下带来的各种杂质，清洁的蒸汽推动汽轮机做功，并使发电机发电。所用发电设备基本上同常规火电设备一样。

（2）扩容发电方式。即地热水经井口引出至热水箱部分扩容后进人厂房扩容器，扩容后的二次蒸汽进入汽机做功发电。这种一次扩容系统，热利用率仅为 3% 左右。将一级扩容器出口蒸汽引人汽机前几级做功，一级扩容器后的地热水进入二极扩容器，经二级扩容后进人汽轮机中间级做功，这就是两次扩容地热发电，其热利用率可达 6% 左右。西藏羊八井地热发电站属此种发电方式的机组，单机容量为 3000 千瓦。

（3）双工质循环地热发电方式。当地热参数较高，温度在 150℃以上时，采用扩容发电很合适。但参数较低时扩容发电就很困难，这种情况适宜采用双工质发电方式。即用参数较低的地热水去加热低沸点的工质（如异丁烷、氟利昂等），再用低沸点工质的蒸汽去冲动汽轮机。这种方式理论上效率较高，但技术难度大。目前国内进口的两台 1000 千瓦机组已投产发电。

（4）全流式地热发电方式。将地热介质全部引人全流发电机组。该方式理论上效率很高，可达 90%，但实际结果较低。目前，该方式在国内、外仍处于试验阶段，尚未付诸工业应用。

5. 地热能发电的优点与利用前景

相对于太阳能和风能的不稳定性，地热能是较为可靠的可再生能源，这让人们相信地热能可以作为煤炭、天然气和核能的最佳替代能源。另外，地热能确实是较为理想的清洁能源，能源蕴藏丰富并且在使用过程中不会产生温室气体，对地球环境不产生危害。

目前，美国的地热能使用仅占全国能源组成的 0.5%。据麻省理工学院的一份报告指出，美国现有的地热系统每年只采集约 3000 兆瓦能量，而保守估计，可开采的地热资源达到 10 万兆瓦。相关专家指出，倘若给予地热能源相应的关注和支持，在未来几年内，地热能很有可能成为与太阳能、风能等量齐观的新能源。

和其他可再生能源起步阶段一样，地热能形成产业的过程中面临的最大问题来自技术和资金。地热产业属于资本密集型行业，从投资到收益的过程较为漫长，一般来说较难吸引到商业投资。可再生能源的发展一般能够得到政府优惠政策的支持，例如税收减免、政府补贴以及获得优先贷款的权力。在相关优惠政策的指引下，投资者们将更有兴趣对地热项目进行投资建设。

地热能的利用在技术层面上有待发展的主要是对于开采点的准确勘测，以及对地热蕴藏量的预测。由于一次钻探的成本较高，找到合适的开采点对于地热项目的投资建设至关重要。现在，地热产业采取引进石油、天然气等常规能源勘测设备，为地热能寻找准确的开采点。

世界其他国家和地区也在为地热能的发展提供更多的便利和支持。全球大约 40 多个国家已经将地热能发展列入议程，预计到 2010 年，全球地热资源的利用将比现在提升 50%。

第三节　农林复合经营技术

农林复合经营是指在同一土地经营单元上，按照生态经济学的原理，将林农牧副渔等多种产业相结合，实行多物种共栖、多层次配置、多时序组合、物质多级循环利用的高效生产体系，其具有复合性、系统性、集约性、灵活性、地域性、产业性、本质性、最优性等特点。

一、简 介

农林复合经营，人们又称为农用林业、混农林业或农林业。是指为了一定的经营目的，在综合考虑社会、经济和生态因素的前提下，在同一土地经营单元上，遵循生态学原理，以生态经济学为指导，有目的地将林业与农业（包括牧业、渔业）有机地结合起来，在空间上按一定的时序安排以多种方式配置在一起，并进行统一、具有序管理的土地利用系统的集合，是一种充分利用自然力的劳动密集型集约经营方式，有复合性、系统性、集约性、高效性、尺度的灵活性等特征。现代农林复合经营的发展初始于20世纪50年代，经过50多年的不断探索和发展，我国农林复合系统现已形成了以农田林网为主体结合各类农林间作模式带网片点合理配置，多林种和多树种有机结合，时间上有序列空间上有层次，三大效益兼备的农林复合体系。农林复合经营不仅产生了显著的生态效益、可观的经济效益、良好的社会效益，更使生态景观得到了极大改善。研究表明，农林复合生态系统建成后，对农业生态环境能够起到一定的调节作用，特别是对局部小气候因子、水土保持、土壤肥力、空气中的二氧化碳、降尘及生物多样性等方面均产生了良好的影响。还有研究表明，发展农林复合经营是实现生态效益和经济效益双赢的战略措施。

二、发展概况

当今世界各国正面临“人口激增、资源匮乏、环境恶化”三大危机。随着人口的迅猛增长，耕地面积不断减少，许多国家和地区出现了毁林种粮、弃林从牧等现象，导致农林争地的矛盾日趋严重，造成林业资源被过度消耗，引起水土流失、气候失调、环境恶化等一系列问题，严重影响人类社会的可持续发展，因此，改变传统的林业经营方式迫在眉睫。如何高效、集约经营利用土地已成为世界各国，特别是发展中国家普遍关注和研究的热点问题。

1. 国外农林复合经营的发展概况

农林复合系统研究在国外历史悠久。1950年Smith著的《树木作物：永远的农业》一书中第一次提出了农林复合的概念，该书被认为是第一部关于农林复合生态系统的专著，但实际上当时并未受到人们的重视。缅甸是第一个实践农林复合生态系统模式的国家，1806年在该国出现了一种叫塔亚的系统，此系统是将农作物或用材林实行间作。1873年，塔亚系统被引入爪哇；1887年引入南非；1890年被印度和孟加拉国所采用；20世纪被引入泰国。此后这种系统在亚洲、非洲和拉丁美洲的许多热带和亚热带地区得到了进一步完善和发展。农林复合经营研究在亚非洲国家兴起后，欧美一些发达国家也逐步认识到其所具有的独特优势，开始对农林复合经营开展广泛的研究20世纪90年代以来，多用途树种（MPTS）筛选以及经营管理软件的开发应用，促进了农林复合经营研究的发展并形成了全球的研究网络，这些网络使农林复合经营形成了一个从研究到推广的完整体系，促进了各地区农林复合系统研究水平的提高。

2. 我国农林复合经营的发展现状

我国农林复合经营的发展可分为原始农林复合经营传统农林复合经营和现代农林复合经营3个阶段。农林复合经营在我国有悠久的历史，华北平原和中原地区是我国农林复合经营类型非常丰富的地区之一。而林粮间作是最普遍的类型，据初步估计在林粮间作中采用的树种已有150种以上，其中以泡桐、枣树、杨树为突出的代表，特别是泡桐与农作物间作，不论其应用范围还是研究的深度都达到了相当的水平。农林复合经营的应用自20

世纪70年代以来便在我国有了蓬勃的发展，如国家级防护林工程—三北防护林工程、长江中下游防护林体系、长江中上游水源涵养林体系、沿海防护林体系等都是农林复合经营系统在客观水平上应用的光辉典范。70年代末，在海南岛和云南南部发展林－胶－茶间作模式，该模式在80年代有了更大的发展，在长江中下游丘陵区发展松茶、乌桕－茶间作和泡桐－茶间作等。80年代，在江苏里下河地区的湿地，发展了林－渔－农复合经营系统。90年代，在西南山地、丘陵地区发展的等高植物篱技术——在坡地沿等高线布置灌木或矮化乔木作为植物篱带，带间种农作物，能有效地防止水土流失和提高土壤肥力，取得良好的经济效益、生态效益和社会效益。其他地区如东北的林参间作、华北的果农间作，各地林药间作、林草间作等也有很大的发展，改善了生态环境，提高了农民收入。

三、主要特点分析

1. 农林复合系统的种间互作

农林复合系统中存在多种生物，一种生物通过改造环境可直接或间接地影响相邻生物，即种间互作，其作用方式有减弱光强、改变光质、蒸腾水分、改变土壤湿度、吸收限制性养分、提供固氮、遮阴或防护牲畜、促进或削弱病原体活动、增加土壤有机物、解毒以及改变土壤反应等。根据种间互作发生的空间位置可分为地上部分互作和地下部分互作两大类。前者主要是农林复合系统中林木通过改变小气候来影响林下的农作物，后者则是林木与农作物对土壤中水分及养分资源的竞争或互利，两者共同决定了农林复合系统的资源利用模式。

（1）地上部分相互作用。植物间争夺光能是地上部分相互作用最直接的表现。许多研究表明，由于农林复合系统中林木的遮阴，一般会引起林下农作物的光合效率下降，从而导致农作物产量降低。

（2）地下部分相互作用。农林复合系统中林木和农作物对水分及养分的利用率决定了各部分的生长状况。林木与农作物对水分及养分作用体现在竞争和互利两方面。竞争作用最可能发生在系统不同组分的根系从同一土层获取生长资源时，特别是当浅根林木与农作物间作时，它们的根系分布在相同土层，对水分及养分的竞争更加激烈。经屏障处理后土壤含水量增加，棉花生长状况较好，产量也较高。然而当深根林木与浅根农作物配置时，则是以互利的方式利用水分及养分。林木通过细根周转，向作物输送氮素和有机质，从而降低养分的淋溶率。同时林木的根系对水分的吸收可以降低排水，从而影响养分的淋溶率，这主要是林木根系的“安全网”作用。

植物间化感作用是地下部分互作研究的重要内容。化感作用机理可以概括为一种植物产生的化感物质通过多种机制如植物残体分解、根分泌和淋洗等释放到根际，影响受体植物细胞膜的透性、营养元素的吸收和运输、有机物质的代谢、光合、呼吸以及植物体内酶的活性和激素活性等。

不同浓度的同一化感物质对同一作物或同一种化感物质对不同作物的他感作用效果是不同的。还有研究认为，季节、生长时期、土壤水分、养分、光、温度等也是影响化感作用效果的因素。

2. 农林复合经营能量流动和物质循环

（1）能量流动。能量流动是农林复合系统的基本功能之一，但各种系统中各组分及量比关系不同，其能流路径、效率也不同，进而决定整个系统生产力的高低。研究者对银杏采叶园、银杏果—叶—农复合园、银杏材—农复合园 3 种模式内植物种群对光能的削弱和截获进行了模型分析，结果表明：银杏果—叶—农复合园具有最好的复合光效益，光能截获率可达 92%，PAR 在植冠层的削弱过程遵循 Beer–Lambert 定律，可为探讨银杏复合最优模式提供理论依据。据四川旱坡地植物篱农作系统能流特征研究的结果，作物—果树类—植物篱系统输入能总量和有机能输入量大幅度增加，有利于优化输入能结构，从而促进了坡地生态系统良性循环和集约高效农业发展。

（2）物质循环。农林复合系统中物质循环主要体现在养分、水分的循环，物质的循环与平衡直接影响生产力的高低和系统的稳定与持续，是系统中各生物得以生存和发展的基础。通过研究农林复合系统的物质循环过程，揭示其循环的特点及其与各因素的相互关系，不仅可以丰富农林复合系统的理论，而且可以指导生产实践。

四、效益评价

1. 生态效益

农林复合经营在水土保持、土壤肥力、防风、净化 CO_2 及保护生物多样性等方面发挥着重要作用。实行农林复合经营后，树冠能有效地拦截降雨，从而改变雨滴落地的方式，枯落物和低矮农作物构成的地表覆盖物还可降低雨滴的冲击力及片蚀。同时枯落物也是土壤养分来源之一，其分解后可提高土壤肥力和增加土壤有机质含量，并增大土壤团聚体大小、稳定性和孔隙度，提高土壤渗透性，减少土壤水分和养分的流失，从而改善林下层农作物的生长环境。

2. 经济效益

农林复合经营是以系统性、社会经济可行性、效益最高及长短利益结合为原则，根据经营目的主要从物种组成、空间结构及时间变化等方面来设计的，因此农林复合经营可实现一地多用和一年多收的目标，促进了资源的高效利用尤其在造林初期间农作物能充分利用林地中空间、气候和土壤等资源，可取得近期经济效益，达到以短养长；同时对林下农作物进行中耕、除草、施肥等管理可以耕代抚，改善了幼树的生长环境，提高了幼树的成活率，也可降低抚育成本。农林复合经营模式所带来的经济效益是非常可观的。

3. 社会效益

首先，农林复合经营有多种产品输出，如粮食、油料、畜禽、果品、蔬菜、药材、木材等，可满足社会多方面的需求其次，农林复合经营具有集约性的特点，要求投入密集的劳动力，在收购、运输、批发、零售、加工等各个环节可使大量人员短期就业，有利于安排农村的剩余劳动力，增加就业机会，因此，此类经营不但能够增加长期收入，而且还可增加短期收入，从而调动农民的积极性再次，农林复合经营还培养了大批的农业和林业的科技人员，他们在长期的实践过程中熟练掌握了农林复合的经营技术，弥补了技术人员短缺的缺陷。另外，在农林复合经营模式的生产过程中，为国家增加了税源和一定的税值，同时也带动了区域经济发展

五、存在的问题与建议

农林复合经营作为一种高效的土地利用途径已广泛应用于实践，并取得了良好的综合效益，但是农林复合经营在研究中仍存在许多问题：

基础理论及系统研究不够、农林复合经营的基础理论研究包括种群互作、化感作用及养分循环机理等。缺乏区域的最优化模式研究，目前，大多数的研究主要是针对各个区域内现有的农林复合经营模式进行分析比较，而缺乏对当地最优模式的探讨。社会经济学与生态学等理论研究不够林农复合经营在农村发展中的社会经济学（社会效应、经济效应）研究不够，研究方法不完善，导致人们不能客观全面地评价农林复合经营的总体效益，对生态效益、生态环境效应也研究较少，因此建立客观的总体效益评价指标至关重要。缺乏品种和无性系层次上研究。缺乏立地生产力长期变化及可持续经营的研究。大量研究表明：林农复合经营能够改善土壤肥力和结构等，但这一结论并没有长期跟踪研究的试验证据。

针对农林复合经营研究中存在的问题，建议加强以下几个方面的研究：

（1）加强最优模式及其配套技术体系的研究。农林复合经营作为生态农业的一种形式，其研究在理论上要以生态学生态经济学原理为基础，根据生物与环境的协同进化原理、整体性原理、边际效应原理地域性原理及限制因子原理，因时因地制宜，研究出合理布局、立体间套、用养结合、互生共利的最优模式。在配套技术方面通过研究各模式内生物间、生物与非生物相互作用来探讨最适的管理技术，从而提供各模式相应简明实用、合理先进简化高效的技术体系。

（2）转变研究方式和改进研究手段。林农复合经营是一门边缘性交叉学科，涵盖了林学、农学畜牧学、草学、渔学等学科，因此其研究方式应注重多专业、多学科、多部门间的联合和渗透，以发挥整体研究优势，实现研究、教育、推广、生产一体化，将研究成果更好地应用于林农复合经营的生产。在理论分析的基础上，需注重试验研究和模拟研究相结合。

（3）要广泛开展农林复合经营应用技术的研究。从单项技术研究向组装配套技术研究转变，完善和制定复合经营规范规程和标准，探索经营的最优模式，解决农林复合经营

工作中的问题，使复合经营具有科学的理论基础和技术依据。

（4）深入研究农林复合可持续经营的关键问题（立地生产力、基础理论、病虫害综合防治等），增强农林复合经营发展的科技支撑力，实现从短期经营向可持续经营转变。

第四章　林业生态工程规划设计及自然保护区

第一节　基本概述

一、林业生态工程规划设计

林业生态工程的规划设计是根据自然规律和经济规律，在合理安排土地利用的基础上，对宜林荒山、荒地及其他绿化用地进行分析评价，编制科学合理的工程建设规划，设计先进实用的工程技术措施，为林业生态工程发展决策和营建施工提供科学依据。

二、规划和设计的关系

规划是设计的前提和依据，设计是规划的深入和具体体现。

规划是反应战略性的长远设想和全局的安排，是领导决策和制定林业生态工程设计的依据；设计是近期林业生态工程建设的具体安排，是林业生态工程建设施工的依据。

二者相辅相成，构成一个完整的林业生态工程规划设计体系。

三、林业生态工程规划设计的重要性

第一，通过林业生态工程总体规划可以将一个较大区域的林业生态工程项目进行铜盘考虑，合理做出长远规划的安排。

第二，林业生态工程规划设计把先进适用的工程技术安排到山头地块，实行科学造林，达到保障造林质量，提高造林成活率和林木生产力的目的。如适地适树问题。

第三，通过规划设计可加强林业生态工程建设的技术性，康复盲目性，避免不必要的损伤和浪费。如育苗与需苗关系。

第四，有助于建立一套科学的林业生态工程管理程序，将其纳入科学化管理的轨道，提高工程建设成效。

四、规划设计指导思想

1. 指导思想

（一）全局性

林业生态工程规划设计十分注意系统中各方面的整体要素，坚持社会、经济和环境优

化的同步发展。因此，必须兼顾各方面的利益，考虑各方面的特点与关系，从“天、地、人”即政治、社会、经济、自然资源条件和人类活动各种因素的需要出发，制订协调发展的策略，防止顾此失彼。从研究方法来看，它运用多学科的知识与方法对林业生态工程综合体进行多因素、多层次、多方面的综合规划设计。

（二）长远性

规划设计本身要求在较长时间内对林业生态工程建设起到指导作用。因此，要用整体、综合、宏观的观点来探讨林业生态工程总体的地域差异、结构模式、总体布局和战略方向以及建设重点、措施等，正确制订出一个林业生态工程系统稳定协调发展的范围，为指导林业生态工程发展战略决策提供科学依据。因此，林业生态工程规划强调大方向、大目标，反对急功近利。规划一经确定，要求一代人或几代人为之奋斗，尽量避免决策者在指导思想上的波动，减少经济工作中的损失，实现稳定、持续发展。

（三）实践性

林业生态工程规划设计不是一个纯理论问题，而是来自实践，经过总结、归纳，制订出相应的规划后，用以指导实践并为领导部门进行宏观决策服务，因此，具有强烈的实践性，应当在实践中不断完善。林业生态工程发展规划设计集理论、科学技术、政策法规于一体，要求人们按照这个规范去实践、去扎扎实实地创造自己美好的未来。由于林业生态工程规划设计是对一个区域林业生态工程未来发展的构想，在未来的一段时期内不可预测的变化因素较多，而且期限越长，不确定程度就越大。因此，在制订规划指标时，要留有余地，要具有一定的灵活性。

（四）群众性

林业生态工程规划设计要靠群众去实践，是为千千万万群众造福的，因而应当具有雄厚的群众基础。在制订林业生态工程规划设计时，不能只考虑专家的建议，也不能只考虑领导的意见，还应考虑群众的意见和需求。只有把广大群众真正动员起来了，经过上下同心努力所制订出来的发展规划才有强大的生命力。

五、规划设计的任务、内容和程序

（一）规划设计的任务

一是制定林业生态工程总体规划方案，为制定林业生态工程发展计划和决策提供科学依据；二是提供林业生态工程设计，指导林业生态工程施工。具体分为；

（1）查清规划设计区域内土地资源和森林资源资源、森林生长的自然条件和发展林业生态工程的社会经济情况。

（2）提出规划设计方案，并计算投资、老劳力和效益。规划设计的造林面积和营林措施要落实到山头地块。

（3）根据实际需要，对林业生态工程有关的附属项目进行规划设计，包括造林灌溉工程、营建道路、通信设备等的规划设计。

（4）造林规划设计还需要确定林业生态工程发展目标、工程经营方向，安排生产布局，提出保证措施，编制造林规划设计文件。

（二）规划设计的内容

查清土地和森林资源，落实林业生态工程用地；搞好土壤、植被、气候、水文地质等专业调查，编制立地类型表、林业生态工程典型设计和森林经营类型表；在完成社会经济调查和分析的基础上，进行营建等各项规划，编制规划设计文件。因工程种类不同，内容和深度也不同。

（1）林业生态工程总体规划。

（2）淋雨或区域林业生态工程规划设计。

（3）单项林业生态工程规划。

（4）林业生态工程施工设计。

（三）规划设计的工程程序

1. 规划

规划科分为长期（10 ~ 20 年）、中期（5 ~ 10 年）和短期（3 ~ 5 年）三种。项目规划的主要内容包括：该项目建设的必要性、项目的地域范围和规模、资源条件、工程任务量和投资额的初步估计、投资效果的初步分析。在项目规划报告中，应该突出说明在这一地区进行该建设的必要性和作用，分析资源潜力，对项目实施后新增生产能力和社会效益进行初步预测。

项目规划报告是一个申报文件。当它经投资单位筛选审批同意后，提出项目规划报告的单位即可着手组织项目的可行性研究。

2. 项目建议书

项目建议书是根据已审批的规划内容，从中提出近期有可能实施的项目。进行论证研究后编制而成，一般只是规划的部分内容，有时规划内容少，也可以一次全部提出。如项目较小，也可不做项目建议书，由上级部门直接下达可行性研究任务书。项目建议书的内容和编制方法与可行性研究基本相同，只是线条更粗一些。

3. 项目可行性研究

可行性研究是项目准备的核心内容，它是对拟建项目在工程技术、组织管理、社会生态、财务、经济等可行性和合理性进行全面系统的分析论证后，从中选择最佳投资实施方案的一种方法。可行性研究是项目评估和决策的依据。

（1）可行性研究是一项政策性、技术性很强的工作，工作量很大。

（2）项目可行性研究应委托经过资格审定的技术咨询、设计单位或组织有关的技术、经济专家小组承担。

（3）可行性研究完成后要编制可行性研究报告。

（4）项目可行性研究报告经同级政府审定后即可上报上一级投资批准单位。

4. 项目评估

项目评估是项目准备中的关键环节，是能否立项的重要步骤。项目评估的任务有两个：一是对可行性研究报告的真实性、可靠性进行评估；二是从国家宏观经济角度，全面、系统地检查项目涉及的各个方面。判断其可行性和合理性。

项目评估与可行性研究有着密切的关系：没有项目的可行性研究，就没有项目评估；不经过评估，项目可行性研究报告也不能成立，是无效的。

有权批准投资项目的单位在收到上报的可行性研究报告后，应及时进行审查，组织评估工作。

评估小组完成评估工作以后，应对项目提交评估报告和评估意见。评估意见可分同意立项、需修改或重新设计、推迟立项和不同意立项四类。确认可行的项目，经投资决策部门审查批准后正式立项，可进行初步设计。

5. 初步设计

林业生态工程建设项目立项以后，项目执行单位还必须根据已批准的可行性研究报告和评估报告，按国家基本建设管理制度，组织编制项目的初步设计文件。初步设计主要包括以下内容：

项目总体设计：指导思想和原则，骨干工程规模。设计标准和技术的选定，主要设备的选用，交通，能源，苗木及产、供、销的安排等。

主要建筑物及配套设施的设计以及主要机器设备购置明细表。

主要工程数量、土石方数量、所需苗木、化肥等的数量。

项目投资总概算及技术经济指标分析。

项目实施组织设计：配套资金筹措，材料设备来源，施工现场布置，主要技术措施及劳力安排等。项目概算包括定额依据和条件、单价、投资分析等。

6. 项目实施阶段

项目完成初设报告，并列入国家投资年度计划后，就进入项目实施阶段。项目实施必须严格按照评估报告及设计进行施工，严格实行计划管理，资金管理，物资管理，合同管理，工程技术管理，合同管理与监理管理，建立健全统计，会计核算制度，实行严密的科学监测，保证项目顺利实施。

7. 竣工验收和后评价阶段

林业生态工程施工后，应按照设计文件对工程进行验收。并按照设计中造林地的最小单位建立档案，组织与管理幼林经营。

项目交付使用后，便进入生产运行期，在经过一段时间的生产运行之后，应对项目的立项决策、设计、竣工验收、生产运营全过程及交付使用后的生态效益、经济效益和社会效益进行总结评价，以便总结经验，解决遗留问题，提高工程项目的决策水平和投资效果。

第二节　规划设计方法

一、制订长远建设目标与总体规划

一个地区，如一个流域或一个区域，在进行林业生态工程规划设计时，关键是要确立长远的建设目标，制订出宏观的总体规划。这不仅是具体规划设计的依据，更是调查规划地区今后林业生态工程发展的奋斗目标和远景建设的蓝图。

（一）林业生态工程长远建设目标和方向的制订

1. 林业生态工程长远建设目标的制订

长远建设目标是指林业生态工程规划设计地区林业生态工程发展的最终目标。从林业生态工程规划的角度出发，就是制订森林覆盖率战略发展目标，确定林业生态工程空间格局与时序配置，以及预期获得的生态、经济和社会效益。有了这个目标，就能确定今后造林和封山育林的长期任务，并根据以制订发展速度，规划近期或一定期限内林业生态工程总任务量。所以，长远建设目标的制订是林业生态工程规划设计时需要解决的首要问题。

（1）制订林业生态工程长远建设目标的原则依据

在制订林业生态工程长远建设目标时，一般要有全面观点，坚持生态经济的观点，遵循既需要又可能的科学实用原则。其主要依据如下：

①当地自然条件和社会经济条件的可能。首先是当地气候、土壤等适于林木生长，又有一定土地可用于发展林业生态工程；其次，当地社会劳力、经济水平都允许造林营林，不会成为工程开展的限制因素。

②国家整体利益和当地人民群众的需求。如三北地区从改善生态环境出发需要达到的森林覆盖率，全地区长期建设的需要和当地人民致富（发展生产和经济收入）要求结合起来，综合考虑。

③造林规划地区在过去制订的综合农业区划、土地利用区划、林业区划等。

此外，原《森林法实施细则》关于森林覆盖率在山区要达到 70% 以上，丘陵区要达到 40% 以上，平原区要达到 10% 以上的要求，也应作为重要依据。

在林业生态工程规划设计中，可以综合考虑以上各项依据，通过分析制订长远建设目标。

（2）长远建设目标的论证

提出长远建设目标后，要进行必要性和可行性两方面的论证。在必要性方面，要从生态效益和经济效益等方面考虑，用生态经济学的观点进行论证；在可行性方面要特别注意土地利用的合理安排，兼顾农、林、牧业全面发展的需要，即要坚持统一规划、综合治理的观点，又要协调国家和当地人民群众利益。总之，为了确保目标适当、切实可行，就要从国家建设总体利益出发，对当地林业建设的需求、当地社会经济发展与人民致富对林业生态工程的要求，以及从土地资源条件出发，考虑发挥自然优势，开拓商品经济等方面进行论证。要在实事求是论证的基础上，与农、牧、水利等部门协商确定。

2. 制订林业生态工程建设和发展林业生态工程事业的战略方向

林业生态工程发展方向是根据当地自然条件特点和林业生态工程建设的目的，从发挥当地自然优势出发制订的。有些林业生态工程规划设计的方向开始就很明确。例如三北防护林建设，其建设的方向就是从改善三北地区生态环境和促进经济发展出发，建设以木本植物为主体的绿色防护林体系，形成良性循环的生态系统。为此，就要坚持以防护林为主，多林种、多树种结合发展的方向，贯彻乔、灌、草相配套，带、网、片相结合的方针。

但是，当各地以流域或区域为单位进行总体规划，在研究制订林业生态工程发展方向时，则需要反复研究论证。一般把反映发展林业生态工程的目的，作为发展林业生态工程的方向。在确定林业生态工程发展方向后，即为林种规划，包括林种比例和布局的安排提供了依据，也相应地为选择造林树种奠定了基础。

在制订林业生态工程发展方向的同时，还需制订林业生态工程规划设计的方针和实施原则等，以指导林业生态工程规划设计。林业生态工程发展方向在林业生态工程规划设计中体现在林种规划与造林树种选择上，尤其是在进行林种规划时，不能偏离林业生态工程发展方向。

（二）林业生态工程总体规划

林业生态工程是宏观性质的规划设计，如太行山绿化规划、长江中上游防护林体系总体规划等，它们都是为领导提供决策和制订计划服务的。

1. 林业生态工程总体规划的内容

林业生态工程总体规划以造林为主，涉及与林业生态工程或现有林经营有关的林业生产项目等，都要通过规划做出安排。从目前来看，各地林业生态工程总体规划内容繁简不一，侧重点也有所不同。有的以造林为主，对林业发展及与林业有关的项目均做出规划；有的规划仅仅包括造林、种苗。自 1986 年冬天开始的三北防护林体系建设总体规划以防护林为重点，内容除造林、种苗规划外，还有现有林经营、多种经营、附属水利工程设施、科学研究和智力开发、自然保护区规划等。而太行山绿化规划只有造林、种草以及种苗、投资等。

林业生态工程总体规划项目多根据事前上级主管部门和有关单位提出的要求来制订。例如，以县为单位的林业生态工程总体规划的目的是为了领导层发展林业进行决策，为制订林业生态工程计划、安排种苗生产以及林业投资提供依据。因此，林业生态工程总体规划内容包括清查土地和森林资源，进行土地利用和区划，制订林业生态工程发展战略目标和方向，进行林种、树种规划和造林布局，安排种苗生产，规划现有林经营。如有必要，还可进行与林业生态工程有关的多种经营规划，林业生态工程科研、教育规划、林场场址、苗圃以及道路等附属工程规划。此外，也可对林业生态工程组织机构，林业职工编制，林业生产所需劳力、资金等进行规划。

2. 林业生态工程总体规划的深度

林业生态工程总体规划在造林规划设计中，是一种涉及面较广的宏观控制规划。其规划的指标和设计意见不一定要落实到山头、地块，大范围高级别的规划多落实到乡（少数落实到村），也有的仅落实到省、自治区、直辖市。一般深度是在查清森林资源的基础上，进行立地类型划分、林业生态工程类型设计和现有林经营措施类型设计；在提出发展战略指标、方向后，制订造林指标，规划林种、树种发展比例，并按适宜林地立地类型制订造林技术措施，提出造林布局等。其他规划项目也多是意向性的安排。

但是，林业生态工程总体规划是造林设计和造林施工的指导性文件。对造林生产进行安排是宏观性、指导性的，近期要求具体，以后的指标可以粗一些。

3. 林业生态工程总体规划的一般方法

在确定林业生态工程总体规划任务后，首先明确总体规划要解决的问题，即林业生态工程的主要建设方向。如长江中上游防护林总体规划是为了建设防护林体系等。在掌握了总体要求与规划深度后，即可组织规划队伍，进行人员培训，制订工作方案和技术细则，准备仪器、用具、表格等。

在外业调查开始前，召开调查工作会议，对主要问题进行讨论，以此作为林业生态工程总体规划的依据。

在外业调查结束后，编制林业生态工程总体规划方案，提出规划设计文件。并且要组织专家审议，上报审批后，再由有关单位组织实施。

二、编制规划设计文件

编制规划设计文件是外业调查结束后的内业工作，包括整理外业调查资料、计算统计土地面积和森林资源，制订规划指标、设计造林技术措施，绘制图表、编写规划设计说明，以及成果审议和上报等。

（一）面积计算与统计

利用地形图进行小班调绘的，可以在地形图上清绘小班界线后直接计算面积；利用航空像片调绘的，需通过机械的或手工的方法，将航空像片上小班界线转绘到地形图上再计算面积。

计算面积的方法很多，常用的有求积仪法、网格法和图解法等。其中求积仪法最为常用，这种方法由于不断改进，极为方便，精度也在逐步提高。

面积计算应该采用逐级控制的方法，自上而下逐级控制计算，逐级平差。总体面积运用地形图图幅理论面积控制计算，或用地形图公里网格理论面积控制计算。在总体面积控制下，逐级计算以下各区划级（乡、村或营林区、林班）面积，最后在上一级面积控制下计算小班面积。计算的下一级单元面积之和与上一级控制面积之差，在不超过规定允许误差的范围内，以上一级控制面积为准，按控制比例修正下一级单元面积。

面积计算完毕后，按小班号将小班面积填入小班野外调查表面积栏内，检查无误后进行统计。

面积统计应以小班面积为基础，自下而上逐级分类统计汇总。一般先要分别地类、权属统计填写各类土地面积统计表；其次，将宜林地根据其小班所属立地类型，统计填制宜林地按大地类型统计表。

（二）基本图（现状图）的绘制

基本图（现状图）是绘制各种规划图的底图，也是今后造林施工用图的依据。在规划设计中也要依据它进行林业生产布局，规划林种、树种等。基本图是利用调绘底图绘制而成的。一般以一个流域或乡为单位分幅绘制成图，如造林规划设计地域不很大时，也可以自行分幅绘制成图。图的内容除必要的地理要素外，要有各种行政界及规划设计的区划界、小班界及编号，有时要标出林班、小班面积。

有时可将基本图改绘成现状图，即将基本图按小班标以地类颜色绘成，仍起基本图的作用。以县为单位规划或规划区域较大时，需将以流域（林场）为单位的基本图（现状图）缩小到合适的比例尺，再图以代表各地类的颜色，绘制成规划总体的现状图。

（三）进行规划设计，制订规划指标

这是编制林业生态工程规划设计文件的重点，主要是对外业调查资料进行分析，学习掌握上级部门对规划地区有关林业建设的指示、规划等文件，然后综合分析研究，制订规划设计区域林业生态工程发展远景目标、方向，规划造林林种、树种，进行林业生态工程造林技术措施设计，制订林业生态工程规划指标，安排进度，规划种苗及其他有关建设项目。

（四）编制规划设计图表

1. 编制规划设计表

一般林业生态工程规划设计在进行规划设计和编制规划指标过程中，主要是确定指标，将规划设计体现于各种规划设计表中。除资源和社会情况以外，应将规划设计内容尽量用表格形式表现出来，分期或分年安排进度。有些规划设计要直接指导生产，则应以小班为

单位设计，按小班逐级统计汇总，编制造林规划表。有些规划设计不一定按小班设计，只按立地类型，依据造林类型表分类设计，编制规划表。此类规划设计主要为林业建设决策和制订造林计划提供依据。以后造林时，再按小班进行施工设计，指导造林施工。

2. 绘制规划图

规划图是将规划成果用图的形式表现出来，给人以直观的感觉。一般造林总体规划都绘制规划远景图，即将规划实施后可能保存的森林面积和分布，用颜色在一定比例尺的图上表示。小范围的要求服务于具体生产，可以直接指导造林的规划图，要求大比例尺成图，显示小班界、小班号及面积，标出造林树种及施工年代，同时用颜色表示林种等。规划图依据基本图缩制编绘而成。

（五）规划设计成果及审批

由于林业生态工程规划设计的要求不同，成果的内容和深度也有差异，而且审批程序也不一样。

一般情况下，林业生态工程规划设计成果即规划设计文件，主要由 3 部分组成。即：林业生态工程规划设计说明书（方案）、各种资源统计和规划设计表、各种基本图和规划设计图。另附有技术经济指标、专题调查报告（典型规划）及论证资料。

林业生态工程规划设计说明书（方案）的内容主要包括：前言、基本情况（自然条件和社会经济）、森林资源及评价、林业生态工程发展远景目标及发展方向、林业生态工程任务规划及布局、林种树种规划及林业生态工程造林技术措施设计、种苗规划、现有林经营规划、其他项目的规划和说明、投资与效益、主要保证措施等。

林业生态工程规划设计文件编制完毕后，应上报主管单位，由主管单位组织有关单位的专家和学者进行审议。经审议修改后，由主管部门批准后，交有关单位（生产部门等）负责实施。

第三节　规划设计的步骤

一、基础工作

规划设计的前提是成立规划编制组织。一般由当地政府分管的领导出面，由林业、计划、农业、环保、水利、水土保持区划、科技等部门组成规划工作小组，拟定规划工作计划，分工合作。组织规划人员进行培训，并负责规划的全部编制工作。如规划已经制定，应组织有关部门进行修改与完善。乡村级则由相应的组织与机构负责，而农户则应充分依赖农户自身的积极性，林业技术推广部门及各级行政部门应给予技术上的指导与帮助。

林业生态工程规划与技术设计的基础工作是调查与分析。虽然它并不是规划工作本身，但它是林业生态工程建设规划的前提。通过调查研究与分析，了解该地区的自然环境、自然资源、社会经济状况，结合市场现状与预测，把农村经济发展的优势、劣势和潜力找出来。

（一）确定林业生态工程规划与设计的对象及其边界

将林业生态工程建设范围内所拥有的全部土地、水域（即山、水、林、田、路）、房屋、设备及人口资源均包括在内。

（二）地理环境条件分析

在搞清当地地理、地区类型特征的基础上，特别要搞清楚土壤类型、土壤肥力、动植物种群，林、草、水面分布及面积，荒山、荒滩、荒地、湿地及可开发的潜力，各种自然资源的危害状况，土地碱化、沙化及水土流失状况，水体、大气、土壤污染等状况。

（三）社会经济调查与分析

主要包括人口、劳力、产业布局、历年各行业生产水平、固定资产、人均收入、累积消费水平、土地利用状况及农、林、牧、渔、工、商等产业结构，农田水利、农村能源结构，农药、化肥使用情况等。

（四）综合分析

在分析限制当地经济、社会、环境持续发展的各种因素及相互关系基础上，确定这些因素在发展生态农业中的影响，找出关键因素，结合资源优势提出当地林业生态工程建设的主攻方向，设计相应的生产优化模式。

根据尽可能收集到的资料，包括自然、区划、生态、人口、经济、社会等方面的背景材料，进行定性与定量相结合的生态经济系统的诊断，分析各子系统（农、林、牧、渔等）的组成、结构及功能的动态变化，找出其发展的趋势、现状的评价，提出建设林业生态工程的必要性、迫切性及可行性。

二、建设区域现状调查

（一）立地条件调查

1. 调查因子

林业生态工程建设区立地条件是林业生态工程建设区与森林生长发育有关的自然环境因子的总称。立地条件就是生态环境条件，或称森林植物条件在大的区域内，首先要研究气候、地貌对森林生长发育的影响；较小范围内则在气候、地貌类型已知的情况下，主要对下列生态环境因子进行调查与分析。

（1）地形因子：包括海拔、坡向、坡形、坡位、坡度和小地形等。

（2）土壤因子：包括土壤种类，土层厚度、腐殖质层厚度及腐殖质含量，土壤水分含量和肥力、质地及石砾含量、结构、酸碱度、盐碱含量，土壤侵蚀或沙化程度，基岩和成土母质的种类与性质等。

（3）水文因子：包括地下水位深度及季节变化、地下水矿化程度及其盐分组成、土地被水淹没的可能性等

（4）生物因子：主要包括植物群落名称、组成、盖度、年龄、高度、分布及其生长发育情况，森林植物的病虫害、兽害的状况，有益动物和微生物存在情况等。

（5）人为活动因子：立地条件直接影响造林的成活和林木的生长。不同的立地条件适应不同的造林树种，且需采取相适应的造林技术措施。立地条件在地域上的变化很大，在林业生态工程规划设计中，首先要认真地进行立地条件的调查，掌握立地条件在地域上的分异规律，认识和掌握不同立地条件的差别和特点，有针对性地因地制宜进行林业生态工程设计，进行林种布局，选择造林树种，采取相适应的造林技术措施。所以，进行林业生态工程建设区立地条件调查，划分立地类型作为林业生态工程规划设计的基础，有着十分重要的意义。

2. 调查方法

立地条件调查的主要目的是掌握林业生态工程建设区自然条件及其在地域上的分布规律，研究它们之间的相互关系，作为一个有机的总体进行分析。然后划分立地类型，分析各类型的特点，作为划分宜林地小班和进行造林设计的依据。因此，大面积的林业生态工程规划设计，需要在小班调查设计之前进行全区的立地条件调查。为了能较全面地反映不同立地特点，又不增加外业调查的工作量，一般是在充分收集和分析当地现有资料的基础上，采用线路调查和典型调查相结合，也就是面上的概查和典型地段详查。

（1）资料收集

由于立地条件调查涉及许多学科和部门的专业内容，因此造林规划所需要的资料和数据，必须搞好收集工作。资料收集的内容主要有：①本地区与造林规划设计有关的地貌、地质、土壤、气象、水文、植被等资料或文献；②社会经济资料，如户数、人口、劳力、国民经济产值、收入、粮食产量及农、牧、林、副业等有关文献资料；③有关地图资料，如行政区划图、地形图、航空像片以及专业规划图等。

对收集到的资料要认真整理分析，作为造林规划设计的依据或参考，其不足部分则应通过外业调查或深入访问补齐。

（2）线路调查

线路调查是一种概查，主要是在调查地区内选择一些具有代表性的线路，沿线路进行概括性调查，掌握立地条件各因子的特点和分布，尤其是了解不同立地条件在地域上的分布规律，不同立地类型、植被、土壤的垂直分布、水平分布情况以及地貌变化特点等。根据沿线立地条件变化情况分段记载其特点，并设置样地，进行详细调查记载。

①选设调查线路。线路选择应当沿调查规划地区立地条件有规律变化的方向前进。即根据造林地的分布情况、地形特点，尽可能多地通过各种不同立地类型的造林地。例如，

有河流切割的丘陵地区，可以穿插河床、河谷、阶地、丘陵沟壑及梁峁山脊进行调查；在土石山区可以与主脊的分水岭走向相垂直，从谷底向山脊根据海拔升高气候梯度变化进行调查，并可沿河谷向源头进行辅助调查。调查线一般应在地形图上预设，并进行编号，按号进行调查记载。

②划分调查段。在外业携带画有调查线路的地形图沿调查线路进行调查时，应观察立地条件变化情况。当这些变化明显，形成不同的立地类型，足以导致不同的造林树种和营林技术措施时，应沿变化的界线划分调查线段，按顺序编号。

③分线段进行调查。在划分出的调查线段内选择能代表本段立地条件特点的若干地段进行详细调查，并按线路编号记载。

调查线路、调查段及各段调查点均应标在地形图上，并应绘制线路调查剖面图。

（3）样地（标准地）调查

选择能代表某一立地类型的典型地段，设置样地详细调查。对典型地段调查进行对比分析，找出立地条件在地域上的分异规律及其分布特点。在造林地范围不大，自然条件不太复杂时，经过一般性的野外调查后，可不进行线路调查，直接在不同的造林地段选择典型地点进行样地调查。

应根据需要确定样地调查的对象和数量。一般每一个立地类型应有 3 个以上的样地。

样地应标在线路调查所用的地形图上，并编号。编号应和记录一致，其调查内容与线路调查相同。

以上介绍的仅是一般的调查方法，不同地区的立地条件调查，可根据当地实际情况和工作需要，制订相应的调查方法。

（二）林业生态工程典型设计的编制

1. 编制林业生态工程典型设计的目的和意义

林业生态工程典型设计是在某一区域，分别在不同的立地类型，按照适生造林树种、造林技术规程，编制适用于一定立地类型、一定林种和树种的造林技术设计图表。它具有典型作用。其目的是为林业生态工程规划设计或造林施工、选择树种、采取技术措施、计算种苗量等，提供样板和依据。它的意义在于，一个立地类型的林业生态工程典型设计，适用于同一类型的所有造林地段（小班）。在林业生态工程设计或施工时，只要确立了立地类型，就可选定典型设计，这对提高林业生态工程设计质量、加快设计进度具有重要意义。典型设计具有条理化、标准化，直观明了，好懂、易推广的特点，尤其在林业生态工程设计人员不足，需要广泛开展林业生态工程设计的情况下，更具有重大价值。因此，它是林业生态工程规划设计的另一项基础工作。

2. 编制林业生态工程典型设计的内容和要求

林业生态工程典型设计要分别按立地类型，适生树种和经营目的（林种）编制。每个典型设计要确定其适用地区和立地类型，设计营建主要树种及混交树种、混交方式与比例、种苗规格与数量、整地造林和幼林抚育等技术措施。多数附有造林和整地图式，直观易懂。所有的林业生态工程典型设计要顺序编号，以便今后查找使用。

一般一个立地类型有一个或数个不同树种的林业生态工程典型设计，也有一个树种的典型设计可适用于两个以上的立地类型。所以，在一个地区内编制的林业生态工程典型设计，应在前面附有立地类型（立地条件）及相应林业生态工程典型设计对照表。

林业生态工程典型设计必须保证质量，符合当地自然条件，做到适地适树、技术先进、直观实用、切实服务于造林设计和造林施工。

3. 林业生态工程典型设计的编制方法

（1）调查与收集资料

编制林业生态工程典型设计前应进行外业调查，在造林规划设计中，应结合立地条件调查，尤其是通过人工林样地调查，了解有关事项。其调查内容主要有：①现有天然林树种和人工造林、零星植树的林种生长状况；②现有林和散生木生长的立地条件（立地类型）及适应情况；③当地引进树种的生长状况及其抗性等。

同时，通过访问，结合人工林样地调查，了解当地使用的造林方法，总结经验，并了解当地林业职工和群众对各主要造林树种的评价。

（2）整理分析调查资料

通过对调查资料的分析，列出适于当地生长的造林树种、各树种生长及抗性表现、适生的立地类型（立地条件）、适用于何种经营目的（林种），以及可以采用的造林技术等。

（3）编制林业生态工程典型设计

按立地类型（立地条件）分别选择适生造林林种和树种，依据造林技术规程和当地造林经验进行造林标准化设计，编制造林典型设计，顺序编号，还要用图表配合文字说明。其主要内容包括：①立地类型（立地条件）；②用表格列出林种、造林树种、株行距、苗木规格及单位面积种苗需要量等；③造林技术措施设计，包括整地、造林和幼林抚育等；④造林标准图式；⑤注意事项。

（4）编制造林类型表

目前造林规划设计有关规程要求，在预备调查阶段，通过立地条件调查、现有林调查编制“三表”，其中之一就是造林类型表。它与林业生态工程典型设计起着同样的作用，都是造林技术设计的模式，不同的是以表格的形式表达出来。其内容、要求和调查编制方法，与林业生态工程典型设计大体相同。

在林业生态工程规划设计中，如果以往有恰当的造林典型设计材料，可以利用该林业生态工程典型设计，结合当地实际情况，尤其是结合立地条件调查，编制造林类型表。

（三）林分经营措施类型表的编制

在进行林业生态工程规划设计地区一般都有天然林和人工林分布，在规划设计中，还必须对现有林提出经营设计，以此作为林分经营的依据。现有林经营规划设计也是林业生态工程规划设计的内容之一。为了使设计更科学合理，在林业生态工程规划设计初期，必须结合立地条件调查的线路调查和典型调查，对现有林进行样地调查，根据林分特点、经营目的提出经营措施。一般是将林分按经营措施划分类型，在各类型中选择有代表性的林分，提出经营措施和设计意见，编制林分经营措施类型表，作为不同类型林分经营措施的设计依据和实施的标准。

1. 林分调查

通过立地条件调查，整理有关现有林的资料并按需要设计采取的经营措施，大体列出不同的林分经营措施类型。然后分别根据经营措施类型选择代表性林分，设置样地进行调查与设计。

2. 林分经营措施及其类型划分

林分经营措施（简称林分类型）按应当采取的经营措施可分为以下几类：

（1）幼林抚育型

对现有幼林在未郁闭前需要进行人工抚育，采取除草、松土、培土、施肥等措施，促进幼林正常生长。措施类型按需要抚育年限、次数，以及除草、松土、施肥的时间等不同要求和规格划分。

（2）间伐抚育型

对于生长过密的中、幼龄林，由于林分过密，形成林木严重分化及林冠下层由于光照不足而大部分枯死的林分，应立即进行间伐。我国当前所采取的间伐抚育方案多为下层间伐，即砍除被压木、畸形木、病株以及少数霸王木等，以便使林分保持一定的合理株数，充分得到水分和养分，使林分生长旺盛。林分经营措施类型根据采取的间伐强度和次数、间隔期等进行编制。

（3）林分改造型

对不能成材的低质林分和遭病虫危害或经人为破坏的残林以及一些非培育目的林分（包括一些非培育目的灌木林）实行砍除，重新造林。根据清除对象、方式、规格等划分林分经营措施类型，同时要选定合理的改造技术措施类型。

（4）封山育林型

对封禁后依靠天然更新能够恢复成林的疏林地，以及生长在裸岩地、急险坡地内，采伐后造林不易成活的林分等，可以采取封山育林措施。此类林分的经营类型按所采取的封禁办法进行划分，如全封禁或季节性封禁，以及部分割草、修枝等。

（5）采伐利用型

对现有成熟林、过熟林应进行采伐利用，其经营措施类型根据所采取的采伐方式及更新造林技术措施类型进行划分。

（6）修、垦类型

对南方山地的经济林（如油茶、毛竹）和果木林，如因多年荒芜，经过修枝整理及砍除杂灌木、杂草，松土、施肥等经营措施后可恢复林分正常生长的。其经营措施类型可根据采取上述不同措施进行划分。

3. 编制林分经营措施类型表

根据林分调查材料，按林分经营措施分类，填写林分经营措施类型表。林分类型按经营措施类型填写，如幼林抚育型、间伐抚育型等。每个林分类型中还可按经营措施设计的不同再细分，如间伐抚育型可按天然林、人工林分别设计，还可再按抚育措施的不同而细分。经营措施设计要列出幼林抚育、间伐抚育的方法、强度、间隔期等。

（四）其他调查

林业生态工程规划设计以造林调查和设计为主，但对大范围的林业生态工程规划和重要的造林工程，还必须进行一些专题调查，并写出专题调查报告。专题调查项目和内容，应包括在林业生态工程规划设计的预备工作中，根据林业生态工程规划设计的目的而确定。专题调查的主要项目和内容如下：

1. 社会经济情况调查

主要目的是根据社会经济发展情况，规划林业生态工程用地比例，计划造林劳力。考虑对林业发展的需求，以及有利和限制因素等，一般调查乡村户数、人口、劳力、耕地和大小牲畜数量、工农业产值、人民生活水平、林副业发展情况、木材供需情况，以及交通状况等。

2. 林业生产情况调查

了解林业发展现状、林业投入和产出、林权、上地使用权和护林防火情况、林产品加工厂和销售情况。重点总结造林历史，分别以立地类型和造林树种，调查其造林技术经验和存在问题，以便为林业生态工程设计提供依据。

3. 气候调查

这是影响造林和森林生长的重要因素，在北方特别对年降水量及其年内分布要详细调查。其他如，年平均气温、极端温度、无霜期、积温、主风（特别是有害风）方向、各种自然灾害等均应调查，并总结其发生规律。

4. 森林病虫害调查

目的是在林业生态工程规划设计中，对营造的人工幼林提出保护性措施。可以结合小班的外业调查，了解森林病虫害的种类、发生和蔓延情况、危害面积、发生的原因及防治情况等。也可对严重地区进行专门调查。

5. 多种经营资源调查

调查规划区域内野生动植物资源及副业门路，可为今后发展多种经营、林产品加工，振兴林业市场经济提出规划意见。

6. 专题调查

专题调查是根据林业生态工程规划设计的特殊要求进行的。如水土保持林规划设计要对水土流失及其治理进行专项调查；风景林规划设计，要进行风景资源调查；防风固沙林规划设计，要对风向、风力、土壤沙化、沙丘形成和移动规律等进行调查。

三、规划的技术设计

（一）造林树种选择

在林业生态工程规划设计中，选择造林树种是一项十分重要的内容。为了圆满完成这项任务，做到适地适树，通常是根据立地类型进行造林树种的选择。在国外已经发展到编绘立地类型图和适生树种图，作为造林设计和生产的依据。我国立地分类研究和应用已经取得部分成就，但是绘制立地类型图仍处于初步研究阶段。从长远来看，今后绘制立地类型图作为林业生态工程规划设计专用图是必要和可行的，同时将它作为规划造林林种布局、选择造林树种的依据，可以推动林业生态工程建设的发展。

造林树种在总体规划和林业生态工程设计中的细致程度是不同的。总体规划中只是分别就立地类型、造林林种和造林方式规划出主要树种；而林业生态工程设计则要将选择的造林树种落实到山头、地块。但总的要求是，必须做到适地适树，而且满足造林目的的需要。

1. 选择林业生态工程造林树种的原则和依据

（1）根据不同林种目的要求，结合立地条件，设计适宜的树种。不同的林种对树种有不同的要求，防护林要求适应性强、生长迅速、寿命长、树冠枝叶茂盛、根系发达、能固土保水或防风固沙的乔木和灌木树种；经济林要求生长迅速、结实性能好、丰产、稳产、寿命长、经济价值高的各种经济树木；薪炭林要选用适应性和萌芽力强、速生、丰产、热值高的乔木和灌木树种；风景林选用树姿优美的常绿或落叶乔木和花色鲜艳的灌木等。

（2）掌握适地适树原则，即根据造林地立地条件，设计在当地能很好生长的造林树种。一般要注重选用优良乡土树种，也可采用引种后表现良好的树种。

（3）在适应立地条件和符合造林目的的前提下，尽量选用经济价值和生态、社会效益较高，又容易营造的树种。同时，注意选用种苗来源充足、抗病虫害性能强的树种。

（4）有条件的地方，可适当设计针阔混交林，以达到改良土壤、提高林地肥力、防止病虫害和山火蔓延，建立稳定、高效的森林生态系统的目的。为了便于施工，相邻小班可设计不同树种，形成自然块状混交或带状混交。如有成功经验，也可设计行间混交，主要是乔灌木混交。

2. 林业生态工程的规划与设计

在规划林种的基础上，充分研究当地的自然条件和社会经济状况，根据上述选择造林树种的原则和依据，规划造林地区适于各林种的造林树种。

首先，结合立地条件调查，查清当地已有造林树种、天然林树种及其生长状况；其次，研究引进后生长良好的造林树种。然后将这些树种综合分析，选出适宜本地区的造林树种，并按自然条件和各树种生物学、生态学特性分类，最后规划出造林树种和总体造林树种及其所占比重。

小班造林树种的设计，是在总体造林方向和林种、树种规划的基础上进行的。根据小班所在地区规划的林种，按小班立地类型规划小班林种，并据此选用适生树种。如果适生树种不止一个，可以从中选择最合适的树种。

（二）造林技术措施设计

在林业生态工程总体规划中，设计造林技术措施时，主要是针对造林地区自然特点和以往造林中存在的问题，提出一些能提高造林质量的关键性措施即可。而林业生态工程设计则要按山头、地块设计造林技术措施，即把各项技术措施落实到小班。

通常是按立地类型设计造林技术措施，并编制造林类型表，以便在造林中或造林施工设计中套用。为了直接服务于生产，可在总结以往造林经验的基础上，对总体造林技术措施提出规划。另外，也可根据需要，和林种、树种规划一起，把造林技术措施落实到小班。即按立地类型，参照造林技术规程、造林典型设计或造林类型表进行小班造林技术设计。其内容主要包括造林整地、造林方式方法、混交树种的组成及混交方式、造林密度、造林季节和幼林抚育管理等。

在设计林业生态工程技术措施时，不仅要按自然特点（立地类型）和造林树种特性进行设计，还要考虑按不同的林种、不同的施工条件和社会经济情况。因为合理的造林技术既要符合自然规律，又能满足施工条件，包括造林的技术水平及投资情况。否则，技术设计就不能被很好地执行。

1. 整地设计

整地设计要根据林种、树种不同，视造林地立地条件差异程度，因地制宜地设计整地方式、整地规格和密度等。除南方山地和北方少数农林间作造林用全面整地外，其他多为局部整地。在水土流失地区，还要结合水土保持工程进行整地。在干旱地区，一般应当在造林前一年雨季初期整地。通过整地保持水分，为幼树蓄水保墒，提高造林成活率。整地规格应根据苗木规格、造林方法、地形条件、植被和土壤等状况，结合水土流失情形等综合决定，以达到既满足造林需要又不浪费劳力为原则。

2. 造林方式、方法设计

设计造林方法是一项十分重要的设计内容。一般根据确定的林种和设计的造林树种，结合当地自然经济条件而定。目前，我国已基本取得了各主要树种的造林经验。例如一般针叶树以植苗造林为主，杉木可以插条；一些小粒种子的针叶树如油松、侧柏等树种，有时采用飞播造林或直播造林。在设计中可充分利用已有的知识，特别是当地取得的成功经验，切不可千篇一律。

在设计中，对南方雨水充沛的山地造林、北方干旱山地造林和黄土丘陵区、沙荒、盐碱地以及平原区造林等，均要根据适用造林树种区别对待。此外，对有机械造林或飞播造林条件的地方，可设计机械造林或飞播造林。

3. 造林密度设计

造林密度应依据林种、树种和当地自然经济条件合理设计。一般防护林密度应大于用材林，速生树种密度应小于慢生树种的，干旱地区密度可较小一些。密度过大固然会造成林木个体养分、水分不足而降低生长速度，但密度过小又会造成土地浪费，单位收获量下降。

4. 幼林管理设计

幼林管理设计主要包括幼林抚育、造林灌溉、防止鸟兽害、补植补种等，其中主要是幼林抚育。在设计时可根据造林地区实际情况，有所侧重和突出，比如灌溉，如无条件可不设计。

（1）幼林抚育。根据树种特性及气候、土壤肥力等情况拟定具体措施，如除草方法、松土深度、连续抚育年限、每年抚育次数与时间、施肥种类、施肥量等。培育速生丰产林，一般要求种植后连续抚育 3 ～ 4 年，头 2 年每年 2 次，以后每年 1 次；珍贵用材树种和经济林木应根据不同树种要求，增加连续抚育年限及施肥等措施。

（2）造林灌溉。对营造经济林或经济价值高的树种以及在干旱地区造林，需要采取灌溉措施的，可根据水源条件进行开渠、打井、引水灌溉或当年担水浇苗等，进行造林灌溉设计。

（3）防止鸟兽害。造林后，幼苗以至幼树常因鸟兽害而失败。因此，除直播造林应设计管护的方法及时间外，有鼠、兔及狍子危害的地区造林，应设计捕打野兽的措施。

（4）补植。由于种种原因，造林后往往会造成幼树死亡缺苗，达不到造林成活率标准。为保证成活成林，凡成活率 41% 以上而又不足 85% 的造林地，均应设计补植。对补植的树种、苗木规格、栽植季节、补植工作量和苗木需要量也要做出安排。

（三）种苗规划设计

必须做好种苗规划设计，按计划为林业生态工程提供足够的良种壮苗，才能保证林业生态工程造林任务的顺利完成。造林所需种苗规格、数量，应根据造林年任务量及所需求的质量进行规划和安排。

1. 种苗规划内容

种苗规划的内容一般有：年育苗面积，其中各主要造林树种育苗面积；苗圃地规划；

产苗量及苗木质量标准；年造林和育苗需种量；种子来源及种子质量；母树种和种子园规划等。

种苗规划前，必须根据造林规划设计掌握种苗规格质量、分树种造林面积和单位面积所需种苗量。同时，了解当地种子质量如纯度、千粒重、发芽率等。在造林规划设计中只进行种苗规划，不进行单项设计。通过种苗规划，为育苗、种子经营以及母树林建设等进行单项设计提供依据。因此，在造林规划后，应对种苗生产量做出具体安排。如有需要，可另作单项设计。

2. 种苗需量计算

（1）计算年需苗量

根据年植苗造林面积、单位需苗量（初植苗量和补植苗量）计算。应计算年总需苗量和各树种年需苗量。

（2）计算年需种量

需种量包括直播造林、飞播造林和育苗所需种子数量。按规划的年直播造林、飞播造林面积及单位面积需种量计算造林年需种子数量，按年育苗面积及单位面积用种量计算育苗用种量。同时，应计算各种造林树种年需种量和总的年需种量。

3. 育苗规划

（1）育苗面积计算

从造林规划要求考虑，主要计算每年下种（包括插条）育苗面积。留床面积应当根据苗木留床年限分别计算。在计算每年下种育苗面积时，除了解年需苗量外，还应调查当地各树种单位面积产苗量，然后计算各树种年下种苗圃面积和年度下种苗圃面积。在计算下种苗圃面积时，要考虑增加一定数量的后备面积，以保证满足造林需苗量。此外，还应根据各树种苗木培育年限，计算各树种年留床面积和年总留床面积。

（2）苗圃地规划

根据当地自然条件和林业生产水平，规划苗圃地的种类和育苗方式。如固定苗圃、临时苗圃、容器育苗或工厂化容器育苗等。一般造林应以临时苗圃为主，它的优点是可以就地育苗、就地造林，避免长途运输，而且苗木适应性强，有利于提高造林成活率。对育苗困难的树种或所需苗木规格要求高、临时苗圃育苗不能满足要求时，可以建立固定苗圃，加强经营管理。

此外，对苗圃地选择、圃地耕作管理，以及苗木保护、运输等，也应提出规划意见。

第四节　自然保护区

自然保护区是指对有代表性的自然生态系统、珍稀濒危野生动植物物种的天然集中分布、有特殊意义的自然遗迹等保护对象所在的陆地、陆地水域或海域，依法划出一定面积予以特殊保护和管理的区域。

自然保护区是一个泛称，实际上，由于建立的目的、要求和本身所具备的条件不同，而有多种类型。按照保护的主要对象来划分，自然保护区可以分为生态系统类型保护区、生物物种保护区和自然遗迹保护区 3 类；按照保护区的性质来划分，自然保护区可以分为科研保护区、国家公园（即风景名胜区）、管理区和资源管理保护区 4 类。

一、基本情况

自然保护区的定义分为广义和狭义两种。广义的自然保护区，是指受国家法律特殊保护的各种自然区域的总称，不仅包括自然保护区本身，而且包括国家公园、风景名胜区、自然遗迹地等各种保护地区。狭义的自然保护区，是指以保护特殊生态系统进行科学研究为主要目的而划定的自然保护区，即严格意义的自然保护区。

1956 年，中国全国人民代表大会通过一项提案，提出了建立自然保护区的问题。同年 10 月林业部草拟了《天然森林伐区（自然保护区）划定草案》，并在广东省肇庆建立了中国的第一个自然保护区——鼎湖山自然保护区。20 世纪 70 年代末、80 年代初以来，中国自然保护事业发展迅速。

《中华人民共和国自然保护区条例》第二条定义的“自然保护区”为“对有代表性的自然生态系统、珍稀濒危野生动植物物种的天然集中分布区、有特殊意义的自然遗迹等保护对象所在的陆地、陆地水体或者海域，依法划出一定面积予以特殊保护和管理的区域”。中华人民共和国的自然保护区分为国家级自然保护区和地方各级自然保护区。《条例》第十一条规定，“其中在国内外有典型意义、在科学上有重大国际影响或者有特殊科学研究价值的自然保护区，列为国家级自然保护区”。

自然保护区又称“自然禁伐禁猎区”（sanctuary），自然保护地（nature protected area）等。自然保护区往往是一些珍贵、稀有的动、植物种的集中分布区，候鸟繁殖、越冬或迁徙的停歇地，以及某些饲养动物和栽培植物野生近缘种的集中产地，具有典型性或特殊性的生态系统；也常是风光绮丽的天然风景区，具有特殊保护价值的地质剖面、化石产地或冰川遗迹、岩溶、瀑布、温泉、火山口以及陨石的所在地等。

中国建立自然保护区的目的是保护珍贵的、稀有的动物资源，以及保护代表不同自然地带的自然环境的生态系统。还包括有特殊意义的文化遗迹等。其意义在于：保留自然本底，它是今后在利用、改造自然中应循的途径，为人们提供评价标准以及预计人类活动将会引起的后果；贮备物种，它是拯救濒危生物物种的庇护所；科研、教育基地，它是研究各类生态系统的自然过程、各种生物的生态和生物学特性的重要基地，也是教育实验的场所；保留自然界的美学价值，它是人类健康、灵感和创作的源泉。自然保护区对促进国家的国民经济持续发展和科技文化事业发展具有十分重大的意义。

中国自然保护区分国家级自然保护区和地方级自然保护区，地方级又包括省、市、县三级自然保护区。此外，由于建立的目的、要求和本身所具备的条件不同，而有多种类型。按照保护的主要对象来划分，自然保护区可以分为生态系统类型保护区、生物物种保护区和自然遗迹保护区 3 类；按照保护区的性质来划分，自然保护区可以分为科研保护区、国家公园（即风景名胜区）、管理区和资源管理保护区 4 类。不管保护区的类型如何，其总体要求是以保护为主，在不影响保护的前提下，把科学研究、教育、生产和旅游等活动有机地结合起来，使它的生态、社会和经济效益都得到充分展示。

截至 2003 年底，中国的国家级自然保护区共有 226 处。到 2005 年 3 月，加入联合国"人与生物圈保护区网"的自然保护区有：武夷山、鼎湖山、梵净山、卧龙、长白山、锡林郭勒、博格达峰、神农架、茂兰、盐城、丰林、天目山、九寨沟、西双版纳等 26 处。

二、发展沿革

世界各国划出一定的范围来保护珍贵的动、植物及其栖息地已有很长的历史渊源，但国际上一般都把 1872 年经美国政府批准建立的第一个国家公园——黄石公园看作是世界上最早的自然保护区。20 世纪以来自然保护区事业发展很快；特别是第二次世界大战后，在世界范围内成立了许多国际机构，从事自然保护区的宣传、协调和科研等工作，如"国际自然及自然资源保护联盟"、联合国教科文组织的"人与生物圈计划"等。全世界自然保护区的数量和面积不断增加，并成为一个国家文明与进步的象征之一。

中国古代就有朴素的自然保护思想，例如，《逸周书·大聚篇》就有："春三月，山林不登斧，以成草木之长。夏三月，川泽不入网罟，以成鱼鳖之长。"的记载。官方有过封禁山林的措施，民间也经常自发地划定一些不准樵采的地域，并制定出若干乡规民约加以管理。此外，所谓"神木""风水林""神山""龙山"等，虽带有封建迷信色彩，但客观上却起到了保护自然的作用，有些已具有自然保护区的雏形。中华人民共和国成立后，在建立自然保护区方面得到了发展。

到 2006 年底，已建立各级自然保护区 2349 处，其面积约占国土面积的 15%。其中 30 处国家级自然保护区已被联合国教科文组织的"人与生物圈计划"列为国际生物圈保护区，

分别是：

长白山自然保护区、卧龙自然保护区鼎湖山自然保护区、梵净山自然保护区、武夷山自然保护区、锡林郭勒草原自然保护区、神农架自然保护区、博格达峰自然保护区、盐城自然保护区、西双版纳自然保护区、天目山自然保护区、茂兰自然保护区、九寨沟自然保

护区、丰林自然保护区、南麂列岛自然保护区、山口自然保护区、白水江自然保护区、黄龙自然保护区、高黎贡山自然保护区、宝天曼自然保护区、赛罕乌拉自然保护区、达赉湖自然保护区、五大连池自然保护区、亚丁自然保护区、珠峰自然保护区、佛坪自然保护区、黑龙江兴凯湖自然保护区、广东车八岭自然保护区、广东封开黑石顶保护区、梅花山自然保护区、宁德兔耳岭自然保护区。

截至2010年底，林业系统管理的自然保护区已达2035处，总面积1.24亿公顷，占全国国土面积的12.89%，其中，国家级自然保护区247处，面积7597.42万公顷。年末实有自然保护小区4.88万个，总面积1588万公顷。

三、作 用

1. 为人类提供研究自然生态系统的场所

提供生态系统的天然“本底”。对于人类活动的后果，提供评价的准则。

是各种生态研究的天然实验室，便于进行连续、系统的长期观测以及珍稀物种的繁殖、驯化的研究等。

2. 是宣传教育的活的自然博物馆

保护区中的部分地域可以开展旅游活动。

能在涵养水源、保持水土、改善环境和保持生态平衡等方面发挥重要作用。

四、意 义

1. 保护自然本底

自然保护区保留了一定面积的各种类型的生态系统，可以为子孙后代留下天然的“本底”。这个天然的“本底”是今后在利用、改造自然时应遵循的途径，为人们提供评价标准以及预计人类活动将会引起的后果。

2. 贮备物种

保护区是生物物种的贮备地，又可以称为贮备库。它也是拯救濒危生物物种的庇护所。

3. 开辟基地

自然保护区是研究各类生态系统自然过程的基本规律、研究物种的生态特性的重要基地，也是环境保护工作中观察生态系统动态平衡、取得监测基准的地方。当然它也是教育实验的好场所。

4. 美学价值

自然界的美景能令人心旷神怡，而且良好的情绪可使人精神焕发，燃起生活和创造的热情。所以自然界的美景是人类健康、灵感和创作的源泉。

五、类 型

按保护对象和目的可分为 6 种类型：

以保护完整的综合自然生态系统为目的的自然保护区。例如以保护温带山地生态系统及自然景观为主的长白山自然保护区，以保护亚热带生态系统为主的武夷山自然保护区和保护热带自然生态系统的云南西双版纳自然保护区等。

以保护某些珍贵动物资源为主的自然保护区。如四川卧龙和王朗等自然保护区以保护大熊猫为主，黑龙江扎龙和吉林向海等自然保护区以保护丹顶鹤为主；四川铁布自然保护区以保护梅花鹿为主等。

以保护珍稀孑遗植物及特有植被类型为目的的自然保护区。如广西花坪自然保护区以保护银杉和亚热带常绿阔叶林为主；黑龙江丰林自然保护区及凉水自然保护区以保护红松林为主；福建万木林自然保护区则主要保护亚热带常绿阔叶林等。

以保护自然风景为主的自然保护区和国家公园。如四川九寨沟、缙云山自然保护区、江西庐山自然保护区、台湾省的玉山国家公园等。

以保护特有的地质剖面及特殊地貌类型为主的自然保护区。如以保护火山遗迹和自然景观为主的黑龙江五大连池自然保护区；保护珍贵地质剖面的天津蓟县地质剖面自然保护区；保护重要化石产地的山东临朐山旺万卷生物化石保护区等。

以保护沿海自然环境及自然资源为主要目的的自然保护区。主要有台湾省的淡水河口保护区，兰阳、苏花海岸等沿海保护区；海南省的东寨港保护区和清澜港保护区、广西山口国家红树林生态自然保护区（保护海涂上特有的红树林）等。

由于建立了一系列的自然保护区，中国的大熊猫、金丝猴、坡鹿、扬子鳄等一些珍贵野生动物已得到初步保护，有些种群并得以逐步发展。如安徽的扬子鳄保护区繁殖研究中心在研究扬子鳄的野外习性、人工饲养和人工孵化等方面取得了突破，使人工繁殖扬子鳄几年内发展到 1600 多只。又如曾经一度从故乡流失的珍奇动物麋鹿已重返故土，并在江苏大丰县、湖北石首及北京南苑等地建立了保护区，以便得到驯养和繁殖，大丰县麋鹿保护区拥有的麋鹿群体居世界第三位。此外，在西双版纳自然保护区的原始林中，发现了原始的喜树林。有些珍稀树种和植物在不同的自然保护区中已得到繁殖和推广。

六、类 别

中国的自然保护区可分为三大类：

1. 生态系统类

保护的是典型地带的生态系统。例如广东鼎湖山自然保护区，保护对象为亚热带常绿阔叶林；甘肃连古城自然保护区，保护对象为沙生植物群落；吉林查干湖自然保护区，保护对象为湖泊生态系统。

2. 野生生物类

保护的是珍稀的野生动植物。例如，黑龙江扎龙自然保护区，保护以丹顶鹤为主的珍贵水禽；福建文昌鱼自然保护区，保护对象是文昌鱼；广西上岳自然保护区，保护对象是金花茶。

3. 自然遗迹类

主要保护的是有科研、教育旅游价值的化石和孢粉产地、火山口、岩溶地貌、地质剖面等。例如，山东的山旺自然保护区，保护对象是生物化石产地；湖南张家界森林公园，保护对象是砂岩峰林风景区；黑龙江五大连池自然保护区，保护对象是火山地质地貌。

七、保护方式

中国人口众多，自然植被少。保护区不能像有些国家采用原封不动、任其自然发展的纯保护方式，而应采取保护、科研教育、生产相结合的方式，而且在不影响保护区的自然环境和保护对象的前提下，还可以和旅游业相结合。因此，中国的自然保护区内部大多划分成核心区、缓冲区和外围区 3 个部分。

核心区是保护区内未经或很少经人为干扰过的自然生态系统的所在，或者是虽然遭受过破坏，但有希望逐步恢复成自然生态系统的地区。该区以保护种源为主，又是取得自然本底信息的所在地，而且还是为保护和监测环境提供评价的来源地。核心区内严禁一切干扰。

缓冲区是指环绕核心区的周围地区。只准进入从事科学研究观测活动。

外围区，即实验区，位于缓冲区周围，是一个多用途的地区。可以进入从事科学试验、教学实习、参观考察、旅游以及驯化、繁殖珍稀、濒危野生动植物等活动，还包括有一定范围的生产活动，还可有少量居民点和旅游设施。

上述保护区内分区的做法，不仅保护了生物资源，而且又成为教育、科研、生产、旅游等多种目的相结合的、为社会创造财富的场所。

1956 年中国建立了第一个具有现代意义的自然保护区——鼎湖山自然保护区。到 1993 年，中国已建成保护区 700 多处，其中国家级自然保护区 80 多处。

截至 2005 年底，中国自然保护数量已达到 2349 个（不含港澳台地区），总面积 14994.90 万 hm^2，约占中国陆地领土面积的 14.99%。在现有的自然保护区中，国家级自然保护区 243 个，占保护区总数的 10.34%，地方级保护区中省级自然保护区 773 个，地市级保护区 421 个，县级自然保护区 912 个，初步形成类型比较齐全、布局比较合理、功能比较健全的全国自然保护区网络。

中国自然保护区体系的特点是面积小的保护区多，超过 10 万公顷的保护区不到 50 个；保护区管理多元化；多数保护区管理级别低，县市级保护区数量占 46%，面积占 50.3%。

结 语

每个人都通过呼吸作用，不停地同大气进行气体交换。一个成年人一天内同大气之间的气体交换量约 10 ~ 12 立方米。通常，一个人五星期不吃东西，或五天不喝水，尚能活命；但是五分钟不呼吸就会丧生。所以说，空气尤其是清洁的空气是人的生命须臾不可缺少的。然而，20 世纪中叶以来，进入大气中的污染物的种类和数量不断增多。已经对大气造成污染的污染物和可能对大气造成污染而引起人们注意的物质就有 100 种左右，其中影响面广，对环境危害严重的主要有硫氧化物、氮氧化物、氟化物、碳氢化合物、碳氧化物等有害气体，以及飘浮在大气中含有多种有害物质的颗粒物和气溶胶等。因此，对于我们现在来说，环境保护非常重要，同时对于林业生态工程的规划也是重中之重。对于我们国家而言，需要在适度经济增长的前提下，寻求适合本国国情的解决环境问题的途径和方法。对于我们自身而言，要加强日常环境的保护，注重个人卫生和居住环境，以为环境保护贡献一点力量。